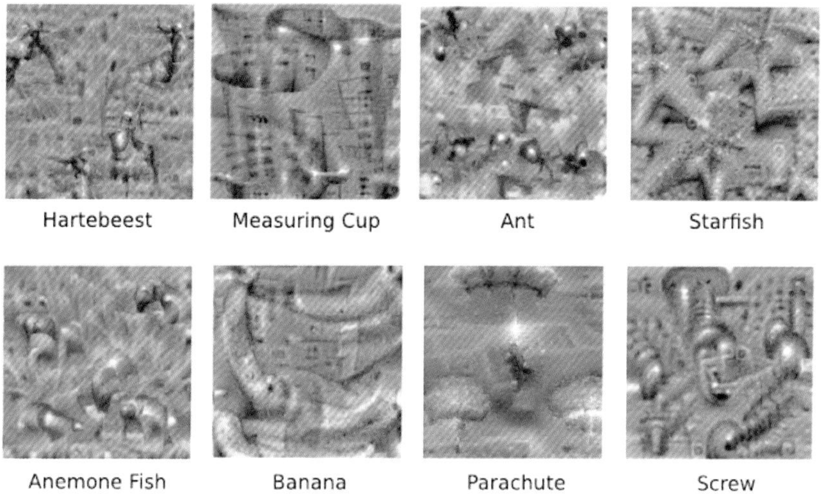

图 4-2 极大化神经网络各个输出类别概率得到的图片

图 4-6 拉普拉斯金字塔标准化后得到的 DeepDream 图片

图 4-9 带有背景的 DeepDream 图片

图 5-13 训练深度学习目标检测模型

风格化之前　　风格化之后

图 7-6 图像的快速风格迁移

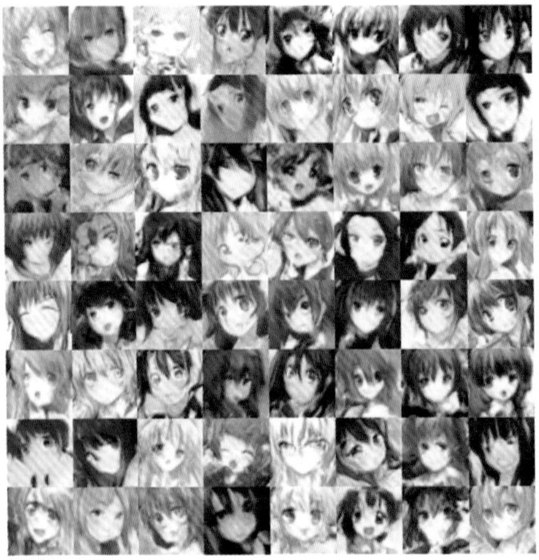

图 8-8 GAN 模型自动生成的图像

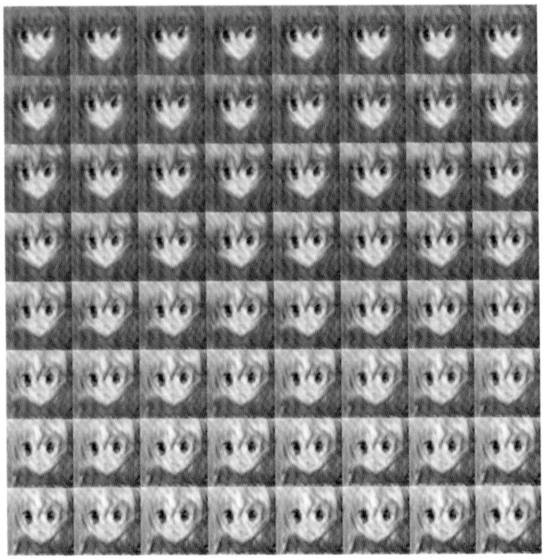

图 8-10 GAN 模型隐空间中的插值可视化

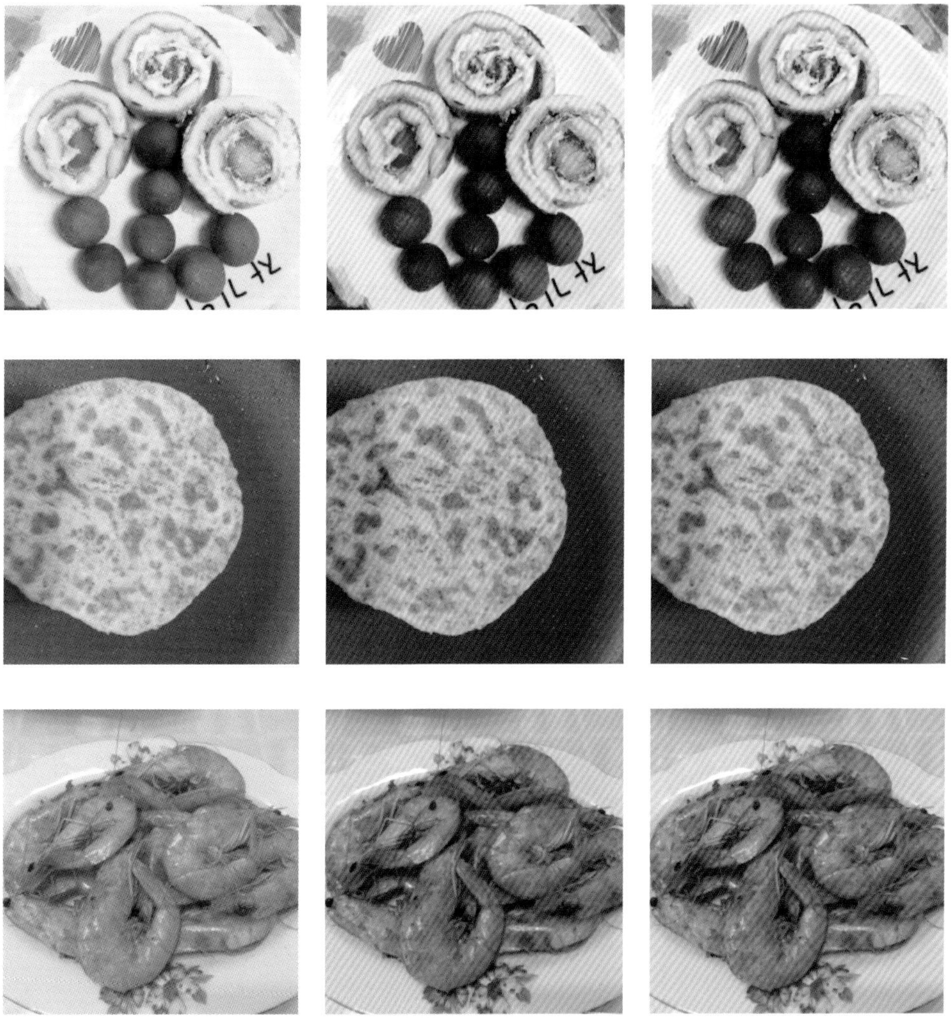

图 9-11 使用 pix2pix 模型为黑白食物图像自动上色

图 9-12 使用 pix2pix 模型为动漫图像自动上色

图 10-2 图像的超分辨率

图 11-6 训练 CycleGAN 模型将男性图片变为女性图片

图 11-7 训练 CycleGAN 模型将女性图片变为男性图片

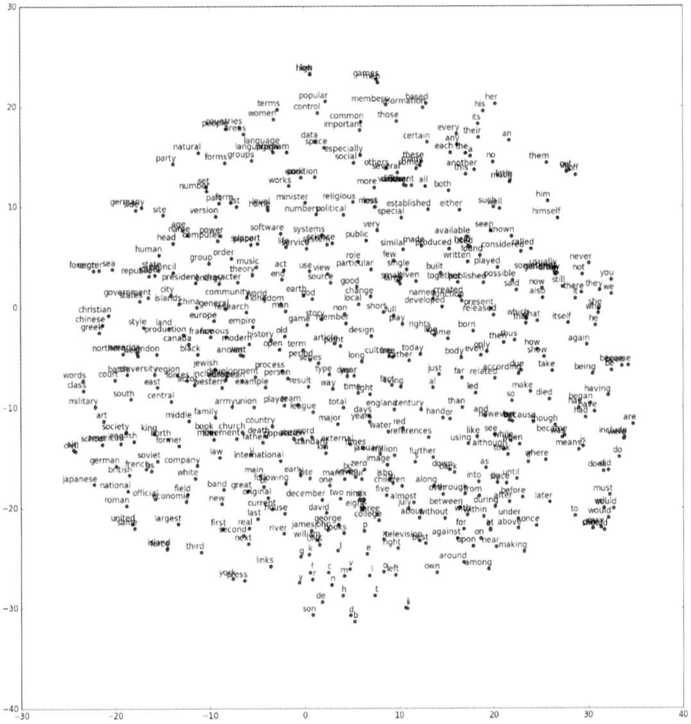

图 14-5 使用 t-SNE 方法可视化词嵌入

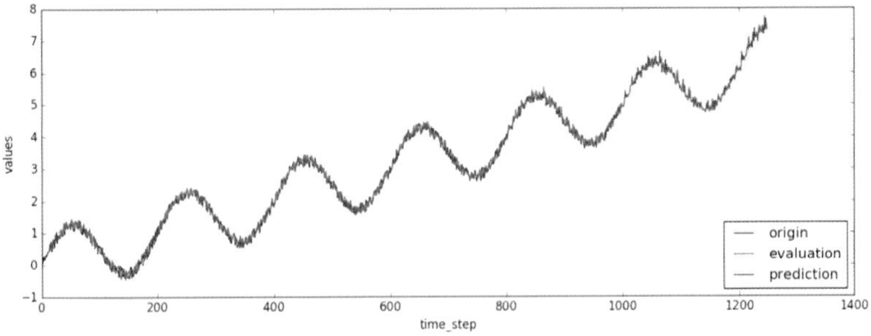

图 15-3 使用 AR 模型预测时间序列

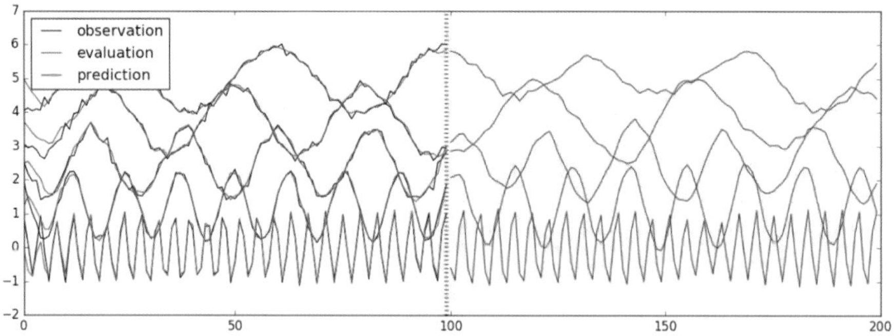

图 15–5 使用 LSTM 预测多变量时间序列

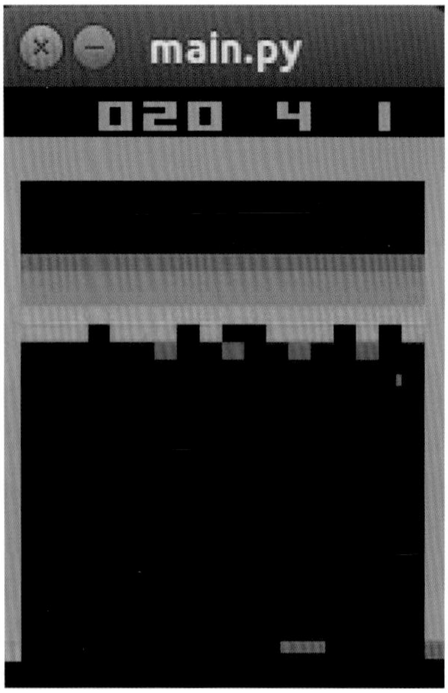

图 20–7 训练 DQN 模型玩“打砖块”游戏

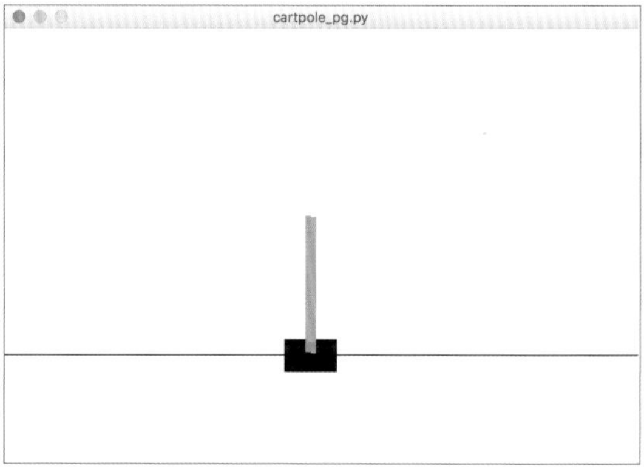

图 21–2 训练策略梯度模型解决 CartPole 问题

21个项目玩转深度学习

基于TensorFlow的实践详解

何之源◎编著

電子工業出版社
Publishing House of Electronics Industry
北京•BEIJING

内 容 简 介

《21 个项目玩转深度学习——基于 TensorFlow 的实践详解》以实践为导向，深入介绍了深度学习技术和 TensorFlow 框架编程内容。

通过本书，读者可以训练自己的图像识别模型、进行目标检测和人脸识别、完成一个风格迁移应用，还可以使用神经网络生成图像和文本，进行时间序列预测、搭建机器翻译引擎，训练机器玩游戏。全书共包含 21 个项目，分为深度卷积网络、RNN 网络、深度强化学习三部分。读者可以在自己动手实践的过程中找到学习的乐趣，了解算法和编程框架的细节，让学习深度学习算法和 TensorFlow 的过程变得轻松和高效。本书代码基于 TensorFlow 1.4 及以上版本，并介绍了 TensorFlow 中的一些新特性。

本书适合有一定机器学习基础的学生、研究者或从业者阅读，尤其是希望深入研究 TensorFlow 和深度学习算法的数据工程师，也适合对人工智能、深度学习感兴趣的在校学生，以及希望进入大数据应用的研究者。

图书在版编目（CIP）数据

21 个项目玩转深度学习：基于 TensorFlow 的实践详解 / 何之源编著. —北京：电子工业出版社，2018.3

ISBN 978-7-121-33571-6

Ⅰ. ①2… Ⅱ. ①何… Ⅲ. ①人工智能－算法 Ⅳ.①TP18

中国版本图书馆 CIP 数据核字(2018)第 018503 号

策划编辑：孙学瑛
责任编辑：孙学瑛
印　　刷：北京季蜂印刷有限公司
装　　订：北京季蜂印刷有限公司
出版发行：电子工业出版社
　　　　　北京市海淀区万寿路 173 信箱　　邮编：100036
开　　本：720×1000　1/16　印张：23.25　字数：368 千字　彩插：4
版　　次：2018 年 3 月第 1 版
印　　次：2019 年 3 月第10 次印刷
定　　价：79.00 元

凡所购买电子工业出版社图书有缺损问题，请向购买书店调换。若书店售缺，请与本社发行部联系，联系及邮购电话：（010）88254888，88258888。

质量投诉请发邮件至 zlts@phei.com.cn，盗版侵权举报请发邮件至 dbqq@phei.com.cn。

本书咨询联系方式：010-51260888-819，faq@phei.com.cn。

前言

我们正处在一个日新月异、飞速变革的时代，层出不穷的新技术每天都在冲击和改变我们的生活。人工智能无疑是其中最受关注、也是影响最深远的技术领域。它为计算机插上了翅膀，演变出许多从前根本无法想象的新技术、新应用。AlphaGo Zero—— 一台没有任何先验知识的人工智能机器，可以在几天内通过自我博弈成长为世界第一的围棋大师，超越人类几千年积累的经验；风格迁移应用能够自动将用户的照片转变为著名的绘画艺术风格；机器可以在零点几秒内完成翻译，把一种语言译成另一种语言。此外，有关人脸识别、自动驾驶等新技术的应用也都纷纷开始落地。在过去的几年内，人工智能技术不仅在学术上取得了巨大的突破，也开始走向寻常百姓家，真正为人们的生活提供便利。

本书主要为读者介绍这次人工智能浪潮最重要的组成部分——深度学习技术，使用的编程框架是 Google 公司的 TensorFlow。借助于 Google 公司巨大的影响力，TensorFlow 一经发布就引起了广泛的关注。目前（截至 2017 年年底），TensorFlow 在 Github 上已经有了 8 万 4000 多个 Star，是所有深度学习框架中最多的。

本书的主要特点如下：

- 以实践、应用导向。深度学习需要深厚的数理基础，对于初学者来说有一定难度。本书希望从实践出发，用具体的例子来引导读者学习深度学习技术和 TensorFlow 编程技巧。我们主要从实用性和趣味性两个方面考量，选择了 21 个实践项目，其中既有 MNIST 图像识别入门项目，也有目标检测、人脸识别、时间序列预测实用性项目，还有一些诸如 Deep Dream 趣味性项目。读者可以在实践中找到乐趣，逐渐进步，让学习深度学习和 TensorFlow 的过程不再那么痛苦。

- 清晰而有深度的介绍。在编写过程中，尽量用简单的语言描述算法的原理，做到清晰而有条理。此外，深度学习是一门还在快速发展的新技术，限于篇幅，很多内容不能完全展开，在大部分章节的末尾列出了“拓展阅读”材料，有兴趣的读者可以参考进一步学习。
- 基于 TensorFlow 1.4 及以上版本。TensorFlow 的发展非常迅速，本书代码全部基于 TensorFlow 1.4 及以上版本（包括 1.4.0、1.4.1 和 1.5.0），并介绍了 TensorFlow 的一些新特性，如 Time Series 模块（1.3 版本添加）、新的 MultiRNNCell 函数（1.2 版本更改）等。本书的代码会在如下 GitHub 地址上提供，并会随新的 TensorFlow 版本的发布而同步更新：https://github.com/hzy46/Deep- Learning-21-Examples。

本书代码推荐的运行环境为：Ubuntu 14.04，Python 2.7、TensorFlow 1.4.0。请尽量使用类 UNIX 系统和 Python 2 运行本书的代码。

本书主要内容

本书共包括 21 章，内容编排如下：

第 1 ~ 11 章主要介绍深度卷积神经相关的项目。其中，第 1~3 章属于入门章节，主要讨论深度学习中最基础的图像识别问题；第 4~7 章讨论了其他计算机视觉相关的实践案例，如目标识别、人脸识别、图像风格迁移等；第 8~11 章介绍了 GAN 模型和它的几个重要变体。

第 12 ~ 17 章主要介绍 RNN、LSTM 相关的项目。RNN、LSTM 通常用来处理序列型数据，第 12 章是一个入门章节，会详细介绍 RNN 和 LSTM 的原理、实现方法和一个应用实例——Char RNN；第 13 ~ 17 章讨论一些更复杂也更具体的案例，如序列分类、词嵌入表示、时间序列预测、机器翻译等。

第 18～21 章主要介绍强化学习相关的项目。第 18、19 章分别介绍了相对简单的 QLearning 和 SARSA 算法，第 20 章和第 21 章介绍了更复杂的 DQN 和策略梯度算法。

如何阅读本书

在阅读本书前，读者应当了解 Linux 系统的基本操作，并会使用 Python 进行简单的编程，还需具备基础的机器学习知识。本书的章节安排是依据读者对深度学习的了解循序渐进设立的，建议初学者从前至后阅读。由于深度学习和 TensorFlow 不易于理解，我建议读者分几遍阅读本书：

- 第一遍先简单浏览一下，看一看书中都有哪些实践项目。当对基本的概念有初步的理解时，就可以尝试配置一下开发环境。
- 第二遍，从前至后阅读各章中算法的原理，并运行相应的实践项目。在这个过程中，希望读者能在自己动手的过程中找到学习的乐趣。读者可以对照源代码和书中的内容，深入学习各个模型的细节，此外还可以根据自己的需求对代码进行修改。本书会涉及大量 TensorFlow 中的函数，由于篇幅限制，不可能将每一个函数都介绍一遍，只介绍了比较重要的函数，读者可以参考 TensorFlow 的官方文档，查看其他函数的功能说明。
- 第三遍，根据需要对照源程序看相关章节。此外，读者还可以参阅章节最后的拓展阅读进一步学习。最后，如果你是一名深度学习和 TensorFlow 的精通者，也可以根据需要直接跳读到相关章节，查阅你需要的内容。

致谢

我首先要感谢我的父母，是他们将我养育成人，父母永远健康快乐是我最大的心愿。

感谢互联网时代，感谢网络上数不清的优秀开发者和博主，也向 Google 公司的开源精神致敬，让我们可以如此紧跟时代最前沿的技术，并为技术的进步做出自己微薄的贡献。

我还要真诚地感谢电子工业出版社对这本书的认可和兴趣。感谢电子工业出版社的孙学瑛女士，她的热情推动最终促成了我与电子工业出版社的合作。感谢宋亚东编辑，他对本书的重视和诚恳的建议，在写作过程中给了我莫大的帮助。

最后，感谢刘婧源同学给本书提出的宝贵意见。

由于本人水平有限，书中不足及错误之处在所难免，敬请专家和读者给予批评指正。如果您想和我进行技术交流，可以发送意见反馈邮件至 hzydl21@163.com，也可在知乎上找到我：https://www.zhihu.com/people/he-zhi-yuan-16/，此外还可以访问书友论坛 http://forum.broadview.com.cn。

何之源

2018 年 1 月

读者服务

轻松注册成为博文视点社区用户（www.broadview.com.cn），扫码直达本书页面。

- **下载资源**：本书如提供示例代码及资源文件，均可在 下载资源 处下载。
- **提交勘误**：您对书中内容的修改意见可在 提交勘误 处提交，若被采纳，将获赠博文视点社区积分（在您购买电子书时，积分可用来抵扣相应金额）。
- **交流互动**：在页面下方 读者评论 处留下您的疑问或观点，与我们和其他读者一同学习交流。

页面入口：http://www.broadview.com.cn/33571

目　　录

第 1 章 MNIST 机器学习入门

当我们学习编程语言时，第一课通常会学习一个简单的“Hello World”程序，而 MNIST 手写字符识别可以算得上是机器学习界的“Hello World”。MNIST 是由 Yann LeCun 等人建立的一个手写字符数据集。它简单易用，是一个很好的入门范例。本章会以 MNIST 数据库为基础，用 TensorFlow 读取数据集中的数据，并建立一个简单的图像识别模型，同时介绍 TensorFlow 的几个核心概念。

1.1 MNIST 数据集

1.1.1 简介

首先介绍 MNIST 数据集。如图 1-1 所示，MNIST 数据集主要由一些手写数字的图片和相应的标签组成，图片一共有 10 类，分别对应从 0~9，共 10 个阿拉伯数字。

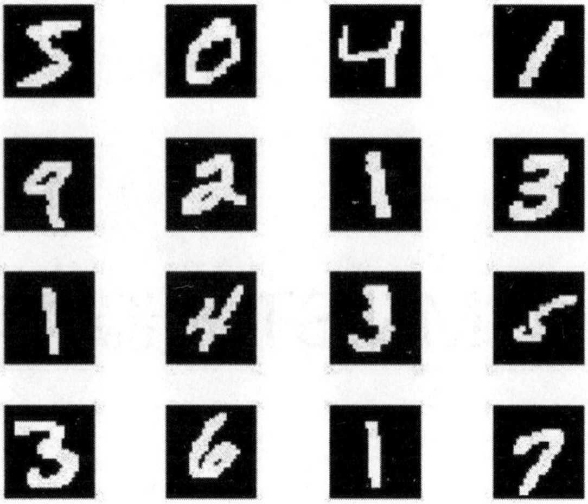

图 1-1　MNIST 数据集图片示例

原始的 MNIST 数据库一共包含下面 4 个文件，见表 1-1。

表 1-1　原始的 MNIST 数据集包含的文件

文件名	大　小	用　途
train-images-idx3-ubyte.gz	≈9.45 MB	训练图像数据
train-labels-idx1-ubyte.gz	≈0.03 MB	训练图像的标签
t10k-images-idx3-ubyte.gz	≈1.57MB	测试图像数据
t10k-labels-idx1-ubyte.gz	≈4.4 KB	测试图像的标签

在表 1-1 中，图像数据是指很多张手写字符的图像，图像的标签是指每一张图像实际对应的数字是几，也就是说，在 MNIST 数据集中的每一张图像都事先标明了对应的数字。

在 MNIST 数据集中有两类图像：一类是训练图像（对应文件 train-images-idx3-ubyte.gz 和 train-labels-idx1-ubyte.gz），另一类是测试图像（对应文件 t10k-images-idx3-ubyte.gz 和 t10k-labels-idx1-ubyte.gz）。训练图像一共有 60000 张，供研究人员训练出合适的模型。测试图像一共有 10000 张，供研究人员测试训练的模型的性能。在 TensorFlow 中，可以使用下面的 Python 代码下载 MNIST 数据（在随书附赠的代码中，该代码对应的文件是

donwload.py)。

```
# coding:utf-8
# 从tensorflow.examples.tutorials.mnist引入模块
# 这是TensorFlow为了教学MNIST而提前编制的程序
from tensorflow.examples.tutorials.mnist import input_data
# 从MNIST_data/中读取MNIST数据。这条语句在数据不存在时，会自动执行下载
mnist = input_data.read_data_sets("MNIST_data/", one_hot=True)
```

在执行语句 mnist = input_data.read_data_sets("MNIST_data/", one_hot=True)时，TensorFlow 会检测数据是否存在。当数据不存在时，系统会自动将数据下载到 MNIST_data/文件夹中。当执行完语句后，读者可以自行前往 MNIST_data/文件夹下查看上述 4 个文件是否已经被正确地下载[1]。

成功加载 MNIST 数据集后，得到了一个 mnist 对象，可以通过 mnist 对象的属性访问到 MNIST 数据集，见表 1-2。

表 1-2 mnist 对象中各个属性的含义和大小

属性名	内　容	大　小
mnist.train.images	训练图像	(55000, 784)
mnist.train.labels	训练标签	(55000, 10)
mnist.validation.images	验证图像	(5000, 784)
mnist.validation.labels	验证标签	(5000, 10)
mnist.test.images	测试图像	(10000, 784)
mnist.test.labels	测试标签	(10000, 10)

运行下列代码可以查看各个变量的形状大小：

```
# 查看训练数据的大小
print(mnist.train.images.shape)  # (55000, 784)
print(mnist.train.labels.shape)  # (55000, 10)

# 查看验证数据的大小
```

1　若因网络问题无法正常下载，可以前往 MNIST 官网 http://yann.lecun.com/exdb/mnist/使用下载工具下载上述 4 个文件，并将它们复制到 MNIST_data/文件夹中。

```
print(mnist.validation.images.shape)  # (5000, 784)
print(mnist.validation.labels.shape)  # (5000, 10)

# 查看测试数据的大小
print(mnist.test.images.shape)  # (10000, 784)
print(mnist.test.labels.shape)  # (10000, 10)
```

原始的 MNIST 数据集中包含了 60000 张训练图片和 10000 张测试图片。而在 TensorFlow 中，又将原先的 60000 张训练图片重新划分成了新的 55000 张训练图片和 5000 张验证图片。所以在 mnist 对象中，数据一共分为三部分:mnist.train 是训练图片数据，mnist.validation 是验证图片数据，mnist.test 是测试图片数据，这正好对应了机器学习中的训练集、验证集和测试集。一般来说，会在训练集上训练模型，通过模型在验证集上的表现调整参数，最后通过测试集确定模型的性能。

1.1.2 实验：将 MNIST 数据集保存为图片

在原始的 MNIST 数据集中，每张图片都由一个 28×28 的矩阵表示，如图 1-2 所示。

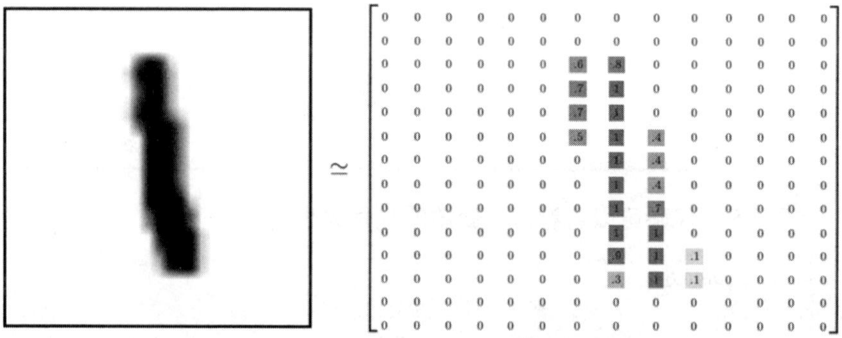

图 1-2 单张图片样本的矩阵表示

在 TensorFlow 中，变量 mnist.train.images 是训练样本，它的形状为(55000, 784)。其中，5000 是训练图像的个数，而 784 实际为单个样本的维数，即每张图片都由一个 784 维的向量表示（784 正好等于 28×28）。可以使用以下代码打印出第 0 张训练图片对应的向量表示：

```
# 打印出第 0 张图片的向量表示
print(mnist.train.images[0, :])
```

为了加深对这种表示的理解，下面完成一个简单的程序：将 MNIST 数据集读取出来，并保存为图片文件。对应的代码文件为 save_pic.py。

```
#coding: utf-8
from tensorflow.examples.tutorials.mnist import input_data
import scipy.misc
import os

# 读取 MNIST 数据集。如果不存在会事先下载
mnist = input_data.read_data_sets("MNIST_data/", one_hot=True)

# 把原始图片保存在 MNIST_data/raw/文件夹下
# 如果没有这个文件夹，会自动创建
save_dir = 'MNIST_data/raw/'
if os.path.exists(save_dir) is False:
    os.makedirs(save_dir)

# 保存前 20 张图片
for i in range(20):
    # 请注意，mnist.train.images[i, :]就表示第 i 张图片（序号从 0 开始）
    image_array = mnist.train.images[i, :]
    # TensorFlow 中的 MNIST 图片是一个 784 维的向量，我们重新把它还原为 28x28 维的图像
    image_array = image_array.reshape(28, 28)
    # 保存文件的格式为:
    # mnist_train_0.jpg, mnist_train_1.jpg, ... ,mnist_train_19.jpg
    filename = save_dir + 'mnist_train_%d.jpg' % i
    # 将 image_array 保存为图片
    # 先用 scipy.misc.toimage 转换为图像，再调用 save 直接保存
    scipy.misc.toimage(image_array, cmin=0.0, cmax=1.0).save(filename)
```

运行此程序后，在 MNIST_data/raw/文件夹下就可以看到 MNIST 数据集中训练集的前 20 张图片。读者可以修改上述程序打印更多的图片。

1.1.3 图像标签的独热表示

变量 mnist.train.labels 表示训练图像的标签，它的形状是(55000, 10)。原始的图像标签是数字 0~9，我们完全可以用一个数字来存储图像标签，但为什么这里每个训练标签是一个 10 维的向量呢？其实，这个 10 维的向量是原先类别号的独热（one-hot）表示。

所谓独热表示，就是“一位有效编码”。我们用 N 维的向量来表示 N 个类别，每个类别占据独立的一位，任何时候独热表示中只有一位是 1，其他都为 0。读者可以直接从表 1-3 中理解独热表示。

表 1-3 类别的原始表示和独热表示

原始表示 （0~9，共 10 个类别）	独热表示 （10 维向量，每一维对应一个类别）
0	(1, 0, 0, 0, 0, 0, 0, 0, 0, 0)
1	(0, 1, 0, 0, 0, 0, 0, 0, 0, 0)
2	(0, 0, 1, 0, 0, 0, 0, 0, 0, 0)
3	(0, 0, 0, 1, 0, 0, 0, 0, 0, 0)
……	……
9	(0, 0, 0, 0, 0, 0, 0, 0, 0, 1)

运行下面的代码可以打印出第 0 张训练图片的标签：

```
# 打印出第 0 张训练图片的标签
print(mnist.train.labels[0, :])
```

代码运行的结果是[0. 0. 0. 0. 0. 0. 0. 1. 0. 0.]，也就是说第 0 张图片对应的标签为数字“7”。

此外，我们可以打印出前 20 张图片的标签（对应程序 label.py），读者可以尝试与第 1.1.2 节中保存的图片对照，查看图像与图像的标签是否正确地对应上了。

```
# coding: utf-8
from tensorflow.examples.tutorials.mnist import input_data
```

```
import numpy as np
# 读取MNIST数据集。如果不存在会事先下载
mnist = input_data.read_data_sets("MNIST_data/", one_hot=True)

# 看前20张训练图片的label
for i in range(20):
    # 得到独热表示，形如(0, 1, 0, 0, 0, 0, 0, 0, 0, 0)
    one_hot_label = mnist.train.labels[i, :]
    # 通过np.argmax，可以直接获得原始的label
    # 因为只有1位为1，其他都是0
    label = np.argmax(one_hot_label)
    print('mnist_train_%d.jpg label: %d' % (i, label))
```

至此，读者应当对变量 mnist.train.images 和 mnist.train.labels 很熟悉了。剩下的 mnist.validation.images、mnist.validation.labels、mnist.test.images、mnist.test.labels 四个变量与它们非常类似，唯一的区别只是图像的个数不同，本章就不再做更详细的解释了。

1.2 利用 TensorFlow 识别 MNIST

在第 1.1 节中，我们已经对 MNIST 数据集和 TensorFlow 中 MNIST 数据集的载入有了基本的了解。本节将真正以 TensorFlow 为工具，写一个手写体数字识别程序，使用的机器学习方法是 Softmax 回归。

1.2.1 Softmax 回归

1. Softmax 回归的原理

Softmax 回归是一个线性的多类分类模型，实际上它是直接从 Logistic 回归模型转化而来的。区别在于 Logistic 回归模型为两类分类模型，而 Softmax 模型为多类分类模型。

在手写体识别问题中，一共有 10 个类别（0~9），我们希望对输入的图像计算它属于每个类别的概率。如属于 9 的概率为 70%，属于 1 的概率为 10%等。最后模型预测的结果就是概率最大的那个类别。

先来了解什么是 Softmax 函数。Softmax 函数的主要功能是将各个类别的“打分”转化成合理的概率值。例如，一个样本可能属于三个类别：第一个类别的打分为 a，第二个类别的打分为 b，第三个类别的打分为 c。打分越高代表属于这个类别的概率越高，但是打分本身不代表概率，因为打分的值可以是负数，也可以很大，但概率要求值必须在 0~1，并且三类的概率加起来应该等于 1。那么，如何将 (a, b, c) 转换成合理的概率值呢？方法就是使用 Softmax 函数。例如，对 (a, b, c) 使用 Softmax 函数后，相应的值会变成 $\left(\frac{\mathrm{e}^a}{\mathrm{e}^a+\mathrm{e}^b+\mathrm{e}^c}, \frac{\mathrm{e}^b}{\mathrm{e}^a+\mathrm{e}^b+\mathrm{e}^c}, \frac{\mathrm{e}^c}{\mathrm{e}^a+\mathrm{e}^b+\mathrm{e}^c}\right)$，也就是说，第一类的概率可以用 $\frac{\mathrm{e}^a}{\mathrm{e}^a+\mathrm{e}^b+\mathrm{e}^c}$ 表示，第二类的概率可以用 $\frac{\mathrm{e}^b}{\mathrm{e}^a+\mathrm{e}^b+\mathrm{e}^c}$ 表示，第三类的概率可以用 $\frac{\mathrm{e}^c}{\mathrm{e}^a+\mathrm{e}^b+\mathrm{e}^c}$ 表示。显然，这三个数值都在 0~1 之间，并且加起来正好等于 1，是合理的概率表示。

假设 $\boldsymbol{x}$ 是单个样本的特征，$\boldsymbol{W}$、$\boldsymbol{b}$ 是 Softmax 模型的参数。在 MNIST 数据集中，$\boldsymbol{x}$ 就代表输入图片，它是一个 784 维的向量，而 $\boldsymbol{W}$ 是一个矩阵，它的形状为(784, 10)，$\boldsymbol{b}$ 是一个 10 维的向量，10 代表的是类别数。Softmax 模型的第一步是通过下面的公式计算各个类别的 Logit：

$$\text{Logit} = \boldsymbol{W}^{\mathrm{T}}\boldsymbol{x} + \boldsymbol{b}$$

Logit 同样是一个 10 维的向量，它实际上可以看成样本对应于各个类别的“打分”。接下来使用 Softmax 函数将它转换成各个类别的概率值：

$$y = \text{Softmax}(\text{Logit})$$

Softmax 模型输出的 y 代表各个类别的概率，还可以直接用下面的式子来表示整个 Softmax 模型：

$$y = \text{Softmax}(\boldsymbol{W}^{\mathrm{T}}\boldsymbol{x} + \boldsymbol{b})$$

2. Softmax 回归在 TensorFlow 中的实现

本节对应的程序为 softmax_regression.py，在该程序中，使用 TensorFlow 定义了一个 Softmax 模型，实现了 MNIST 数据集的分类。首先导入 TensorFlow 模块：

```
# 导入TensorFlow
```

```
# 这句 import tensorflow as tf 是导入 TensorFlow 约定俗成的做法，请大家记住
import tensorflow as tf
```

导入 TensorFlow 的语句一般写作：import tensorflow as tf。这是一种约定俗成的写法。请记住这条语句，它将在后面的每一章中重复出现。

接下来和之前一样，导入 MNIST 数据库：

```
# 导入 MNIST 教学的模块
from tensorflow.examples.tutorials.mnist import input_data
# 与之前一样，读入 MNIST 数据
mnist = input_data.read_data_sets("MNIST_data/", one_hot=True)
```

下面的步骤是非常关键的几步，先来看代码：

```
# 创建 x，x 是一个占位符（placeholder），代表待识别的图片
x = tf.placeholder(tf.float32, [None, 784])

# W 是 Softmax 模型的参数，将一个 784 维的输入转换为一个 10 维的输出
# 在 TensorFlow 中，模型的参数用 tf.Variable 表示
W = tf.Variable(tf.zeros([784, 10]))
# b 是又一个 Softmax 模型的参数，一般叫作“偏置项”（bias）
b = tf.Variable(tf.zeros([10]))

# y 表示模型的输出
y = tf.nn.softmax(tf.matmul(x, W) + b)

# y_ 是实际的图像标签，同样以占位符表示
y_ = tf.placeholder(tf.float32, [None, 10])
```

这里定义了一些**占位符（placeholder）**和**变量（Variable）**。在 TensorFlow 中，无论是占位符还是变量，它们实际上都是“Tensor”。从 TensorFlow 的名字中，就可以看出 Tensor 在整个系统中处于核心地位。TensorFlow 中的 Tensor 并不是具体的数值，它只是一些我们“希望”TensorFlow 系统计算的“节点”。

这里的占位符和变量是不同类型的 Tensor。先来讲解占位符。占位符不依赖于其他的 Tensor，它的值由用户自行传递给 TensorFlow，通常用来存储样本数据和标签。如在这里定义了 x = tf.placeholder(tf.float32, [None, 784])，它是用来存储训练图片数据的占位符。它的形状为[None, 784]，None 表示

这一维的大小可以是任意的，也就是说可以传递任意张训练图片给这个占位符，每张图片用一个 784 维的向量表示。同样的，y_ = tf.placeholder(tf.float32, [None, 10])也是一个占位符，它存储训练图片的实际标签。

再来看什么是变量。变量是指在计算过程中可以改变的值，每次计算后变量的值会被保存下来，通常用变量来存储模型的参数。如这里创建了两个变量：W = tf.Variable(tf.zeros([784, 10]))、b = tf.Variable(tf.zeros([10]))。它们都是 Softmax 模型的参数。创建变量时通常需要指定某些初始值。这里 W 的初始值是一个 784×10 的全零矩阵，b 的初始值是一个 10 维的 0 向量。

除了变量和占位符之外，还创建了一个 y = tf.nn.softmax(tf.matmul(x, W) + b)。这个 y 就是一个依赖 x、W、b 的 Tensor。如果要求 TensorFlow 计算 y 的值，那么系统首先会获取 x、W、b 的值，再去计算 y 的值。

$\boldsymbol{y}$ 实际上定义了一个 Softmax 回归模型，在此可以尝试写出 $\boldsymbol{y}$ 的形状。假设输入 $\boldsymbol{x}$ 的形状为$(N, 784)$，其中 $\boldsymbol{N}$ 表示输入的训练图像的数目。$\boldsymbol{W}$ 的形状为(784, 10), $\boldsymbol{b}$ 的形状为(10,)[1]。那么，$\boldsymbol{Wx}+\boldsymbol{b}$ 的形状是$(\boldsymbol{N}, 10)$。Softmax 函数不改变结果的形状，所以得到 $\boldsymbol{y}$ 的形状为$(\boldsymbol{N}, 10)$。也就是说，$\boldsymbol{y}$ 的每一行是一个 10 维的向量，表示模型预测的样本对应到各个类别的概率。

模型的输出是 y，而实际的标签为 y_，它们应当越相似越好。在 Softmax 回归模型中，通常使用“交叉熵”损失来衡量这种相似性。损失越小，模型的输出就和实际标签越接近，模型的预测也就越准确。

在 TensorFlow 中，这样定义交叉熵损失：

```
# 至此，得到了两个重要的Tensor：y和y_
# y是模型的输出，y_是实际的图像标签，注意y_是独热表示的
# 下面会根据y和y_构造损失

# 根据y和y_构造交叉熵损失
cross_entropy = \
    tf.reduce_mean(-tf.reduce_sum(y_ * tf.log(y)))
```

1 形状(784, 10)表示一个 784 行 10 列的矩阵，形状(10,)表示一个 10 维的列向量，下同。

构造完损失之后，下面一步是如何优化损失，让损失减小。这里使用梯度下降法优化损失，定义为

```
# 有了损失，就可以用梯度下降法针对模型的参数（W和b）进行优化
train_step = tf.train.GradientDescentOptimizer(0.01).minimize
(cross_entropy)
```

TensorFlow 默认会对所有变量计算梯度。在这里只定义了两个变量 W 和 b，因此程序将使用梯度下降法对 W、b 计算梯度并更新它们的值。tf.train.GradientDescentOptimizer(0.01)中的 0.01 是梯度下降优化器使用的学习率（Learning Rate）。

在优化前，必须要创建一个会话（Session），并在会话中对变量进行初始化操作：

```
# 创建一个Session。只有在Session中才能运行优化步骤train_step
sess = tf.InteractiveSession()
# 运行之前必须要初始化所有变量，分配内存
tf.global_variables_initializer().run()
```

会话是 TensorFlow 的又一个核心概念。前面提到 Tensor 是“希望”TensorFlow 进行计算的结点。而会话就可以看成对这些结点进行计算的上下文。之前还提到过，变量是在计算过程中可以改变值的 Tensor，同时变量的值会被保存下来。事实上，变量的值就是被保存在会话中的。在对变量进行操作前必须对变量进行初始化，这实际上是在会话中保存变量的初始值。初始化所有变量的语句是 tf.global_variables_initializer().run()。

有了会话，就可以对变量 W、b 进行优化了，优化的程序如下：

```
# 进行1000步梯度下降
for _ in range(1000):
   # 在mnist.train中取100个训练数据
   # batch_xs是形状为(100, 784)的图像数据，batch_ys是形如(100, 10)的实际标签
   # batch_xs, batch_ys对应着两个占位符x和y_
   batch_xs, batch_ys = mnist.train.next_batch(100)
   # 在Session中运行train_step，运行时要传入占位符的值
   sess.run(train_step, feed_dict={x: batch_xs, y_: batch_ys})
```

每次不使用全部训练数据，而是每次提取100个数据进行训练，共训练1000次。batch_xs, batch_ys分别是100个训练图像及其对应的标签。在训练时，需要把它们放入对应的占位符 x, y_中，对应的语句是 feed_dict={x: batch_xs, y_: batch_ys}。

在会话中，不需要系统计算占位符的值，而是直接把占位符的值传递给会话。与变量不同的是，占位符的值不会被保存，每次可以给占位符传递不同的值。

运行完梯度下降后，可以检测模型训练的结果，对应的代码如下：

```
# 正确的预测结果
correct_prediction = tf.equal(tf.argmax(y, 1), tf.argmax(y_, 1))
# 计算预测准确率，它们都是Tensor
accuracy = tf.reduce_mean(tf.cast(correct_prediction, tf.float32))
# 在Session中运行Tensor可以得到Tensor的值
# 这里是获取最终模型的准确率
print(sess.run(accuracy,feed_dict={x:mnist.test.images,y_:mnist.test.lab
els}))# 0.9185
```

模型预测y的形状是$(N, 10)$，而实际标签y_的形状是$(N, 10)$，其中N为输入模型的样本个数。tf.argmax(y, 1)、tf.argmax(y_, 1)的功能是取出数组中最大值的下标，可以用来将独热表示以及模型输出转换为数字标签。假设传入四个样本，它们的独热表示y_为（需要通过sess.run(y_)才能获取此Tensor的值，下同）：

```
[[1, 0, 0, 0, 0, 0, 0, 0, 0, 0],
[0, 0, 1, 0, 0, 0, 0, 0, 0, 0],
[0, 0, 0, 0, 0, 0, 0, 0, 0, 1],
[1, 0, 0, 0, 0, 0, 0, 0, 0, 0]]
```

tf.argmax(y_, 1)就是：

```
[0, 2, 9, 0]
```

也就是说，取出每一行最大值对应的下标位置，它们是输入样本的实际标签。假设此时模型的预测输出y为：

```
[[0.91, 0.01, 0.01, 0.01, 0.01, 0.01, 0.01, 0.01, 0.01, 0.01],
```

```
[0.91, 0.01, 0.01, 0.01, 0.01, 0.01, 0.01, 0.01, 0.01, 0.01],
[0.91, 0.01, 0.01, 0.01, 0.01, 0.01, 0.01, 0.01, 0.01, 0.01],
[0.91, 0.01, 0.01, 0.01, 0.01, 0.01, 0.01, 0.01, 0.01, 0.01]]
```

tf.argmax(y_, 1)就是：

```
[0, 0, 0, 0]
```

得到了预测的标签和实际标签，接下来通过 tf.equal 函数来比较它们是否相等，并将结果保存到 correct_prediction 中。在上述例子中，correct_prediction 就是：

```
[True, False, False, True]
```

即第一个样本和最后一个样本预测是正确的，另外两个样本预测错误。可以用 tf.cast(correct_prediction, tf.float32)将比较值转换成 float32 型的变量，此时 True 会被转换成 1，False 会被转换成 0。在上述例子中，tf.cast(correct_prediction, tf.float32)的结果为：

```
[1., 0., 0., 1.]
```

最后，用 tf.reduce_mean 可以计算数组中的所有元素的平均值，相当于得到了模型的预测准确率，如[1., 0., 0., 1.]的平均值为 0.5，即 50%的分类准确率。

在程序 softmax_regression.py 中，传入占位符的值是 feed_dict={x: mnist.test.images, y_: mnist.test.labels}。也就是说，使用全体测试样本进行测试。测试图片一共有 10000 张，运行的结果为 0.9185，即 91.85%的准确率。因为 Softmax 回归是一个比较简单的模型，这里预测的准确率并不高，在下一节将学习如何使用卷积神经网络将预测的准确率提高到 99%。

1.2.2 两层卷积网络分类

本节对应的程序文件是 convolutional.py，将建立一个卷积神经网络，它可以把 MNIST 手写字符的识别准确率提高到 99%，读者可能需要一些卷积神经网络的基础知识才能更好地理解本节的内容。

程序的开头依旧是导入 TensorFlow：

```
# coding: utf-8
import tensorflow as tf
from tensorflow.examples.tutorials.mnist import input_data
```

接下来载入 MNIST 数据，并建立占位符。占位符 x 的含义为训练图像，y_为对应训练图像的标签，这与上文是一样的。

```
# 读入数据
mnist = input_data.read_data_sets("MNIST_data/", one_hot=True)
# x 为训练图像的占位符、y_为训练图像标签的占位符
x = tf.placeholder(tf.float32, [None, 784])
y_ = tf.placeholder(tf.float32, [None, 10])
```

由于使用的是卷积网络对图像进行分类，所以不能再使用 784 维的向量表示输入的 x，而是将其还原为 28×28 的图片形式。[-1, 28, 28, 1]中的-1 表示形状第一维的大小是根据 x 自动确定的。

```
# 将单张图片从 784 维向量重新还原为 28×28 的矩阵图片
x_image = tf.reshape(x, [-1, 28, 28, 1])
```

x_image 就是输入的训练图像，接下来，我们对训练图像进行卷积计算，第一层卷积的代码如下：

```
def weight_variable(shape):
  initial = tf.truncated_normal(shape, stddev=0.1)
  return tf.Variable(initial)


def bias_variable(shape):
  initial = tf.constant(0.1, shape=shape)
  return tf.Variable(initial)


def conv2d(x, W):
  return tf.nn.conv2d(x, W, strides=[1, 1, 1, 1], padding='SAME')


def max_pool_2x2(x):
  return tf.nn.max_pool(x, ksize=[1, 2, 2, 1],
                        strides=[1, 2, 2, 1], padding='SAME')
```

```
# 第一层卷积层
W_conv1 = weight_variable([5, 5, 1, 32])
b_conv1 = bias_variable([32])
h_conv1 = tf.nn.relu(conv2d(x_image, W_conv1) + b_conv1)
h_pool1 = max_pool_2x2(h_conv1)
```

先定义了四个函数，函数 weight_variable 可以返回一个给定形状的变量并自动以截断正态分布初始化，bias_variabale 同样返回一个给定形状的变量，初始化时所有值是 0.1，可分别用这两个函数创建卷积的核(kernel)与偏置(bias)。h_conv1 = tf.nn.relu(conv2d(x_image, W_conv1) + b_conv1)是真正进行卷积计算，卷积计算后选用 ReLU 作为激活函数。h_pool1 = max_pool_2x2(h_conv1)是调用函数 max_pool_2x2 进行一次池化操作。卷积、激活函数、池化，可以说是一个卷积层的“标配”，通常一个卷积层都会包含这三个步骤，有时也会去掉最后的池化操作。

对第一次卷积操作后产生的 h_pool1 再做一次卷积计算，使用的代码与上面类似。

```
# 第二层卷积层
W_conv2 = weight_variable([5, 5, 32, 64])
b_conv2 = bias_variable([64])
h_conv2 = tf.nn.relu(conv2d(h_pool1, W_conv2) + b_conv2)
h_pool2 = max_pool_2x2(h_conv2)
```

两层卷积层之后是全连接层：

```
# 全连接层，输出为 1024 维的向量
W_fc1 = weight_variable([7 * 7 * 64, 1024])
b_fc1 = bias_variable([1024])
h_pool2_flat = tf.reshape(h_pool2, [-1, 7 * 7 * 64])
h_fc1 = tf.nn.relu(tf.matmul(h_pool2_flat, W_fc1) + b_fc1)
# 使用 Dropout，keep_prob 是一个占位符，训练时为 0.5，测试时为 1
keep_prob = tf.placeholder(tf.float32)
h_fc1_drop = tf.nn.dropout(h_fc1, keep_prob)
```

在全连接层中加入了 Dropout，它是防止神经网络过拟合的一种手段。在每一步训练时，以一定概率“去掉”网络中的某些连接，但这种去除不是永久性的，只是在当前步骤中去除，并且每一步去除的连接都是随机选择的。

在这个程序中，选择的 Dropout 概率是 0.5，也就是说训练时每一个连接都有 50%的概率被去除。在测试时保留所有连接。

最后，再加入一层全连接，把上一步得到的 h_fc1_drop 转换为 10 个类别的打分。

```
# 把 1024 维的向量转换成 10 维，对应 10 个类别
W_fc2 = weight_variable([1024, 10])
b_fc2 = bias_variable([10])
y_conv = tf.matmul(h_fc1_drop, W_fc2) + b_fc2
```

y_conv 相当于 Softmax 模型中的 Logit，当然可以使用 Softmax 函数将其转换为 10 个类别的概率，再定义交叉熵损失。但其实 TensorFlow 提供了一个更直接的 tf.nn.softmax_cross_entropy_with_logits 函数，它可以直接对 Logit 定义交叉熵损失，写法为

```
# 不采用先 Softmax 再计算交叉熵的方法
# 而是用 tf.nn.softmax_cross_entropy_with_logits 直接计算
cross_entropy = tf.reduce_mean(
     tf.nn.softmax_cross_entropy_with_logits(labels=y_, logits=y_conv))
# 同样定义 train_step
train_step = tf.train.AdamOptimizer(1e-4).minimize(cross_entropy)
```

定义测试的准确率（和第 1.2.1 节类似）:

```
# 定义测试的准确率
correct_prediction = tf.equal(tf.argmax(y_conv, 1), tf.argmax(y_, 1))
accuracy = tf.reduce_mean(tf.cast(correct_prediction, tf.float32))
```

训练过程同样与第 1.2.1 节类似，不同点在于这次会额外在验证集上计算模型的准确度并输出，方便监控训练的进度，也可以据此来调整模型的参数。

```
# 创建 Session，对变量初始化
sess = tf.InteractiveSession()
sess.run(tf.global_variables_initializer())

# 训练 20000 步
for i in range(20000):
   batch = mnist.train.next_batch(50)
   # 每 100 步报告一次在验证集上的准确率
```

```
    if i % 100 == 0:
        train_accuracy = accuracy.eval(feed_dict={
            x: batch[0], y_: batch[1], keep_prob: 1.0})
        print("step %d, training accuracy %g" % (i, train_accuracy))
    train_step.run(feed_dict={x: batch[0], y_: batch[1], keep_prob: 0.5})
```

训练结束后，打印在全体测试集上的准确率：

```
# 训练结束后报告在测试集上的准确率
print("test accuracy %g" % accuracy.eval(feed_dict={
    x: mnist.test.images, y_: mnist.test.labels, keep_prob: 1.0}))
```

得到的准确率结果应该在 99%左右。与 Softmax 回归模型相比，使用两层卷积的神经网络模型借助了卷积的威力，准确率有非常大的提升。本节的程序同第 1.2.1 节在流程上非常相似，都是先读入 MNIST 数据集，再定义训练数据的占位符（x 和 y_），以 x 为输入定义模型，最后定义损失，进行训练。

1.3 总结

本章中首先介绍了 MNIST 数据集，以及如何使用 TensorFlow 把它读到内存中。接着通过一个简单的 Softmax 回归模型例子，学习如何使用 TensorFlow 建立简单的图像识别模型。虽然 Softmax 回归模型只能达到 92%左右的准确率，但它让我们了解了使用 TensorFlow 处理问题的基本流程。最后，我们使用 TensorFlow 建立了有两层卷积层的神经网络，将 MNIST 的识别准确率提高到 99%。

拓展阅读

- 本章介绍的 MNIST 数据集经常被用来检验机器学习模型的性能，在它的官网（地址：http://yann.lecun.com/exdb/mnist/）中，可以找到多达 68 种模型在该数据集上的准确率数据，包括相应的论文出处。这些模型包括线性分类器、K 近邻方法、普通的神经网络、卷积神经网络等。
- 本章的两个 MNIST 程序实际上来自于 TensorFlow 官方的两个新手教程，地址为 https://www.tensorflow.org/get_started/mnist/beginners 和 https://www. tensorflow.org/get_started/mnist/pros。读者可以将本书的内容和官方的教程对照起来进行阅读。这两个新手教程的中文版地址为 http://www.tensorfly.cn/tfdoc/tutorials/mnist_beginners.html 和 http://www. tensorfly.cn/tfdoc/tutorials/mnist_pros.html。
- 本章简要介绍了 TensorFlow 的 tf.Tensor 类。tf.Tensor 类是 TensorFlow 的核心类，常用的占位符（tf.placeholder）、变量（tf.Variable）都可以看作特殊的 Tensor。读者可以参阅 https://www.tensorflow.org/programmers_guide/tensors 来更深入地学习它的原理。
- 常用 tf.Variable 类来存储模型的参数，读者可以参阅 https://www.tensorflow.org/programmers_guide/variables 详细了解它的运行机制，文档的中文版地址为 http://www.tensorfly.cn/tfdoc/how_tos/ variables.html。
- 只有通过会话（Session）才能计算出 tf.Tensor 的值。强烈建议读者在学习完 tf.Tensor 和 tf.Variable 后，阅读 https://www.tensorflow.org/programmers_ guide/graphs 中的内容，该文档描述了 TensorFlow 中计算图和会话的基本运行原理，对理解 TensorFlow 的底层原理有很大帮助。

第 2 章 CIFAR-10 与 ImageNet 图像识别

本章的主要任务还是图像识别，使用的数据集是 CIFAR-10——这是一个更接近普适物体的彩色图像数据集。主要通过 CIFAR-10 学习两方面的内容：一是 TensorFlow 中的数据读取原理，二是深度学习中数据增强的原理。最后还会介绍更加通用且复杂的 ImageNet 数据集和相应的图像识别模型。

2.1 CIFAR-10 数据集

2.1.1 CIFAR-10 数据集简介

CIFAR-10 是由 Hinton 的学生 Alex Krizhevsky 和 Ilya Sutskever 整理的一个用于识别普适物体的小型数据集。它一共包含 10 个类别的 RGB 彩色图片：飞机（airplane）、汽车（automobile）、鸟类（bird）、猫（cat）、鹿（deer）、

狗（dog）、蛙类（frog）、马（horse）、船（ship）和卡车（truck）。图片的尺寸为 32×32，数据集中一共有 50000 张训练图片和 10000 张测试图片。CIFAR-10 的图片样例如图 2-1 所示。

图 2-1　CIFAR-10 数据集的图片样例

与 MNIST 数据集相比，CIFAR-10 具有以下不同点：

- CIFAR-10 是 3 通道的彩色 RGB 图像，而 MNIST 是灰度图像。
- CIFAR-10 的图片尺寸为 32×32，而 MNIST 的图片尺寸为 28×28，比 MNIST 稍大。
- 相比于手写字符，CIFAR-10 含有的是现实世界中真实的物体，不仅噪声很大，而且物体的比例、特征都不尽相同，这为识别带来很大困难。直接的线性模型如 Softmax 在 CIFAR-10 上表现得很差。

本章将以 CIFAR-10 为例，介绍深度图像识别的基本方法。本章代码中的一部分来自于 TensorFlow 的官方示例，如表 2-1 所示。

表 2-1 TensorFlow 官方示例的 CIFAR-10 代码文件

文 件	用 途
cifar10.py	建立 CIFAR-10 预测模型
cifar10_input.py	在 TensorFlow 中读入 CIFAR-10 训练图片
cifar10_input_test.py	cifar10_input.py 的测试用例文件
cifar10_train.py	使用单个 GPU 或 CPU 训练模型
cifar10_train_multi_gpu.py	使用多个 GPU 训练模型
cifar10_eval.py	在测试集上测试模型的性能

除了以上官方提供的文件外，本书还额外编写了三个文件，如表 2-2 所示。

表 2-2 本书中额外提供的三个文件

文 件	用 途
cifar10_download.py	下载 CIFAR-10 数据库
test.py	用于第 2.1.3 节，测试 TensorFlow 读取机制
cifar10_extract.py	读取原始数据集，并把它们保存为原始的图片

2.1.2 下载 CIFAR-10 数据

运行 cifar10_download.py 程序就可以下载 CIFAR-10 数据集的全部数据：

```
# 引入当前目录中已经编写好的 cifar10 模块
import cifar10
# 引入 tensorflow
import tensorflow as tf

# tf.app.flags.FLAGS 是 TensorFlow 内部的一个全局变量存储器，同时可以用于命令行参数
的处理
FLAGS = tf.app.flags.FLAGS
# 在 cifar10 模块中预先定义了 f.app.flags.FLAGS.data_dir 为 CIFAR-10 的数据路径
# 把这个路径改为 cifar10_data
FLAGS.data_dir = 'cifar10_data/'

# 如果不存在数据文件，就会执行下载
```

```
cifar10.maybe_download_and_extract()
```

这段程序会把 CIFAR-10 数据集下载到目录 cifar10_data/中。在 cifar10 模块中，预先使用语句 tf.app.flags.DEFINE_string('data_dir', '/tmp/cifar10_data', """Path to the CIFAR-10 data directory.""")定义了默认的 data_dir 是/tmp/cifar10_data，也就是把数据集下载到目录/tmp/cifar10_data 中。本书做了简单修改，即使用 FLAGS = tf.app.flags.FLAGS、FLAGS.data_dir = 'cifar10_data/'两条语句把待下载目录修改为 cifar10_data/。

cifar10.maybe_download_and_extract()函数会自动检测数据集有没有下载，如果下载过则直接跳过，不做操作，如果之前没有下载就会自动下载数据集并解压缩。

等待一段时间后，系统会输出："Successfully downloaded cifar-10-binary.tar.gz 170052171 bytes."。这表明下载成功了。此时打开文件夹 cifar10_data/，会看到一个 cifar-10-binary.tar.gz 文件，是数据集原始的压缩包；还有一个 cifar-10-batches-bin 文件夹，是压缩包解压后的结果。

打开 cifar10_data/cifar-10-batches-bin/文件夹，一共有 8 个文件，是 CIFAR-10 的全部数据，文件名及用途如表 2-3 所示。

表 2-3　CIFAR-10 数据集的数据文件名及用途

文件名	文件用途
batches.meta.txt	文本文件，存储了每个类别的英文名称。读者可以用记事本或其他文本文件阅读器打开浏览
data_batch_1.bin、data_batch_2.bin、……、data_batch_5.bin	这 5 个文件是 CIFAR-10 数据集中的训练数据。每个文件以二进制格式存储了 10000 张 32×32 的彩色图像和这些图像对应的类别标签。一共 50000 张训练图像
test_batch.bin	这个文件存储的是测试图像和测试图像的标签。一共 10000 张
readme.html	数据集介绍文件

2.1.3 TensorFlow 的数据读取机制

在讲解如何用 TensorFlow 读取 CIFAR-10 数据之前，作为基础，先来简单介绍 TensorFlow 中数据读取的基本机制。

首先需要思考的一个问题是，什么是数据读取？以图像数据为例，读取数据的过程可以用图 2-2 来表示。

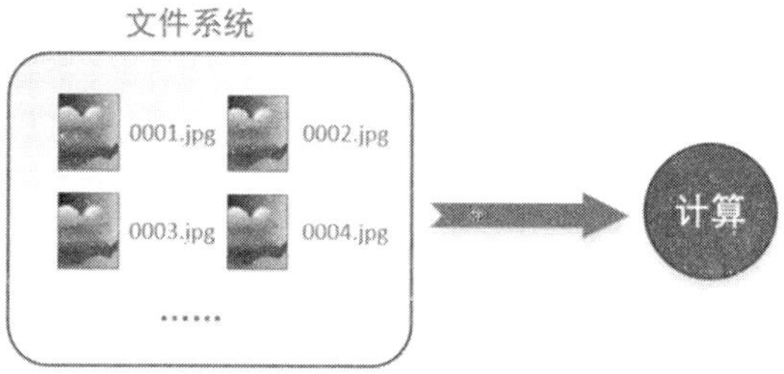

图 2-2　图像的数据读取过程

假设硬盘中有一个图片数据集 0001.jpg、0002.jpg、0003.jpg……只需要把它们读取到内存中，然后提供给 GPU 或是 CPU 进行计算就可以了。这听起来很容易，但事实远没有那么简单。**事实上，必须先读入数据后才能进行计算，假设读入用时 0.1s，计算用时 0.9s，那么就意味着每过 1s，GPU 都会有 0.1s 无事可做，这大大降低了运算的效率。**

如何解决这个问题？方法就是将读入数据和计算分别放在两个线程中，将数据读入内存的一个队列，如图 2-3 所示。

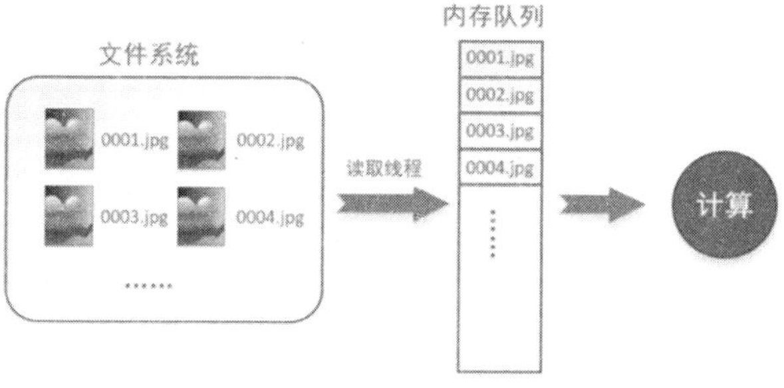

图 2-3　改进的读取方式：先将图片读取到内存队列中

读取线程源源不断地将文件系统中的图片读入一个内存的队列中，而负责计算的是另一个线程，计算需要数据时，直接从内存队列中取就可以了。这样可以解决 GPU 因为 I/O 而空闲的问题！

而在 TensorFlow 中，为了方便管理，在内存队列前又添加了一层所谓的“文件名队列”。

为什么要添加这一层文件名队列呢？首先需要了解机器学习中的一个概念：epoch。对于一个数据集来讲，运行一个 epoch 就是将这个数据集中的图片全部计算一遍。如果一个数据集中有三张图片 A.jpg、B.jpg、C.jpg，那么运行一个 epoch 就是指对 A、B、C 三张图片都计算一遍。两个 epoch 就是指先对 A、B、C 各计算一遍，然后再全部计算一遍，也就是说每张图片都计算了两遍。

TensorFlow 使用“文件名队列+内存队列”双队列的形式读入文件，可以很好地管理 epoch。下面用图片的形式来说明这个机制的运行方式。如图 2-4 所示，还是以数据集 A.jpg、B.jpg、C.jpg 为例，假定要运行一个 epoch，那么就在文件名队列中把 A、B、C 各放入一次，并在之后标注队列结束。

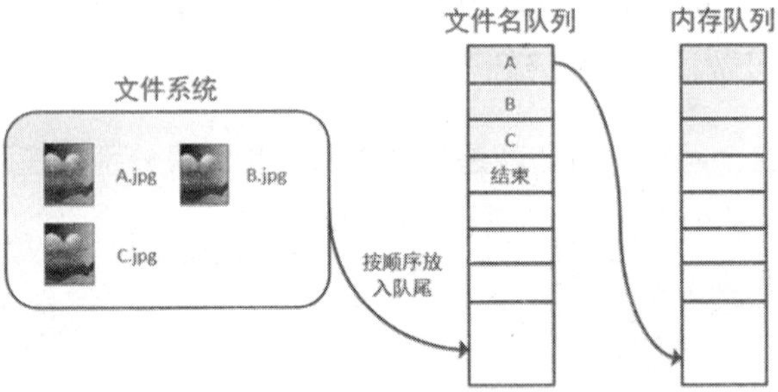

图 2-4　TensorFlow 中的文件名队列和内存队列

程序运行后，内存队列首先读入 A（此时 A 从文件名队列中出队），如图 2-5 所示。

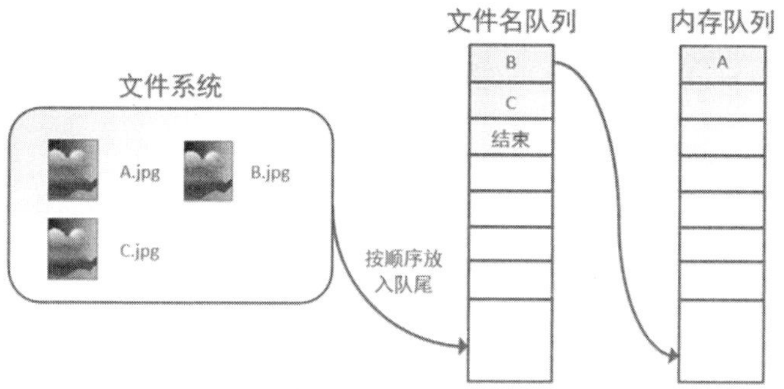

图 2-5　读入 A

再依次读入 B 和 C，如图 2-6 所示。

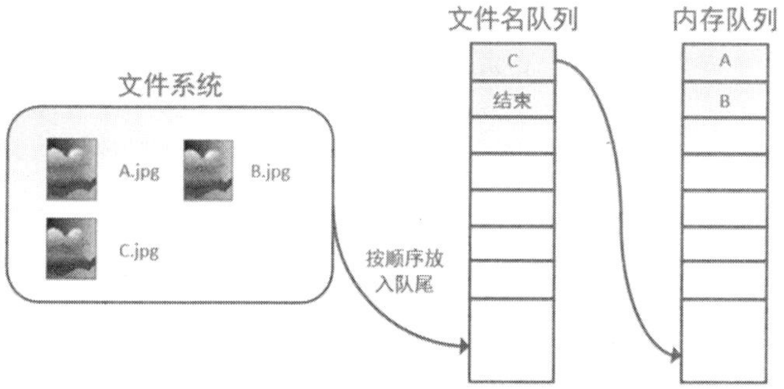

图 2-6　读入 B 和 C

此时，如果再尝试读入，由于系统检测到了“结束”，就会自动抛出一个异常（OutOfRange）。外部捕捉到这个异常后就可以结束程序了。这就是 TensorFlow 中读取数据的基本机制。如果要运行 2 个 epoch 而不是 1 个 epoch，则只要在文件名队列中将 A、B、C 依次放入两次再标记结束就可以了。

如何在 TensorFlow 中创建上述的两个队列呢?

对于文件名队列，使用 tf.train.string_input_producer 函数。这个函数需要传入一个文件名 list，系统会自动将它转为一个文件名队列。

此外，tf.train.string_input_producer 还有两个重要的参数：一个是 num_epochs，它就是上文中提到的 epoch 数；另外一个是 shuffle，shuffle 是

指在一个 epoch 内文件的顺序是否被打乱。若设置 shuffle=False，如图 2-7 所示，每个 epoch 内，数据仍然按照 A、B、C 的顺序进入文件名队列，这个顺序不会改变。

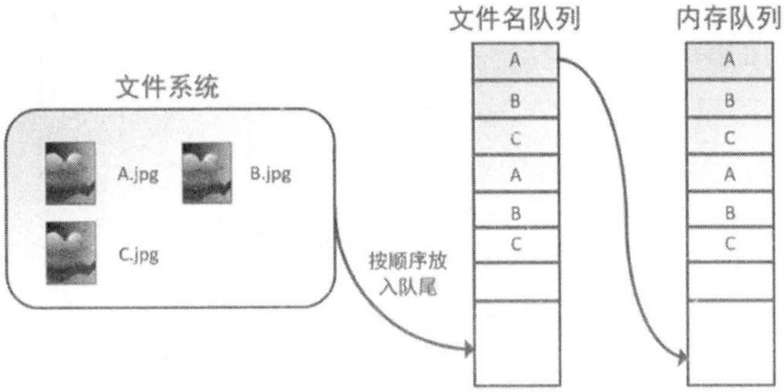

图 2-7　shuffle=False 时的数据读取顺序

如果设置 shuffle=True，那么在一个 epoch 内，数据的前后顺序就会被打乱，如图 2-8 所示。

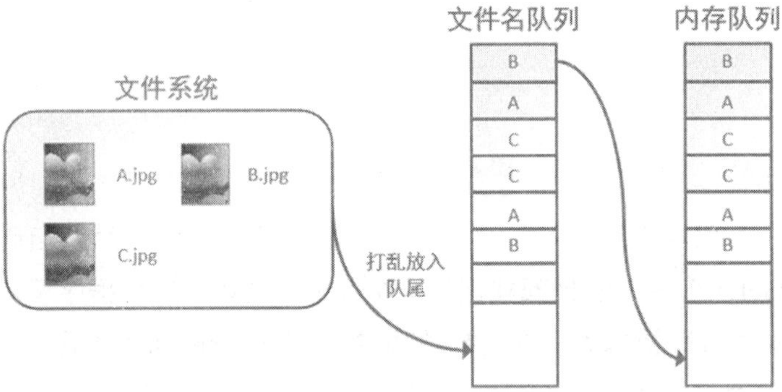

图 2-8　shuffle=True 时的数据读取顺序

在 TensorFlow 中，内存队列不需要自己建立，只需要使用 reader 对象从文件名队列中读取数据就可以了，具体实现可以参考下面的实战代码。

除了 tf.train.string_input_producer 外，还要额外介绍一个函数：tf.train.start_queue_runners。初学者会经常在代码中看到这个函数，但往往很难理解它的用处。有了上面的铺垫后，就可以解释这个函数的作用了。

在使用 tf.train.string_input_producer 创建文件名队列后，整个系统其实还处于“停滞状态”，也就是说，文件名并没有真正被加入队列中，如图 2-9 所示。如果此时开始计算，因为内存队列中什么也没有，计算单元就会一直等待，导致整个系统被阻塞。

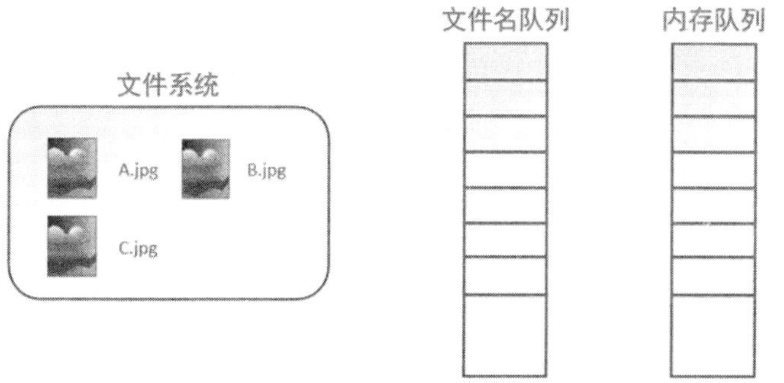

图 2-9　未调用 tf.train.start_queue_runners 时队列处于停滞状态

而使用 tf.train.start_queue_runners 之后，才会启动填充队列的线程，这时系统就不再“停滞”。此后，计算单元就可以拿到数据并进行计算，整个程序也就运行起来了，这就是函数 tf.train.start_queue_runners 的用处。

下面用一个具体的例子体会 TensorFlow 中的数据读取（对应的程序为 test.py）。如图 2-10 所示，假设在当前文件夹中已经有 A.jpg、B.jpg、C.jpg 三张图片，希望读取这三张图片的 5 个 epoch 并且把读取的结果重新存到 read 文件夹中。

图 2-10　当前文件夹中包含的文件

代码如下（对应的文件为test.py）：

```
# 导入TensorFlow
import tensorflow as tf

# 新建一个Session
with tf.Session() as sess:
   # 要读3张图片A.jpg, B.jpg, C.jpg
   filename = ['A.jpg', 'B.jpg', 'C.jpg']
   # string_input_producer会产生一个文件名队列
   filename_queue=tf.train.string_input_producer(filename, shuffle=False,
num_epochs=5)
   # reader从文件名队列中读数据。对应的方法是reader.read
   reader = tf.WholeFileReader()
   key, value = reader.read(filename_queue)
   # tf.train.string_input_producer定义了一个epoch变量，要对它进行初始化
   tf.local_variables_initializer().run()
   # 使用start_queue_runners之后，才会开始填充队列
   threads = tf.train.start_queue_runners(sess=sess)
   i = 0
   while True:
      i += 1
      # 获取图片数据并保存
      image_data = sess.run(value)
      with open('read/test_%d.jpg' % i, 'wb') as f:
         f.write(image_data)
```

这里使用 filename_queue = tf.train.string_input_producer(filename, shuffle= False, num_epochs=5)建立了一个会运行5个epoch的文件名队列。并使用reader读取，reader每次读取一张图片并保存。

运行代码后（程序最后会抛出一个 OutOfRangeError 异常，不必担心，这就是epoch跑完，队列关闭的标志），得到read文件夹中的图片，正好是按顺序的5个epoch，如图2-11所示。

如果设置 filename_queue=tf.train.string_input_producer(filename,shuffle= False, num_epochs=5)中的 shuffle=True，那么在每个epoch内图像会被打乱，如图2-12所示。

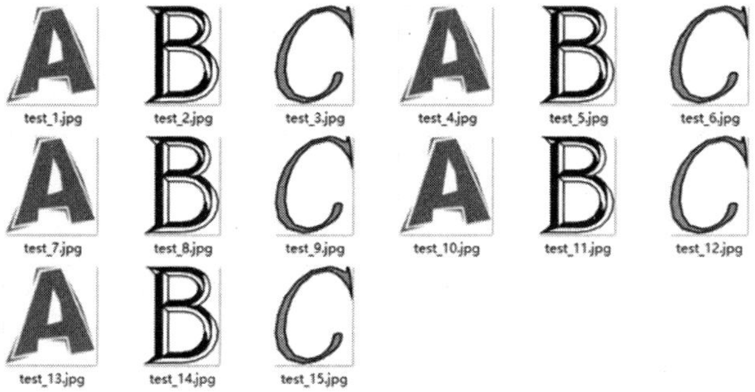

图 2-11　shuffle=False 时读取出的 5 个 epoch

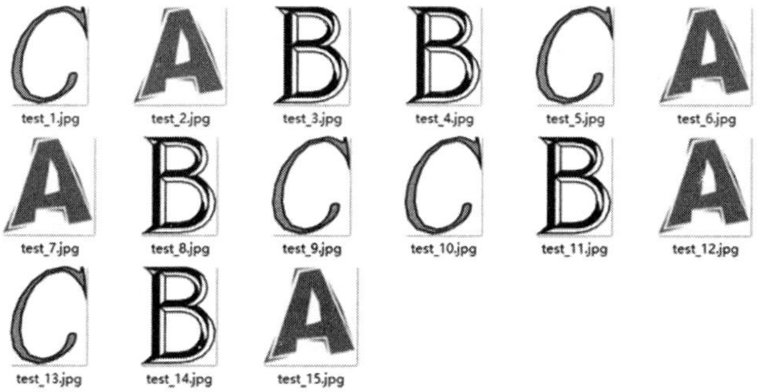

图 2-12　shuffle=True 时读取出的 5 个 epoch

这里只是用三张图片举例，实际应用中一个数据集肯定不止 3 张图片，不过涉及的原理都是共通的。

2.1.4　实验：将 CIFAR-10 数据集保存为图片形式

介绍了 TensorFlow 的数据读取的基本原理，再来看如何读取 CIFAR-10 数据。在 CIFAR-10 数据集中，文件 data_batch_1.bin、data_batch_2.bin、……、data_batch_5.bin 和 test_batch.bin 中各有 10000 个样本。一个样本由 3073 个字节组成，第一个字节为标签（label），剩下 3072 个字节为图像数据[1]。如下所示：

```
<1 x label><3072 x pixel>
```

1　格式介绍参考官方文档，地址为 http://www.cs.toronto.edu/~kriz/cifar.html。

```
...
<1 x label><3072 x pixel>
```

样本和样本之间没有多余的字节分割，因此这几个二进制文件的大小都是 30730000 字节。

如何用 TensorFlow 读取 CIFAR-10 数据呢？步骤与第 2.1.3 节类似：

- 第一步，用 tf.train.string_input_producer 建立队列。
- 第二步，通过 reader.read 读数据。在第 2.1.3 节中，一个文件就是一张图片，因此用的 reader 是 tf.WholeFileReader()。CIFAR-10 数据是以固定字节存在文件中的，一个文件中含有多个样本，因此不能使用 tf.WholeFileReader()，而是用 tf.FixedLengthRecordReader()。
- 第三步，调用 tf.train.start_queue_runners。
- 最后，通过 sess.run()取出图片结果。

遵循上面的步骤，本节会做一个实验：将 CIFAR-10 数据集中的图片读取出来，并保存为.jpg 格式。对应的程序为 cifar10_extract.py。读者现在就可以在这个代码里查找，看步骤中的 tf.train.string_input_producer、tf.FixedLengthRecordReader()、tf.train.start_queue_runners、sess.run()都在什么地方。

按照程序的执行顺序来看：

```
if __name__ == '__main__':
  # 创建一个会话 sess
  with tf.Session() as sess:
   # 调用 inputs_origin。cifar10_data/cifar-10-batches-bin 是下载数据的
文件夹位置
   reshaped_image=inputs_origin('cifar10_data/cifar-10-batches-bin')
   # 这一步 start_queue_runner 很重要
   # 之前有 filename_queue = tf.train.string_input_producer (filenames)
   # 这个 queue 必须通过 start_queue_runners 才能启动
   # 若缺少 start_queue_runners，程序将不能执行
   threads = tf.train.start_queue_runners(sess=sess)
   # 对变量初始化
   sess.run(tf.global_variables_initializer())
   # 创建文件夹 cifar10_data/raw/
```

```
if not os.path.exists('cifar10_data/raw/'):
  os.makedirs('cifar10_data/raw/')
# 保存30张图片
for i in range(30):
  # 每次sess.run(reshaped_image)，都会取出一张图片
  image_array = sess.run(reshaped_image)
  # 将图片保存
  scipy.misc.toimage(image_array).save('cifar10_data/raw/%d.jpg' % i)
```

inputs_origin 是一个函数。这个函数中包含了前两个步骤，tf.train.string_input_producer 和使用 reader。函数的返回值 reshaped_image 是一个 Tensor，对应一张训练图像。下面要做的并不是直接运行 sess.run(reshaped_image)，而是使用 threads = tf.train.start_queue_runners(sess=sess)。只有调用过 tf.train.start_queue_runners 后，才会让系统中的所有队列真正地“运行”，开始从文件中读数据。如果不调用这条语句，系统将会一直等待。

最后用 sess.run(reshaped_image)取出训练图片并保存。此程序一共在文件夹 cifar10_data/raw/中保存了 30 张图片。读者可以打开该文件夹，看到原始的 CIFAR-10 训练图片，如图 2-13 所示。

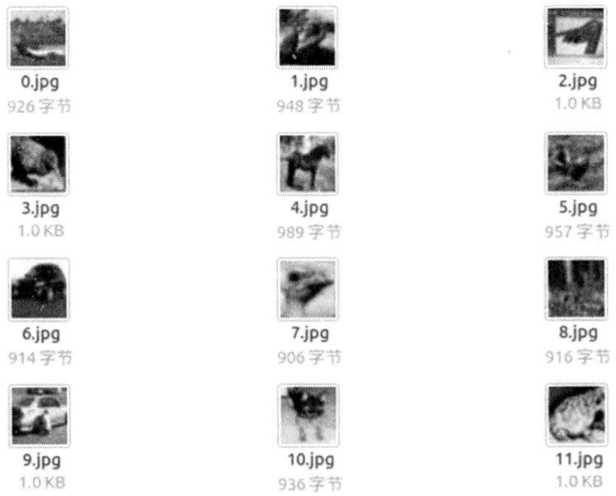

图 2-13　cifar10_data/raw/目录下保存的 CIFAR-10 训练图片

再回过头来看 inputs_origin 函数：

```
def inputs_origin(data_dir):
  # filenames一共5个，从data_batch_1.bin到data_batch_5.bin
```

```
  # 读入的都是训练图像
  filenames = [os.path.join(data_dir, 'data_batch_%d.bin' % i)
               for i in range(1, 6)]
  # 判断文件是否存在
  for f in filenames:
    if not tf.gfile.Exists(f):
      raise ValueError('Failed to find file: ' + f)
  # 将文件名的 list 包装成 TensorFlow 中 queue 的形式
  filename_queue = tf.train.string_input_producer(filenames)
  # cifar10_input.read_cifar10 是事先写好的从 queue 中读取文件的函数
  # 返回的结果 read_input 的属性 uint8image 就是图像的 Tensor
  read_input = cifar10_input.read_cifar10(filename_queue)
  # 将图片转换为实数形式
  reshaped_image = tf.cast(read_input.uint8image, tf.float32)
  # 返回的 reshaped_image 是一张图片的 tensor
  # 应当这样理解 reshaped_image：每次使用 sess.run(reshaped_image)，就会取出一张图
片
return reshaped_image
```

tf.train.string_input_producer(filenames)创建了一个文件名队列，其中 filenames 是一个列表，包含从 data_batch_1.bin 到 data_batch_5.bin 一共 5 个文件名。这正好对应了 CIFAR-10 的训练集。cifar10_input.read_cifar10 (filename_queue)对应“使用 reader”的步骤。为此需要查看 cifar10_input.py 中的 read_cifar10 函数，其中关键的代码如下：

```
  # Dimensions of the images in the CIFAR-10 dataset.
  # See http://www.cs.toronto.edu/~kriz/cifar.html for a description of the
  # input format.
  label_bytes = 1  # 2 for CIFAR-100
  result.height = 32
  result.width = 32
  result.depth = 3
  image_bytes = result.height * result.width * result.depth
  # Every record consists of a label followed by the image, with a
  # fixed number of bytes for each.
  record_bytes = label_bytes + image_bytes

  # Read a record, getting filenames from the filename_queue.  No
  # header or footer in the CIFAR-10 format, so we leave header_bytes
  # and footer_bytes at their default of 0.
  reader = tf.FixedLengthRecordReader(record_bytes=record_bytes)
  result.key, value = reader.read(filename_queue)
```

语句 tf.FixedLengthRecordReader(record_bytes=record_bytes)创建了一个 reader，它每次在文件中读取 record_bytes 字节的数据，直到文件结束。结合代码，record_bytes 就等于 1 + 32 * 32 * 3，即 3073，正好对应 CIFAR-10 中一个样本的字节长度。使用 reader.read(filename_queue)后，reader 从之前建立好的文件名队列中读取数据（以 Tensor 的形式）。简单处理结果后由函数返回。至此，读者应当对 CIFAR-10 数据的读取流程及 TensorFlow 的读取机制相当熟悉了。

2.2 利用 TensorFlow 训练 CIFAR-10 识别模型

在第 2.1 节中，读者已经对 CIFAR-10 数据集和 TensorFlow 中 CIFAR-10 数据集的读取有了基本的了解。本节将以 TensorFlow 为工具，训练 CIFAR-10 的图像识别模型。

2.2.1 数据增强

1. 数据增强的原理

深度学习通常会要求拥有充足数量的训练样本。一般来说，数据的总量越多，训练得到的模型的效果就会越好。

在图像任务中，通常会观察到这样一种现象：对输入的图像进行一些简单的平移、缩放、颜色变换，并不会影响图像的类别。图 2-14 所示为翻转了位置的汽车图像，并适当降低了对比度和亮度，得到的图像当然还是汽车。**它们都可以被用作是汽车的训练样本。**

对于图像类型的训练数据，所谓的数据增强（Data Augmentation）方法是指利用平移、缩放、颜色等变换，人工增大训练集样本的个数，从而获得更充足的训练数据，使模型训练的效果更好。

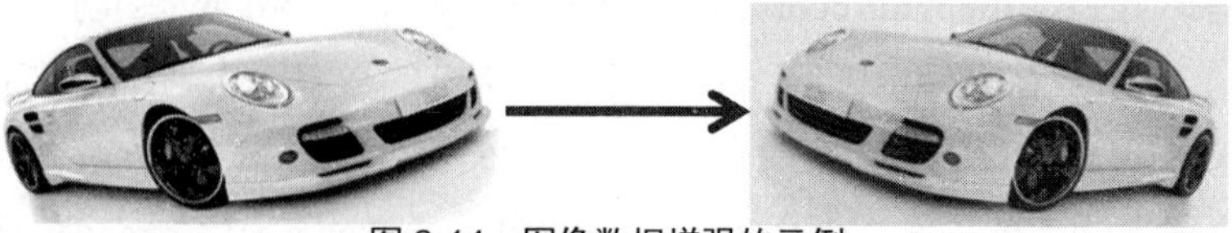

图 2-14　图像数据增强的示例

常用的图像数据增强的方法如下。

- 平移：将图像在一定尺度范围内平移。
- 旋转：将图像在一定角度范围内旋转。
- 翻转：水平翻转或上下翻转图像。
- 裁剪：在原有图像上裁剪出一块。
- 缩放：将图像在一定尺度内放大或缩小。
- 颜色变换：对图像的 RGB 颜色空间进行一些变换。
- 噪声扰动：给图像加入一些人工生成的噪声。

使用数据增强方法的前提是，**这些数据增强方法不会改变图像的原有标签**。例如在 MNIST 数据集中，如果使用数据增强，就不能使用旋转 180º 的方法，因为标签为“6”的数字在旋转 180º 后会变成“9”。

2. TensorFlow 中数据增强的实现

训练 CIFAR-10 识别模型用到了数据增强来提高模型的性能。实验证明，使用数据增强可以大大提高模型的泛化能力，并且能够预防过拟合。

实现数据增强的代码在 cifar10_input.py 的 distorted_inputs()函数中，几行代码如下：

```
# 随机裁剪图片，从32×32裁剪到24×24
distorted_image = tf.random_crop(reshaped_image, [height, width, 3])

# 随机翻转图片。每张图片有50%的概率被水平左右翻转，另有50%的概率保持不变
distorted_image = tf.image.random_flip_left_right(distorted_image)

# 随机改变亮度和对比度
distorted_image = tf.image.random_brightness(distorted_image,
                                             max_delta=63)
distorted_image = tf.image.random_contrast(distorted_image,
```

```
                          lower=0.2, upper=1.8)
```

原始的训练图片是 reshaped_image。最后会得到一个数据增强后的训练样本 distorted_image。从 reshaped_image 到 distorted_image 的处理步骤如下：

- 第一步是对 reshaped_image 进行随机裁剪。原始的 CIFAR-10 图像的尺寸是 32×32。随机裁剪出 24×24 的小块进行训练。因为小块可以取在图像的任何位置，所以仅此一步就可以大大增加训练集的样本数目。
- 第二步是对裁剪后的小块进行水平翻转。每张图片有 50%的概率被水平翻转，还有 50%的概率保持不变。
- 最后对得到的图片进行亮度和对比度的随机改变。

训练时，直接使用 distorted_image 进行训练即可。

2.2.2 CIFAR-10 识别模型

与 MNIST 识别模型一样，得到数据增强后的图像 distorted_image 后，需要建立一个模型将图像识别出来。建立模型的代码在 cifar10.py 文件的 inference()函数中。这个函数的代码如下：

```
# 函数的输入参数为 images，即图像的 Tensor
# 输出是图像属于各个类别的 Logit
def inference(images):
  # 建立第一层卷积层
  with tf.variable_scope('conv1') as scope:
    kernel = _variable_with_weight_decay('weights',
                                         shape=[5, 5, 3, 64],
                                         stddev=5e-2,
                                         wd=0.0)
    conv = tf.nn.conv2d(images, kernel, [1, 1, 1, 1], padding='SAME')
    biases = _variable_on_cpu('biases', [64], tf.constant_initializer (0.0))
    pre_activation = tf.nn.bias_add(conv, biases)
    conv1 = tf.nn.relu(pre_activation, name=scope.name)
    # summary 是将输出报告到 TensorBoard，很快会学到 TensorBoard 的应用
    _activation_summary(conv1)

  # 第一层卷积层的池化
  pool1 = tf.nn.max_pool(conv1, ksize=[1, 3, 3, 1], strides=[1, 2, 2, 1],
```

```
                padding='SAME', name='pool1')
# 这是局部响应归一化层（LRN），现在的模型大多不采用
norm1 = tf.nn.lrn(pool1, 4, bias=1.0, alpha=0.001 / 9.0, beta=0.75,
             name='norm1')

# 第二层卷积层
with tf.variable_scope('conv2') as scope:
  kernel = _variable_with_weight_decay('weights',
                                       shape=[5, 5, 64, 64],
                                       stddev=5e-2,
                                       wd=0.0)
  conv = tf.nn.conv2d(norm1, kernel, [1, 1, 1, 1], padding='SAME')
  biases = _variable_on_cpu('biases', [64], tf.constant_initializer(0.1))
  pre_activation = tf.nn.bias_add(conv, biases)
  conv2 = tf.nn.relu(pre_activation, name=scope.name)
  _activation_summary(conv2)

# 局部响应归一化层
norm2 = tf.nn.lrn(conv2, 4, bias=1.0, alpha=0.001 / 9.0, beta=0.75,
             name='norm2')
# 第二层卷积层的池化
pool2 = tf.nn.max_pool(norm2, ksize=[1, 3, 3, 1],
                strides=[1, 2, 2, 1], padding='SAME', name='pool2')

# 全连接层 1
with tf.variable_scope('local3') as scope:
  # 后面不再做卷积了，所以把 pool2 进行 reshape，方便做全连接
  reshape = tf.reshape(pool2, [FLAGS.batch_size, -1])
  dim = reshape.get_shape()[1].value
  weights = _variable_with_weight_decay('weights', shape=[dim, 384],
                                        stddev=0.04, wd=0.004)
  biases = _variable_on_cpu('biases', [384], tf.constant_initializer
(0.1))
  # 全连接。输出是 relu(Wx+b)
  local3 = tf.nn.relu(tf.matmul(reshape, weights) + biases,
name=scope.name)
  _activation_summary(local3)

  # 全连接 2
  with tf.variable_scope('local4') as scope:
  weights = _variable_with_weight_decay('weights', shape=[384, 192],
                                        stddev=0.04, wd=0.004)
  biases = _variable_on_cpu('biases', [192], tf.constant_initializer
```

```
(0.1))
    local4 = tf.nn.relu(tf.matmul(local3, weights) + biases,
name=scope.name)
    _activation_summary(local4)

    # 全连接 + Softmax 分类
    # 这里不显示进行 Softmax 变换，只输出变换前的 Logit（即变量 softmax_linear）
    # 这个做法与第 1.2.2 节中的做法一致
    with tf.variable_scope('softmax_linear') as scope:
    weights = _variable_with_weight_decay('weights', [192, NUM_CLASSES],
                                          stddev=1/192.0, wd=0.0)
    biases = _variable_on_cpu('biases', [NUM_CLASSES],
                              tf.constant_initializer(0.0))
    softmax_linear = tf.add(tf.matmul(local4, weights), biases,
name=scope.name)
    _activation_summary(softmax_linear)

    return softmax_linear
```

模型的代码虽然比较复杂，但本质是不变的，与第 1.2.2 节中的手写体识别模型类似，都是输入图像，输入图像对应到各个类别的 Logit。这里使用了两层卷积层，还在卷积层后面额外加了三层全连接层。

2.2.3 训练模型

用下列命令就可以训练模型：

```
python cifar10_train.py --train_dir cifar10_train/ --data_dir
cifar10_data/
```

--data_dir cifar10_data/的含义是指定 CIFAR-10 数据的保存位置。--train_dir cifar10_train/的作用是另外指定一个训练文件夹。训练文件夹的作用是保存模型的参数和训练时的日志信息。

训练模型时，屏幕上会显示日志信息，如：

```
2017-05-29 19:29:50.844207: step 140, loss = 3.98 (1370.3 examples/sec; 0.093
sec/batch)
2017-05-29 19:29:51.767384: step 150, loss = 4.11 (1386.5 examples/sec; 0.092
sec/batch)
```

```
2017-05-29 19:29:52.716951: step 160, loss = 3.81 (1348.0 examples/sec; 0.095
sec/batch)
2017-05-29 19:29:53.655708: step 170, loss = 3.86 (1363.5 examples/sec; 0.094
sec/batch)
2017-05-29 19:29:54.542212: step 180, loss = 3.81 (1443.9 examples/sec; 0.089
sec/batch)
2017-05-29 19:29:55.467348: step 190, loss = 3.78 (1383.6 examples/sec; 0.093
sec/batch)
```

日志信息告诉我们当前的时间和已经训练的步数，还会显示当前的损失是多少（如 loss=3.98）。理想的损失应该是一直下降的。日志里最后括号里的信息表示训练的速度。这里的日志信息是在 GPU 下训练时输出的，如果读者使用 CPU 进行训练，那么训练速度会比这里慢。

2.2.4 在 TensorFlow 中查看训练进度

在训练的时候，常常想知道损失的变化，以及各层的训练状况。TensorFlow 提供了一个可视化工具 TensorBoard。使用 TensorBoard 可以非常方便地观察损失的变化曲线，还可以观察训练速度等其他日志信息，达到实时监控训练过程的目的。

要使用 TensorBoard，请打开另一个命令行窗口，切换到当前目录，并输入以下命令：

```
tensorboard --logdir cifar10_train/
```

TensorBoard 默认在 6006 端口运行。打开浏览器，输入地址 http://127.0.0.1:6006（或 http://localhost:6006），就可以看到 TensorBoard 的主页面，如图 2-15 所示。

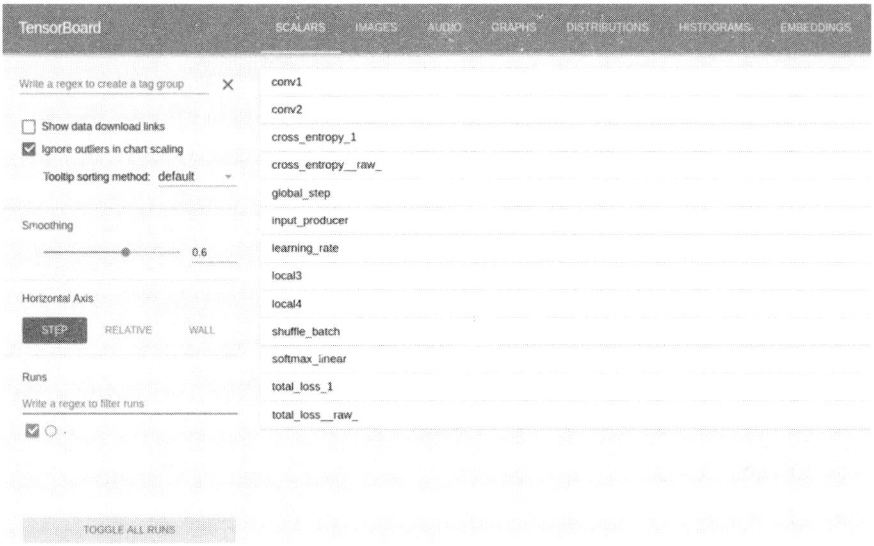

图 2-15　TensorBoard 的主页面

单击 total_loss_1，就可以看到 loss 的变化曲线，变化曲线会根据时间实时变动，非常便于实时监测。还可以滑动左侧工具栏中的“Smoothing”滑条，它的功能是平滑损失曲线，方便更好地观察损失曲线的整体变化情况。

单击 learning_rate，可以监控学习率的变化。观察学习率时，应当把“Smoothing”滑条拖曳至 0，因为学习率的值是确定的，并不存在噪声，因此也不需要进行平滑处理。

图 2-16 展示了训练到约 60 万步时（此时运行训练程序终端的代码应该打出类似 step 600000 的日志），损失和学习率的变化情况。

从图中可以看出，在深度模型的训练中，通常先使用比较大的学习率（如 0.1），这样可以帮助模型在初期以比较快的速度收敛。之后再逐步降低学习率（如降低到 0.01 或 0.001）。在 CIFAR-10 识别模型的训练中，学习率从 0.1 开始递减，依次是 0.01, 0.001, 0.0001。每一次递减都可以让损失更进一步地下降。

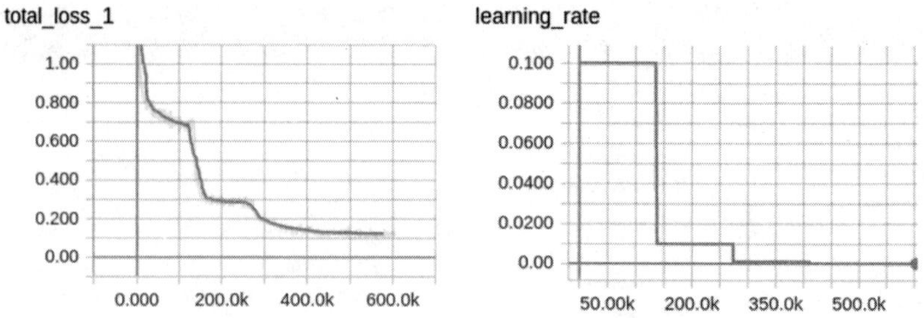

图 2-16 训练到约 60 万步时损失和学习率的变化情况

除了上述功能外，在 TensorBoard 中还可以监控模型的训练速度。展开 global_step 选项卡，对应的图形为每秒训练步数的情况。如图 2-17 所示，每秒大概训练 8~11 步，变化不是特别大。在实际训练过程中，如果训练速度发生较大的变化，或者出现训练速度随程序运行而越来越慢的情形，就可能是程序中出现了错误，需要进行检查。

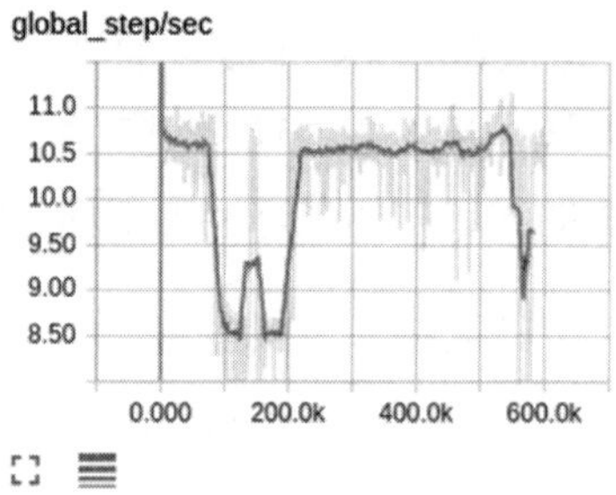

图 2-17 训练速度的变化情况

最后，简要介绍 TensorBoard 显示训练信息的原理。在指定的训练文件夹 cifar10_train 下，可以找到一个以 events.out 开头的文件。实际上，在训练模型时，程序会源源不断地将日志信息写入这个文件中。运行 TensorBoard 时只要指定训练文件夹，TensorBoard 会自动搜索到这个文件，并在网页中显示相应的信息。

2.2.5 测试模型效果

在训练文件夹 cifar10_train/下，还会发现一个 checkpoint 文件和一些以

model.ckpt 开头的文件。TensorFlow 会将训练得到的模型参数保存到“checkpoint”里。在训练程序中，已经设定好每隔 10min 保存一次 checkpoint，并且只保留最新的 5 个 checkpoint，保存时如果已经有了 5 个 checkpoint 就会删除最旧的那个。

用记事本打开 checkpoint 文件，会发现类似如下的内容：

```
model_checkpoint_path: "model.ckpt-601652"
all_model_checkpoint_paths: "model.ckpt-577732"
all_model_checkpoint_paths: "model.ckpt-582729"
all_model_checkpoint_paths: "model.ckpt-589036"
all_model_checkpoint_paths: "model.ckpt-595345"
all_model_checkpoint_paths: "model.ckpt-601652"
```

其中，model_checkpoint_path 表示最新的模型是 model.ckpt-601652（由于训练步数的不同，读者看到的数字可能和本书的有所不同）。601652 表示这是第 601652 步的模型。后面的 5 个 all_model_checkpoint_paths 分别表示所有存储下来的 5 个模型和它们的步数。

使用 cifar10_eval.py 可以检测模型在 CIFAR-10 测试数据集上的准确性。

在命令行中运行代码：

```
python cifar10_eval.py --data_dir cifar10_data/ --eval_dir cifar10_eval/
--checkpoint_dir cifar10_train/
```

--data_dir cifar10_data/ 表示 CIFAR-10 数据集的存储位置。--checkpoint_dir cifar10_train/则表示程序模型保存在 cifar10_train/文件夹下。这里还用--eval_dir cifar10_eval/指定了一个保存测试信息的文件夹，测试时获得的结果（如准确率）会保存在 cifar10_eval/中。

测试时要注意使用的是 CPU 还是 GPU，总的来说有以下三种情况。

第一种情况是训练和测试都使用 GPU。此时要注意不能在同一个 GPU 上运行命令，最好用另一个 GPU 进行测试，否则可能会由于显存不足，导致程序运行失败。使用另一张显卡的方法是设置不同的 CUDA_VISIBLE_DEVICES 环境变量。比如在训练时，先运行 export

CUDA_VISIBLE_DEVICES=0，再执行训练代码，这样训练程序只会使用 0 号 GPU。测试时，先运行 export CUDA_VISIBLE_DEVICES=1，这样测试程序就会使用 1 号 GPU。

第二种情况是使用 GPU 训练，用 CPU 测试。这种情况在测试时可以在命令行运行：export CUDA_VISIBLE_DEVICES=“”。这样测试程序将只会使用 CPU 进行测试，不会影响训练的 GPU。

第三种情况是使用 CPU 进行训练和测试。此时如果系统没有设置 GPU，那么直接运行相应的代码即可。

运行测试代码后，程序会立刻检测在最新 checkpoint 上的准确率。此外，它还会每隔一段时间自动执行一次，获取新保存的模型的准确率，并把所有信息写入文件夹 cifar10_eval/中。

使用 TensorBoard 可以观察准确率随训练步数的变化情况。运行：

```
tensorboard --logdir cifar10_eval/ --port 6007
```

TensorBoard 默认在 6006 端口运行，但这里使用--port 6007 可以使它在 6007 端口运行。这是为了防止和之前运行的监控训练状况的 TensorBoard 发生端口冲突。打开 http://127.0.0.1:6007，展开“Precision @ 1”选项卡，就可以看到准确率随训练步数变化的情况，如图 2-18 所示。

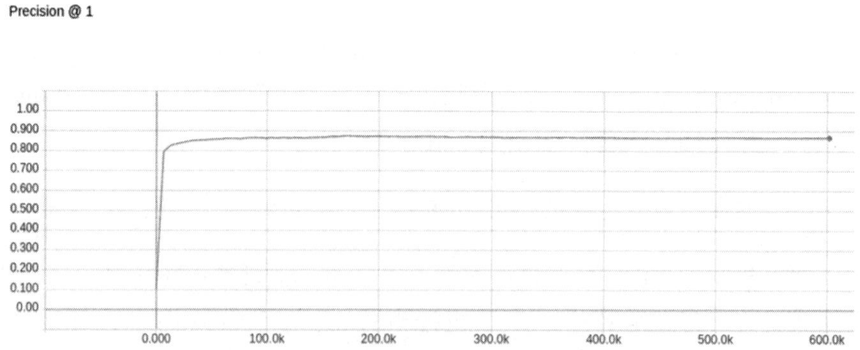

图 2-18　模型的准确率随训练步数的变化情况

实际上到 6 万步左右时，模型就有了 86%的准确率，到 10 万步时的准确率为 86.3%，到 15 万步后的准确率基本稳定在 86.6%左右。

2.3 ImageNet 图像识别模型

2.3.1 ImageNet 数据集简介

ImageNet 数据集是为了促进计算机图像识别技术的发展而设立的一个大型图像数据集。2016 年 ImageNet 数据集中已经有超过千万张图片，每一张图片都被手工标定好类别。ImageNet 数据集中的图片涵盖了大部分生活中会看到的图片类别，如图 2-19 所示。

相比 CIFAR-10，ImageNet 数据集图片数量更多，分辨率更高，含有的类别更多（有上千个图像类别），图片中含有更多的无关噪声和变化，因此识别难度比 CIFAR-10 高得多。从 2010 年起，每年 ImageNet 的项目组织都会举办一场 ImageNet 大规模视觉识别竞赛（ImageNet Large Scale Visual Recognition Challenge，ILSVRC）。在 ILSVRC 竞赛中诞生了许多成功的图像识别方法，其中很多是深度学习方法，它们在赛后又会得到进一步发展与应用。可以说，ImageNet 数据集和 ILSVRC 竞赛大大促进了计算机视觉技术，乃至深度学习的发展，在深度学习的浪潮中占有举足轻重的地位。

图 2-19　ImageNet 数据集的图像示例

2.3.2 历代 ImageNet 图像识别模型

2012 年，加拿大多伦多大学的教授 Hinton 与其学生 Alex 参赛，使用深度学习处理图像识别问题，将错误率从原来的 25%降到了 16%。图 2-20 展示了他们使用的网络结构。

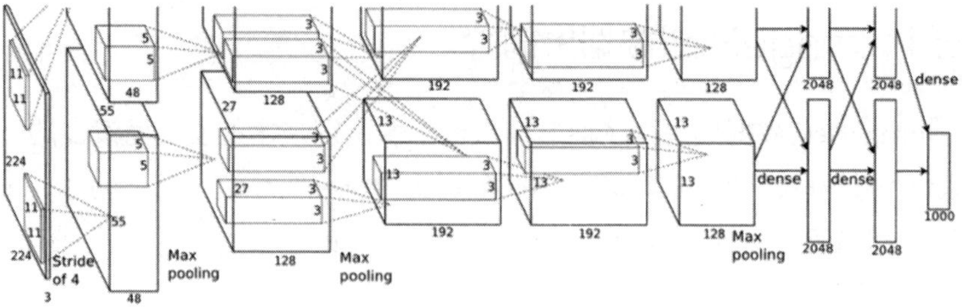

图 2-20　AlexNet 的结构示意图

这个网络由上下两部分组成。输入的图像会经过 5 层卷积层（依次是 11×11 卷积、5×5 卷积，3 个 3×3 卷积），有些卷积层后面还使用了池化层。5 层卷积之后连接了 3 层全连接层。由于该网络是由 Alex 设计完成的，所以现在一般将此网络简称为 AlexNet。

AlexNet 的成功主要得益于以下几个方面：

- 训练了较深层的卷积神经网络。
- ImageNet 提供了大量训练样本，此外还使用了数据增强（参考第 2.2.1 节）技术，因此神经网络的过拟合现象不严重。
- 使用了 dropout 等技术，进一步降低了过拟合。

AlexNet 的成功引起了研究人员的兴趣，2014 年，ILSVRC 竞赛上又出现了两个引人关注的模型：VGGNet 和 GoogLeNet。相比 AlexNet 16%的错误率，VGGNet 把错误率降到了 7%，GoogLeNet 的错误率则是 6%。

先来介绍 VGGNet。在原始的论文中，作者共训练了 6 个网络，分别命名为 VGG-A、VGG-A-LRN、VGG-B、VGG-C、VGG-D 和 VGG-E，如图 2-21 所示。

ConvNet Configuration					
A	A-LRN	B	C	D	E
11 weight layers	11 weight layers	13 weight layers	16 weight layers	16 weight layers	19 weight layers
input (224 × 224 RGB image)					
conv3-64	conv3-64 **LRN**	conv3-64 **conv3-64**	conv3-64 conv3-64	conv3-64 conv3-64	conv3-64 conv3-64
maxpool					
conv3-128	conv3-128	conv3-128 **conv3-128**	conv3-128 conv3-128	conv3-128 conv3-128	conv3-128 conv3-128
maxpool					
conv3-256 conv3-256	conv3-256 conv3-256	conv3-256 conv3-256	conv3-256 conv3-256 **conv1-256**	conv3-256 conv3-256 **conv3-256**	conv3-256 conv3-256 conv3-256 **conv3-256**
maxpool					
conv3-512 conv3-512	conv3-512 conv3-512	conv3-512 conv3-512	conv3-512 conv3-512 **conv1-512**	conv3-512 conv3-512 **conv3-512**	conv3-512 conv3-512 conv3-512 **conv3-512**
maxpool					
conv3-512 conv3-512	conv3-512 conv3-512	conv3-512 conv3-512	conv3-512 conv3-512 **conv1-512**	conv3-512 conv3-512 **conv3-512**	conv3-512 conv3-512 conv3-512 **conv3-512**
maxpool					
FC-4096					
FC-4096					
FC-1000					
soft-max					

图 2-21　VGGNet 的结构示意图

简单解释表中符号表示的含义。conv3-512 表示使用了 3×3 的卷积，卷积之后的通道数为 512。而 conv3-256 表示使用了 3×3 的卷积，通道数为 256，依此类推。在实际应用中，由于 VGG-D 和 VGG-E 效果最好，所以一般只会用到这两个网络。由于 VGG-D 有 16 层，VGG-E 有 19 层，所以它们又被分别简称为 VGG16 与 VGG19 模型。VGG19 比 VGG16 准确率更高，但相应地计算量更大。VGG16 的结构还可以用图 2-22 简化表示。

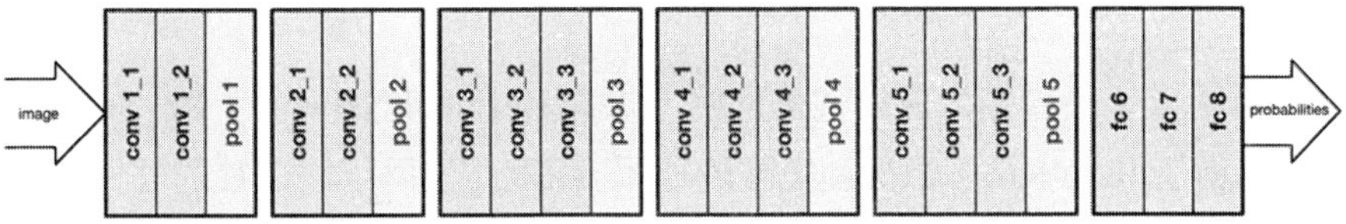

图 2-22　VGG16 的结构示意图

GoogLeNet 由 Google 公司提出，性能与 VGGNet 相近。GoogLeNet 的创新在于它提出了一种"Inception"结构，它把原来的单个结点又拆成一个神经网络，形成了"网中网"（Network in Network）。Inception 单元的结构如图 2-23 所示。

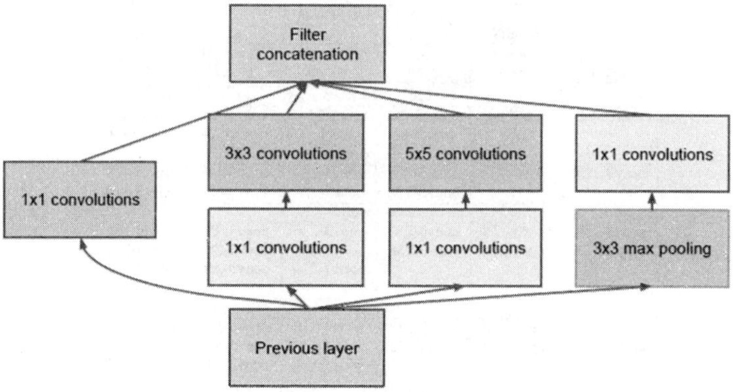

图 2-23　Inception 单元的结构

整个 GoogLeNet 就是由许多这样的 Inception 单元组成的，它的构造比较复杂，但同样是深层的卷积神经网络，其结构示意图如图 2-24 所示。

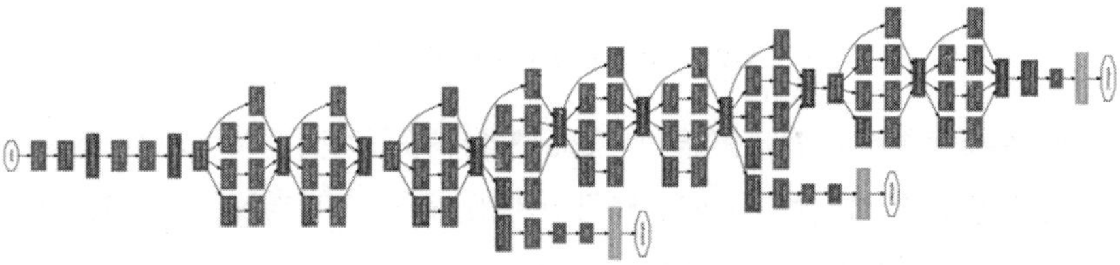

图 2-24　GoogLeNet 的结构示意图[1]

值得一提的是，GoogLeNet 又被称为 Inception V1 模型，Google 又对该模型做了后续研究，相继提出了 Inception V2、Inception V3、Inception V4 模型，每一代模型的性能都有提升。

2015 年，一种名为深度残差网络（Deep Residual Network，ResNet）的模型赢得了 ILSVRC 图像识别竞赛的冠军。深度残差网络比以往的任何模型都要深，它可以训练 100 层，甚至 1000 层。深度残差网络把错误率从 6%（GoogLeNet）、7%（VGGNet）降到了 3.57%，这也是在 ImageNet 数据集上，机器的表现首次优于人类。

1　图片地址为：http://joelouismarino.github.io/images/blog_images/blog_googlenet_keras/googlenet_diagram.png。

深度残差模型的优势在于使用了跳过连接，让神经网络从拟合 $F(x)$变成拟合残差 $F(x)-x$。残差比原始函数更容易学习，也更适合深层模型迭代。因此，即使训练非常深的神经网络也不会发生非常严重的过拟合。残差网络使用的基本结构如图 2-25 所示，实际的残差网络就是由大量这样的基本单元组成的。

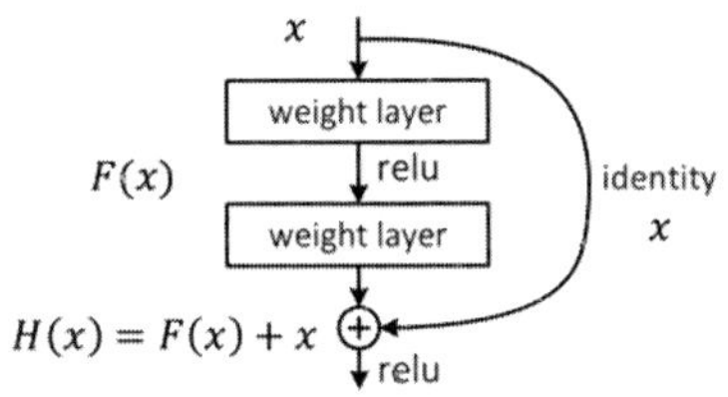

图 2-25 残差网络的基本单元

至此，本节介绍了在 ImageNet 数据集上最重要的几个深度学习模型：AlexNet、VGGNet、GoogLeNet 和 ResNet。读者没有必要记忆模型的每一个细节。在后面的章节中，大多数时候会直接把这些模型当作整体工具来使用。

2.4 总结

在本章中，首先介绍了 CIFAR-10 数据集。借助 CIFAR-10 介绍了 TensorFlow 读写数据的原理、数据增强的原理等，还使用 TensorFlow 训练了一个 CIFAR-10 识别模型，取得了较高的识别准确率。最后介绍了 ImageNet 数据集及在该数据集上比较重要的几类模型。尽管 ImageNet 数据集使用的模型比较复杂，但读者可以类比 CIFAR-10 数据集使用的方法进行理解，它们的原理是共通的。

拓展阅读

- 关于 CIFAR-10 数据集，读者可以访问它的官方网站 https://www.cs.toronto.edu/~kriz/cifar.html 了解更多细节。此外，网站 http://rodrigob.github.io/are_we_there_yet/build/classification_datasets_results.html#43494641522d3130 中收集了在 CIFAR-10 数据集上表现最好的若干模型，包括这些模型对应的论文。
- ImageNet 数据集上的表现较好的几个著名的模型是深度学习的基石，值得仔细研读。建议先阅读下面几篇论文：*ImageNet Classification with Deep Convolutional Neural Networks*（AlexNet 的提出）、*Very Deep Convolutional Networks for Large-Scale Image Recognition*（VGGNet）、*Going Deeper with Convolutions*（GoogLeNet）、*Deep Residual Learning for Image Recognition*（ResNet）。
- 在第 2.1.3 节中，简要介绍了 TensorFlow 的一种数据读入机制。事实上，目前在 TensorFlow 中读入数据大致有三种方法：（1）用占位符（即 placeholder）读入，这种方法比较简单；（2）用队列的形式建立文件到 Tensor 的映射；（3）用 Dataset API 读入数据，Dataset API 是 TensorFlow 1.3 版本新引入的一种读取数据的机制，可以参考这篇中文教程：https://zhuanlan.zhihu.com/p/30751039。

第 3 章 打造自己的图像识别模型

本章关注的重点是如何使用 TensorFlow 在自己的图像数据上训练深度学习模型，主要涉及的方法是对已经预训练好的 ImageNet 模型进行微调（Fine-tune）。本章将会从四个方面讲解：数据准备、训练模型、在测试集上验证准确率、导出模型并对单张图片分类。

3.1 微调的原理

在自己的数据集上训练一个新的深度学习模型时，一般采取在预训练 ImageNet 上进行微调的方法。什么是微调？这里以 VGG16 为例进行讲解。

如图 2-22 所示，VGG16 的结构为卷积+全连接层。卷积层分为 5 个部分共 13 层，即图中的 conv 1~conv 5。还有 3 层是全连接层，即图中的 fc6、fc7、fc8。卷积层加上全连接层合起来一共为 16 层，因此它被称为 VGG16。如果要将 VGG16 的结构用于一个新的数据集，首先要去掉 fc8 这一层。原因是 fc8 层的输入是 fc7 层的特征，输出是 1000 类的概率，这 1000 类正好对应了 ImageNet 模型中的 1000 个类别。在自己的数据中，类别数一般不是 1000 类，因此 fc8 层的结构在此时是不适用的，必须将 fc8 层去掉，重新采用符合数据集类别数的全连接层，作为新的 fc8。比如数据集为 5 类，那么新的 fc8 的输出也应当是 5 类。

此外，在训练的时候，网络的参数的初始值并不是随机化生成的，而是采用 VGG16 在 ImageNet 上已经训练好的参数作为训练的初始值。这样做的原因在于，在 ImageNet 数据集上训练过的 VGG16 中的参数已经包含了大量有用的卷积过滤器，与其从零开始初始化 VGG16 的所有参数，不如使用已经训练好的参数当作训练的起点。这样做不仅可以节约大量训练时间，而且有助于分类器性能的提高。

载入 VGG16 的参数后，就可以开始训练了。此时需要指定训练层数的范围。一般来说，可以选择以下几种范围进行训练：

- 只训练 fc8。训练范围一定要包含 fc8 这一层。之前说过，fc8 的结构被调整过，因此它的参数不能直接从 ImageNet 预训练模型中取得。可以只训练 fc8，保持其他层的参数不动。这就相当于将 VGG16 当作一个“特征提取器”：用 fc7 层提取的特征做一个 Softmax 模型分类。这样做的好处是训练速度快，但往往性能不会太好。
- 训练所有参数。还可以对网络中的所有参数进行训练，这种方法的训练速度可能比较慢，但是能取得较高的性能，可以充分发挥深度模型的威力。
- 训练部分参数。通常是固定浅层参数不变，训练深层参数。如固定 conv 1、conv 2 部分的参数不训练，只训练 conv 3 、conv 4、conv 5、fc6、fc7、fc8 的参数。

这种训练方法就是所谓的对神经网络模型做微调。借助微调，可以从预训练模型出发，将神经网络应用到自己的数据集上。下面介绍如何在 TensorFlow 中进行微调。

3.2 数据准备

首先要做一些数据准备方面的工作：一是把数据集切分为训练集和验证

集，二是转换为 tfrecord 格式。在 data_prepare/文件夹中提供了会用到的数据集和代码。

首先要将自己的数据集切分为训练集和验证集，训练集用于训练模型，验证集用来验证模型的准确率。本书已经向读者提供了一个实验用的卫星图片分类数据集，这个数据集一共有 6 个类别，见表 3-1。

表 3-1　本书提供的卫星图像数据集包含的 6 个类别及其示例图像

类别名	含　义	示例图像
wood	森林	
water	水域	
rock	岩石	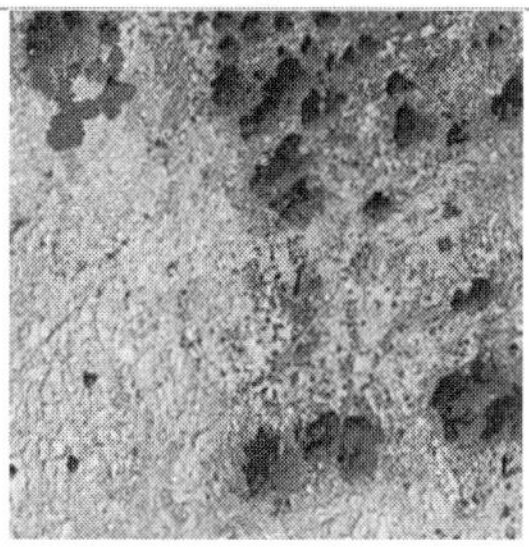

续表

类别名	含　　义	示例图像
wetland	农田	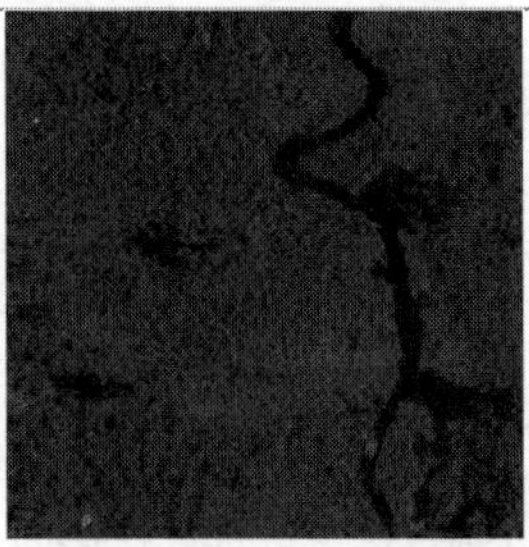
glacier	冰川	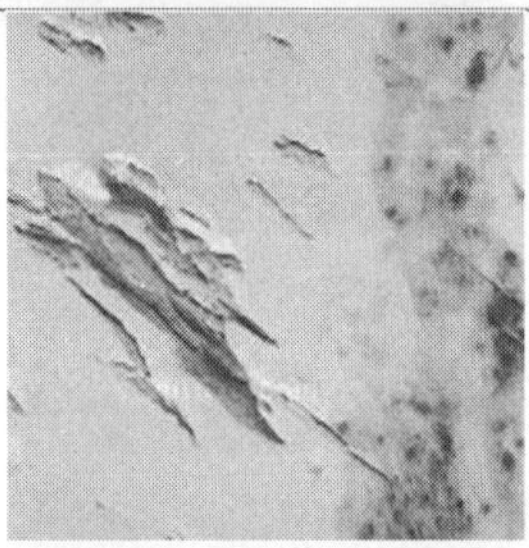
urban	城市区域	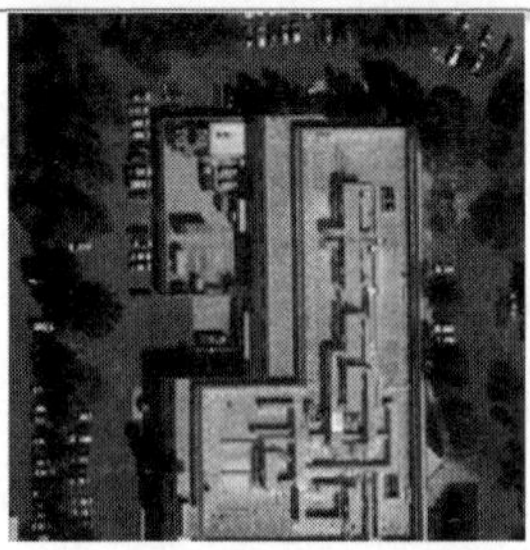

在 data_prepare 目录中，用一个 pic 文件夹保存原始的图像文件，图像文件保存的结构如下：

```
data_prepare/
   pic/
      train/
         wood/
         water/
         rock/
         wetland/
         glacier/
         urban/
      validation/
```

```
        wood/
        water/
        rock/
        wetland/
        glacier/
        urban/
```

将图片分为 train 和 validation 两个目录，分别表示训练使用的图片和验证使用的图片。在每个目录中，分别以类别名为文件夹名保存所有图像。在每个类别文件夹下，存放的就是原始的图像（如 jpg 格式的图像文件）。

下面，在 data_prepare 文件夹下，使用预先编制好的脚本 data_convert.py，将图片转换为为 tfrecord 格式：

```
python data_convert.py -t pic/ \
      --train-shards 2 \
      --validation-shards 2 \
      --num-threads 2 \
      --dataset-name satellite
```

解释这里参数的含义：

- -t pic/：表示转换 pic 文件夹中的数据。pic 文件夹中必须有一个 train 目录和一个 validation 目录，分别代表训练和验证数据集。每个目录下按类别存放了图像数据。
- --train-shards 2：将训练数据集分为两块，即最后的训练数据就是两个 tfrecord 格式的文件。如果读者的数据集较大，可以考虑将其分为更多的数据块。
- --validation-shards 2：将验证数据集分为两块。
- --num-threads 2：采用两个线程产生数据。注意线程数必须要能整除 train-shards 和 validation-shards，来保证每个线程处理的数据块数是相同的。
- --dataset-name satellite：给生成的数据集起一个名字。这里将数据集起名叫“satellite”，最后生成文件的开头就是 satellite_train 和 satellite_validation。

运行上述命令后，就可以在 pic 文件夹中找到 5 个新生成的文件，分别是训练数据 satellite_train_00000-of-00002.tfrecord、satellite_train_00001-of-

00002.tfrecord,以及验证数据 satellite_validation_00000-of-00002.tfrecord、satellite_validation_00001-of-00002.tfrecord。另外,还有一个文本文件 label.txt,它表示图片的内部标签(数字)到真实类别(字符串)之间的映射顺序。如图片在 tfrecord 中的标签为 0,那么就对应 label.txt 第一行的类别,在 tfrecord 的标签为 1,就对应 label.txt 中第二行的类别,依此类推。

3.3 使用 TensorFlow Slim 微调模型

TensorFlow Slim 是 Google 公司公布的一个图像分类工具包,它不仅定义了一些方便的接口,还提供了很多 ImageNet 数据集上常用的网络结构和预训练模型。截至 2017 年 7 月,Slim 提供包括 VGG16、VGG19、Inception V1 ~ V4、ResNet 50、ResNet 101、MobileNet 在内大多数常用模型的结构以及预训练模型,更多的模型还会被持续添加进来。

在本节中,先介绍如何下载 Slim 的源代码,再介绍如何在 Slim 中定义新的数据库,最后介绍如何使用新的数据库训练以及如何进行参数调整。

3.3.1 下载 TensorFlow Slim 的源代码

如果需要使用 Slim 微调模型,首先要下载 Slim 的源代码。Slim 的源代码保存在 tensorflow/models 项目中,可以使用下面的 git 命令下载 tensorflow/models:

```
git clone https://github.com/tensorflow/models.git
```

找到 models/research/目录中的 slim 文件夹,这就是要用到的 TensorFlow Slim 的源代码。在 chapter3/slim/中也提供了这份代码。

这里简单介绍 TensorFlow Slim 的代码结构,见表 3-2。

表 3-2 TensorFlow Slim 的代码结构及用途

文件夹或文件名	用 途
datasets/	定义一些训练时使用的数据集。预先定义好了 4 个数据集，分别为 MNIST、CIFAR-10、Flowers、ImageNet。如果需要训练自己的数据，必须同样在 datasets 文件夹中进行定义，会在下一节中对此进行介绍
nets/	定义了一些常用的网络结构，如 AlexNet、VGG16、VGG19、Inception 系列、ResNet、MobileNet 等
preprocessing/	在模型读入图片前，常常需要对图像做预处理和数据增强。这个文件夹针对不同的网络，分别定义了它们的预处理方法
scripts/	包含了一些训练的示例脚本
train_image_classifier.py	训练模型的入口代码
eval_image_classifier.py	验证模型性能的入口代码
download_and_convert_data.py	下载并转换数据集格式的入口代码

表 3-2 中只列出了 TensorFlow Slim 中最重要的几个文件以及文件夹的作用。其他还有少量文件和文件夹，如果读者对它们的作用感兴趣，可以自行参阅其文档。

3.3.2 定义新的 datasets 文件

在 slim/datasets 中，定义了所有可以使用的数据库，为了使用在第 3.2 节中创建的 tfrecord 数据进行训练，必须要在 datasets 中定义新的数据库。

首先，在 datasets/目录下新建一个文件 satellite.py，并将 flowers.py 文件中的内容复制到 satellite.py 中。接下来，需要修改以下几处内容。

第一处是_FILE_PATTERN、SPLITS_TO_SIZES、_NUM_CLASSES，将其进行以下修改：

```
_FILE_PATTERN = 'satellite_%s_*.tfrecord'

SPLITS_TO_SIZES = {'train': 4800, 'validation': 1200}
```

```
_NUM_CLASSES = 6
```

_FILE_PATTERN 变量定义了数据的文件名的格式和训练集、验证集的数量。这里定义 _FILE_PATTERN = 'satellite_%s_*.tfrecord' 和 SPLITS_TO_SIZES = {'train': 4800, 'validation': 1200}，就表明数据集中，训练集的文件名格式为 satellite_train_*.tfrecord，共包含 4800 张图片，验证集文件名格式为 satellite_validation_*.tfrecord，共包含 1200 张图片。

_NUM_CLASSES 变量定义了数据集中图片的类别数目。

第二处修改为 image/format 部分，将之修改为：

```
'image/format': tf.FixedLenFeature((), tf.string, default_value ='jpg'),
```

此处定义了图片的默认格式。收集的卫星图片的格式为 jpg 图片，因此修改为 jpg。

最后，读者也可以对文件中的注释内容进行合适的修改。

修改完 satellite.py 后，还需要在同目录的 dataset_factory.py 文件中注册 satellite 数据库。未修改的 dataset_factory.py 中注册数据库的对应代码为：

```
from datasets import cifar10
from datasets import flowers
from datasets import imagenet
from datasets import mnist

datasets_map = {
   'cifar10': cifar10,
   'flowers': flowers,
   'imagenet': imagenet,
   'mnist': mnist,
}
```

很显然，此时只注册了 4 个数据库，对这部分进行修改，将 satellite 模块也添加进来就可以了：

```
from datasets import cifar10
from datasets import flowers
from datasets import imagenet
```

```
from datasets import mnist
from datasets import satellite

datasets_map = {
    'cifar10': cifar10,
    'flowers': flowers,
    'imagenet': imagenet,
    'mnist': mnist,
    'satellite': satellite,
}
```

3.3.3 准备训练文件夹

定义完数据集后，在 slim 文件夹下再新建一个 satellite 目录，在这个目录中，完成最后的几项准备工作：

- 新建一个 data 目录，并将第 3.2 节中准备好的 5 个转换好格式的训练数据复制进去。
- 新建一个空的 train_dir 目录，用来保存训练过程中的日志和模型。
- 新建一个 pretrained 目录，在 slim 的 GitHub 页面找到 Inception V3 模型的下载地址 http://download.tensorflow.org/models/inception_v3_2016_08_28.tar.gz，下载并解压后，会得到一个 inception_v3.ckpt 文件[1]，将该文件复制到 pretrained 目录下。

最后形成的目录结构为：

```
slim/
    satellite/
        data/
            satellite_train_00000-of-00002.tfrecord
            satellite_train_00001-of-00002.tfrecord
            satellite_validation_00000-of-00002.tfrecord
            satellite_validation_00001-of-00002.tfrecord
            label.txt
        pretrained/
```

1 在随书提供的数据中同样包含这个文件，对应路径是 chapter_3_data/inception_v3.ckpt。

```
    inception_v3.ckpt
  train_dir/
```

3.3.4 开始训练

在 slim 文件夹下，运行以下命令就可以开始训练了：

```
python train_image_classifier.py \
  --train_dir=satellite/train_dir \
  --dataset_name=satellite \
  --dataset_split_name=train \
  --dataset_dir=satellite/data \
  --model_name=inception_v3 \
  --checkpoint_path=satellite/pretrained/inception_v3.ckpt \
  --checkpoint_exclude_scopes=InceptionV3/Logits,InceptionV3/AuxLogits \
  --trainable_scopes=InceptionV3/Logits,InceptionV3/AuxLogits \
  --max_number_of_steps=100000 \
  --batch_size=32 \
  --learning_rate=0.001 \
  --learning_rate_decay_type=fixed \
  --save_interval_secs=300 \
  --save_summaries_secs=2 \
  --log_every_n_steps=10 \
  --optimizer=rmsprop \
  --weight_decay=0.00004
```

这里的参数比较多，下面一一进行介绍：

- --trainable_scopes=InceptionV3/Logits,InceptionV3/AuxLogits：首先来解释参数 trainable_scopes 的作用，因为它非常重要。trainable_scopes 规定了在模型中微调变量的范围。这里的设定表示只对 InceptionV3/Logits, InceptionV3/AuxLogits 两个变量进行微调，其他变量都保持不动。InceptionV3/Logits,InceptionV3/AuxLogits 就相当于在第 3.1 节中所讲的 fc8，它们是 Inception V3 的“末端层”。如果不设定 trainable_scopes，就会对模型中所有的参数进行训练。
- --train_dir=satellite/train_dir：表明会在 satellite/train_dir 目录下保存日志和 checkpoint。
- --dataset_name=satellite、--dataset_split_name=train：指定训练的数据集。

在第 3.3.2 节中定义的新的 dataset 就是在这里发挥用处的。

- --dataset_dir=satellite/data：指定训练数据集保存的位置。
- --model_name=inception_v3：使用的模型名称。
- --checkpoint_path=satellite/pretrained/inception_v3.ckpt：预训练模型的保存位置。
- --checkpoint_exclude_scopes=InceptionV3/Logits,InceptionV3/AuxLogits ：在恢复预训练模型时，不恢复这两层。正如之前所说，这两层是 Inception V3 模型的末端层，对应着 ImageNet 数据集的 1000 类，和当前的数据集不符，因此不要去恢复它。
- --max_number_of_steps 100000：最大的执行步数。
- --batch_size=32：每步使用的 batch 数量。
- --learning_rate=0.001：学习率。
- --learning_rate_decay_type=fixed：学习率是否自动下降，此处使用固定的学习率。
- --save_interval_secs=300：每隔 300s，程序会把当前模型保存到 train_dir 中。此处就是目录 satellite/train_dir。
- --save_summaries_secs=2：每隔 2s，就会将日志写入到 train_dir 中。可以用 TensorBoard 查看该日志。此处为了方便观察，设定的时间间隔较多，实际训练时，为了性能考虑，可以设定较长的时间间隔。
- --log_every_n_steps=10：每隔 10 步，就会在屏幕上打出训练信息。
- --optimizer=rmsprop：表示选定的优化器。
- --weight_decay=0.00004：选定的 weight_decay 值。即模型中所有参数的二次正则化超参数。

以上命令是只训练末端层 InceptionV3/Logits,InceptionV3/AuxLogits，还可以使用以下命令对所有层进行训练：

```
python train_image_classifier.py \
  --train_dir=satellite/train_dir \
  --dataset_name=satellite \
  --dataset_split_name=train \
  --dataset_dir=satellite/data \
  --model_name=inception_v3 \
```

```
--checkpoint_path=satellite/pretrained/inception_v3.ckpt \
--checkpoint_exclude_scopes=InceptionV3/Logits,InceptionV3/AuxLogits \
--max_number_of_steps=100000 \
--batch_size=32 \
--learning_rate=0.001 \
--learning_rate_decay_type=fixed \
--save_interval_secs=300 \
--save_summaries_secs=10 \
--log_every_n_steps=1 \
--optimizer=rmsprop \
--weight_decay=0.00004
```

对比只训练末端层的命令，只有一处发生了变化，即去掉了 --trainable_scopes 参数。原先的 --trainable_scopes=InceptionV3/Logits, InceptionV3/AuxLogits 表示只对末端层 InceptionV3/Logits 和 InceptionV3/AuxLogits 进行训练，去掉后就可以训练模型中的所有参数了。我们会在下面比较这两种训练方式的效果。

3.3.5 训练程序行为

当 train_image_classifier.py 程序启动后，如果训练文件夹（即 satellite/train_dir）里没有已经保存的模型，就会加载 checkpoint_path 中的预训练模型，紧接着，程序会把初始模型保存到 train_dir 中，命名为 model.ckpt-0，0 表示第 0 步。这之后，每隔 5min（参数--save_interval_secs=300 指定了每隔 300s 保存一次，即 5min）。程序还会把当前模型保存到同样的文件夹中，命名格式和第一次保存的格式一样。因为模型比较大，程序只会保留最新的 5 个模型。

此外，如果中断了程序并再次运行，程序会首先检查 train_dir 中有无已经保存的模型，如果有，就不会去加载 checkpoint_path 中的预训练模型，而是直接加载 train_dir 中已经训练好的模型，并以此为起点进行训练。Slim 之所以这样设计，是为了在微调网络的时候，可以方便地按阶段手动调整学习率等参数。

3.3.6 验证模型准确率

如何查看保存的模型在验证数据集上的准确率呢？可以用 eval_image_classifier.py 程序进行验证，即执行下列命令：

```
python eval_image_classifier.py \
  --checkpoint_path=satellite/train_dir \
  --eval_dir=satellite/eval_dir \
  --dataset_name=satellite \
  --dataset_split_name=validation \
  --dataset_dir=satellite/data \
  --model_name=inception_v3
```

这里参数的含义为：

- --checkpoint_path=satellite/train_dir：这个参数既可以接收一个目录的路径，也可以接收一个文件的路径。如果接收的是一个目录的路径，如这里的 satellite/train_dir，就会在这个目录中寻找最新保存的模型文件，执行验证。也可以指定一个模型进行验证，以第 300 步的模型为例，在 satellite/train_dir 文件夹下它被保存为 model.ckpt-300.meta、model.ckpt-300.index、model.ckpt-300.data-00000-of-00001 三个文件。此时，如果要对它执行验证，给 checkpoint_path 传递的参数应该为 satellite/train_dir/model.ckpt-300。
- --eval_dir=satellite/eval_dir：执行结果的日志就保存在 eval_dir 中，同样可以通过 TensorBoard 查看。
- --dataset_name=satellite、--dataset_split_name=validation 指定需要执行的数据集。注意此处是使用验证集（validation）执行验证。
- --dataset_dir=satellite/data：数据集保存的位置。
- --model_name=inception_v3：使用的模型。

执行后，应该会出现类似下面的结果：

```
eval/Accuracy[0.51]
eval/Recall_5[0.97333336]
```

Accuracy 表示模型的分类准确率，而 Recall_5 表示 Top 5 的准确率，即在输出的各类别概率中，正确的类别只要落在前 5 个就算对。由于此处的类别数比较少，因此可以不执行 Top 5 的准确率，换而执行 Top 2 或者 Top 3 的准确率，只要在 eval_image_classifier.py 中修改下面的部分就可以了：

```
    names_to_values, names_to_updates = slim.metrics.aggregate_
metric_map({
        'Accuracy': slim.metrics.streaming_accuracy(predictions, labels),
        'Recall_5': slim.metrics.streaming_recall_at_k(
            logits, labels, 5),
    })
```

3.3.7 TensorBoard 可视化与超参数选择

在训练时，可以使用 TensorBoard 对训练过程进行可视化，这也有助于设定训练模型的方式及超参数。

使用下列命令可以打开 TensorBoard（其实就是指定训练文件夹）：

```
tensorboard --logdir satellite/train_dir
```

在 TensorBoard 中，可以看到损失的变化曲线，如图 3-1 所示。观察损失曲线有助于调整参数。当损失曲线比较平缓，收敛较慢时，可以考虑增大学习率，以加快收敛速度；如果损失曲线波动较大，无法收敛，就可能是因为学习率过大，此时就可以尝试适当减小学习率。

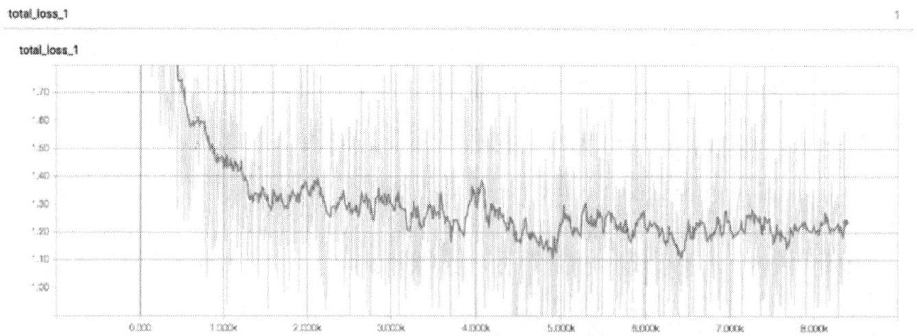

图 3-1 训练损失的变化情况

此外，使用 TensorBoard，还可以对比不同模型的损失变化曲线。如在第 3.3.4 节中给出了两条命令，一条命令是只微调 Inception V3 末端层的，另外一条命令是微调整个网络的。可以在 train_dir 中建立两个文件夹，训练这两个模型时，通过调整 train_dir 参数，将它们的日志分别写到新建的文件夹中，此时再使用命令 tensorboard --logdir satellite/train_dir 打开 TensorBoard，就可以比较这两个模型的变化曲线了。如图 3-2 所示，上方的曲线为只训练末端层的损失，下方的曲线为训练所有层的损失。仅看损失，训练所有层的效果应该比只训练末端层要好。事实也是如此，只训练末端层最后达到的分类准确率在 76%左右，而训练所有层的分类准确率在 82%左右。读者还可以进一步调整训练变量、学习率等参数，以达到更好的效果。

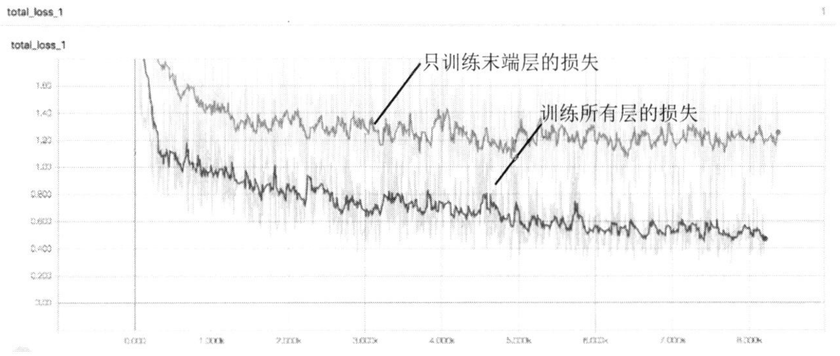

图 3-2 在 TensorBoard 中对比两种训练方式的损失

3.3.8 导出模型并对单张图片进行识别

训练完模型后，常见的应用场景是：部署训练好的模型并对单张图片做识别。这里提供了两个代码文件：freeze_graph.py 和 classify_image_inception_v3.py。前者可以导出一个用于识别的模型，后者则是使用 inception_v3 模型对单张图片做识别的脚本。

TensorFlow Slim 为提供了导出网络结构的脚本 export_inference_graph.py。首先在 slim 文件夹下运行：

```
python export_inference_graph.py \
--alsologtostderr \
```

```
--model_name=inception_v3 \
--output_file=satellite/inception_v3_inf_graph.pb \
--dataset_name satellite
```

这个命令会在 satellite 文件夹中生成一个 inception_v3_inf_graph.pb 文件。**注意：inception_v3_inf_graph.pb 文件中只保存了 Inception V3 的网络结构，并不包含训练得到的模型参数，需要将 checkpoint 中的模型参数保存进来。**方法是使用 freeze_graph.py 脚本（在 chapter_3 文件夹下运行）：

```
python freeze_graph.py \
--input_graph slim/satellite/inception_v3_inf_graph.pb \
--input_checkpoint slim/satellite/train_dir/model.ckpt-5271 \
--input_binary true \
--output_node_names InceptionV3/Predictions/Reshape_1 \
--output_graph slim/satellite/frozen_graph.pb
```

这里参数的含义为：

- --input_graph slim/satellite/inception_v3_inf_graph.pb。这个参数很好理解，它表示使用的网络结构文件，即之前已经导出的 inception_v3_inf_graph.pb。
- --input_checkpoint slim/satellite/train_dir/model.ckpt-5271。具体将哪一个 checkpoint 的参数载入到网络结构中。这里使用的是训练文件夹 train_dir 中的第 5271 步模型文件。**读者需要根据训练文件夹下 checkpoint 的实际步数，将 5271 修改成对应的数值。**
- --input_binary true。导入的 inception_v3_inf_graph.pb 实际是一个 protobuf 文件。而 protobuf 文件有两种保存格式，一种是文本形式，一种是二进制形式。inception_v3_inf_graph.pb 是二进制形式，所以对应的参数是 --input_binary true。初学的话对此可以不用深究，若有兴趣的话可以参考资料[1]。
- --output_node_names InceptionV3/Predictions/Reshape_1。在导出的模型中，指定一个输出结点，InceptionV3/Predictions/Reshape_1 是 Inception V3 最后的输出层。

1 https://www.tensorflow.org/extend/tool_developers/ 。

- --output_graph slim/satellite/frozen_graph.pb。最后导出的模型保存为 slim/satellite/ frozen_graph.pb 文件。

如何使用导出的 frozen_graph.pb 来对单张图片进行预测？编写了一个 classify_image_inception_v3.py 脚本来完成这件事。先来看这个脚本的使用方法：

```
python classify_image_inception_v3.py \
--model_path slim/satellite/frozen_graph.pb \
--label_path data_prepare/pic/label.txt \
--image_file test_image.jpg
```

--model_path 很好理解，就是之前导出的模型 frozen_graph.pb。模型的输出实际是“第 0 类”、“第 1 类”……所以用--label_path 指定了一个 label 文件，label 文件中按顺序存储了各个类别的名称，这样脚本就可以把类别的 id 号转换为实际的类别名。--image_file 是需要测试的单张图片。脚本的运行结果应该类似于：

```
water (score = 5.46853)
wetland (score = 5.18641)
urban (score = 1.57151)
wood (score = -1.80627)
glacier (score = -3.88450)
```

这就表示模型预测图片对应的最可能的类别是 water，接着是 wetland、urban、wood 等。score 是各个类别对应的 Logit。

最后来看 classify_image_inception_v3.py 的实现方式。代码中包含一个 preprocess_for_eval 函数，它实际上是从 slim/preprocessing/inception_preprocessing.py 里复制而来的，用途是对输入的图片做预处理。classify_image_inception_v3.py 的主要逻辑在 run_inference_on_image 函数中，第一步就是读取图片，并用 preprocess_for_eval 做预处理：

```
with tf.Graph().as_default():
  image_data = tf.gfile.FastGFile(image, 'rb').read()
  image_data = tf.image.decode_jpeg(image_data)
  image_data = preprocess_for_eval(image_data, 299, 299)
  image_data = tf.expand_dims(image_data, 0)
```

```
  with tf.Session() as sess:
    image_data = sess.run(image_data)
```

Inception V3 的默认输入为 299 * 299，所以调用 preprocess_for_eval 时指定了宽和高都是 299。接着调用 create_graph()将模型载入到默认的计算图中：

```
def create_graph():
  with tf.gfile.FastGFile(FLAGS.model_path, 'rb') as f:
    graph_def = tf.GraphDef()
    graph_def.ParseFromString(f.read())
    _ = tf.import_graph_def(graph_def, name='')
```

FLAGS.model_path 就是保存的 slim/satellite/frozen_graph.pb。将之读入后先转换为 graph_def，然后用 tf.import_graph_def()函数导入。导入后，就可以创建 Session 并测试图片了，对应的代码为：

```
with tf.Session() as sess:
  softmax_tensor = \
sess.graph.get_tensor_by_name('InceptionV3/Logits/SpatialSqueeze: 0')
  predictions = sess.run(softmax_tensor,
                 {'input:0': image_data})
  predictions = np.squeeze(predictions)

  # Creates node ID --> English string lookup.
  node_lookup = NodeLookup(FLAGS.label_path)

  top_k = predictions.argsort()[-FLAGS.num_top_predictions:][::-1]
  for node_id in top_k:
    human_string = node_lookup.id_to_string(node_id)
    score = predictions[node_id]
    print('%s (score = %.5f)' % (human_string, score))
```

InceptionV3/Logits/SpatialSqueeze:0 是各个类别 Logit 值对应的结点。输入预处理后的图片 image_data，使用 sess.run()函数取出各个类别预测 Logit。默认只取最有可能的 FLAGS. num_top_predictions 个类别输出，这个值默认是 5。可以在运行脚本时用--num_top_predictions 参数来改变此默认值。node_lookup 定义了一个 NodeLookup 类，它会读取 label 文件，并将模型输出的类别 id 转换成实际类别名，实现代码比较简单，就不再详细介绍了。

3.4 总结

本章首先简要介绍了微调神经网络的基本原理，接着详细介绍了如何使用 TensorFlow Slim 微调预训练模型，包括数据准备、定义新的 datasets 文件、训练、验证、导出模型并测试单张图片等。如果读者需要训练自己的数据，可以参考从第 3.2 节开始的步骤，修改对应的代码，来打造自己的图像识别模型。

拓展阅读

- TensorFlow Slim 是 TensorFlow 中用于定义、训练和验证复杂网络的高层 API。官方已经使用 TF-Slim 定义了一些常用的图像识别模型，如 AlexNet、VGGNet、Inception 模型、ResNet 等。本章介绍的 Inception V3 模型也是其中之一，详细文档请参考：https://github.com/tensorflow/models/tree/master/research/slim。
- 在第 3.2 节中，将图片数据转换成了 TFRecord 文件。TFRecord 是 TensorFlow 提供的用于高速读取数据的文件格式。读者可以参考博文（http://warmspringwinds.github.io/tensorflow/tf-slim/2016/12/21/tfrecords-guide/）详细了解如何将数据转换为 TFRecord 文件，以及如何从 TFRecord 文件中读取数据。
- Inception V3 是 Inception 模型（即 GoogLeNet）的改进版，可以参考论文 *Rethinking the Inception Architecture for Computer Vision* 了解其结构细节。

第 4 章 Deep Dream 模型

Deep Dream 是 Google 公司在 2015 年公布的一项有趣的技术。在训练好的卷积神经网络中，只需要设定几个参数，就可以通过这项技术生成一张图像。生成出的图像不仅令人印象深刻，而且还能帮助我们理解卷积神经网络背后的运行机制。本章介绍 Deep Dream 的基本原理，并使用 TensorFlow 实现 Deep Dream 生成模型。

4.1 Deep Dream 的技术原理

在前面的章节中，已经介绍了如何利用深度卷积网络进行图像识别。在卷积网络中，输入一般是一张图像，中间层是若干卷积运算，输出是图像的类别。在训练阶段，会使用大量的训练图片计算梯度，网络根据梯度不断地调整和学习最佳的参数。对此，通常会有一些疑问，例如：（1）卷积层究竟学习到了什么内容？（2）卷积层的参数代表的意义是什么？（3）浅层的卷积和深层的卷积学习到的内容有哪些区别？Deep Dream 可以解答上述问题。

设输入网络的图像为 x，网络输出的各个类别的概率为 t（如 ImageNet 为 1000 种分类，在这种情况下，t 是一个 1000 维的向量，代表了 1000 种类别的概率)，以香蕉类别为例，假设它对应的概率输出值为 t[100]，换句话说，t[100]代表了神经网络认为一张图片是香蕉的概率。**设定 t[100]为优化目标，不断地让神经网络去调整输入图像 x 的像素值，让输出 t[100]尽可能的大**，最后得到如图 4-1 所示的图像。

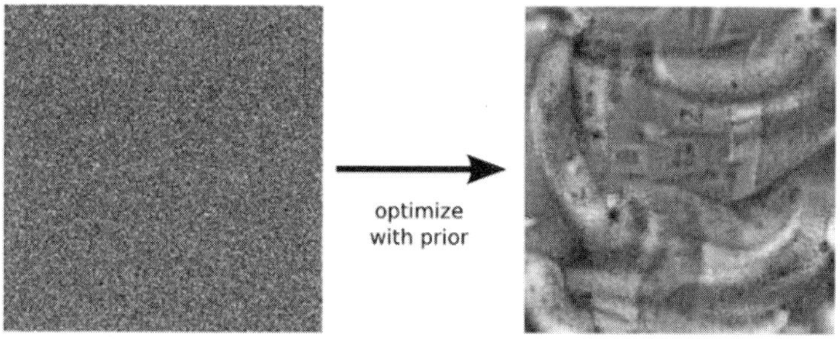

图 4-1　极大化某一类别（以香蕉为例）的概率得到的图片

在图 4-1 中，左边是输入 x 的初始图像，只是一些随机的噪声，经过神经网络不断地调整，得到极大化 t[100]对应的图像。这就是在神经网络"眼中"最具备香蕉特点的图像。在图中可以很明显地观察到香蕉基本的颜色和形状特征。

图 4-2 展示了更多类别物体对应的特征，第一行分别是大羚羊、量杯、蚂蚁、海星，第二行分别是小丑鱼、香蕉、降落伞、螺钉。

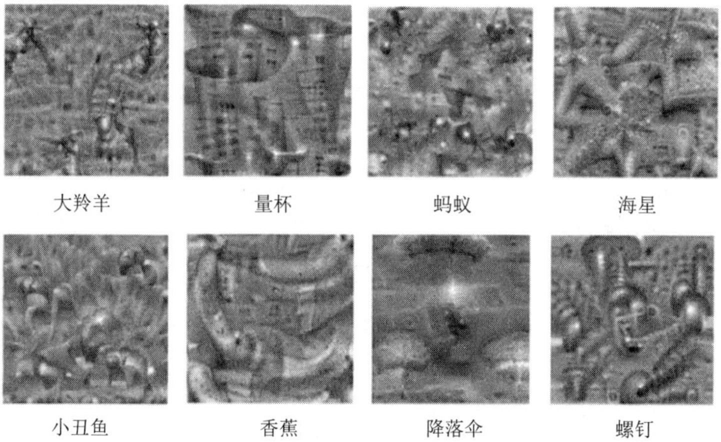

图 4-2　极大化神经网络各个输出类别概率得到的图片（详见彩插）

通过图 4-2 可以理解**最后的类别概率**代表怎样的含义，但读者还想弄清楚神经网络中间的**卷积层**究竟学到了什么。其实使用的方法是类似的，只需要最大化卷积层某一通道的输出就可以。同样设输入图像为 x，中间某个卷积层的输出是 y。y 的形状应该是 h*w*c，其中 h 为 y 的高度，w 为 y 的宽度，c 则代表“通道数”。原始图像有 R、G、B 三个通道，而在大多数卷积层中，通道数都远远不止 3 个。卷积的一个通道就可以代表一种学习到的“信息”。**以某一个通道的平均值作为优化目标**，就可以弄清楚这个通道究竟学习到了什么，这也是 Deep Dream 的基本原理。在下面的的小节中，会以程序的形式，更详细地介绍如何生成并优化 Deep Dream 图像。

4.2 TensorFlow 中的 Deep Dream 模型实践[1]

4.2.1 导入 Inception 模型

原始的 Deep Dream 模型只需要优化 ImageNet 模型卷积层某个通道的激活值就可以了，为此，应该先在 TensorFlow 导入一个 ImageNet 图像识别模型。这里以 Inception 模型为例进行介绍，对应程序的文件名为 load_inception.py。

首先导入要用到的一些基本模块（语句 from __future__ import print_function 是为了在 python2、python3 中可以使用互相兼容的 print 函数）：

```
# coding:utf-8
# 导入要用到的基本模块
from __future__ import print_function
import numpy as np
import tensorflow as tf
```

1 本节的代码参考了 TensorFlow 源码中的示例程序 https://github.com/tensorflow/tensorflow/tree/master /tensorflow/examples/tutorials/deepdream，并做了适当修改。

再创建基本的图和会话：

```
# 创建图和会话
graph = tf.Graph()
sess = tf.InteractiveSession(graph=graph)
```

以上都是一些基本的准备工作，下面开始真正地导入 Inception 模型。TensorFlow 提供了一种特殊的以“.pb”为扩展名的文件，可以事先将模型导入到 pb 文件中，再在需要的时候导出。对于 Inception 模型，对应的 pb 文件为 tensorflow_inception_graph.pb[1]。

使用下面的程序就可以把 Inception 模型导入 TensorFlow 中：

```
# tensorflow_inception_graph.pb 文件中，既存储了 inception 的网络结构，也存储了对应的数据
# 使用下面的语句将之导入
model_fn = 'tensorflow_inception_graph.pb'
with tf.gfile.FastGFile(model_fn, 'rb') as f:
   graph_def = tf.GraphDef()
   graph_def.ParseFromString(f.read())
# 定义 t_input 为输入的图像
t_input = tf.placeholder(np.float32, name='input')
imagenet_mean = 117.0
# 输入图像需要经过处理才能送入网络中
# expand_dims 是加一维，从[height, width, channel]变成[1, height, width, channel]
# t_input - imagenet_mean 是减去一个均值
t_preprocessed = tf.expand_dims(t_input - imagenet_mean, 0)
tf.import_graph_def(graph_def, {'input': t_preprocessed})
```

在导入的时候需要给网络指定一个输入图像。为此，设置一个占位符 t_input，在后面的程序中，就会把图像数据传递给 t_input。需要注意的是，使用的图像数据通常的格式为(height, width, channel)，其中 height 为图像的像素高度，width 为图像的像素宽度，channel 为图像的通道数。一般使用的是 RGB 图像，因此图像的通道数 channel 就等于 3。虽然图像的格式是(height,

1 网站 https://storage.googleapis.com/download.tensorflow.org/models/inception5h.zip 提供了 tensorflow_inception_graph.pb 文件的下载。本书也在 chapter_4_data/里向读者提供了这个文件。该文件需要放到项目根目录中。

width, channel)，但是 Inception 模型需要的输入格式却是(batch, height, width, channel)。这是因为格式(height, width, channel)只能表示一张图片，但在训练神经网络时往往需要同时送入多张图片，因此在前面加了一维，让输入图像的格式变为(batch, height, width, channel)。在此，尽管一次只需要输入一张图像，但同样需要把输入数据变为(batch, height, width, channel)的形式，不过 batch 此时等于 1。为此，使用 tf.expand_dims 函数，它就会在原始的输入前增加一维。

另一个需要注意的地方是，还需要为图像减去一个像素均值。这是由于在训练 Inception 模型的时候，已经做了减去均值的预处理，因此应该使用同样的预处理方法，才能保持输入的一致。此处使用的 Inception 模型减去的是一个固定的均值 117，所以在程序中也定义了 imagenet_mean=117，并用 t_input 减去 imagenet_mean。

经过减去均值、添加维度两个预处理后，得到真正送入网络的输入图像 t_preprocessed，下面使用 tf.import_graph_def(graph_def, {'input': t_preprocessed})就可以导入模型了。

导入模型后，找出模型中所有的卷积层，并尝试输出某个卷积层的形状：

```
# 找到所有卷积层
layers = [op.name for op in graph.get_operations() if op.type == 'Conv2D'
and 'import/' in op.name]

# 输出卷积层层数
print('Number of layers', len(layers))

# 特别地，输出mixed4d_3x3_bottleneck_pre_relu的形状
name = 'mixed4d_3x3_bottleneck_pre_relu'
print('shape of %s: %s' % (name, str(graph.get_tensor_by_name('import/ ' +
name + ':0').get_shape())))
```

运行代码后，会输出共有 59 个卷积层。59 实际是 layers 这个列表的长度，读者可以自行使用 print(layers)打印出所有层的名称。

特别地，尝试输出一个卷积层“mixed4d_3x3_bottleneck_pre_relu”的形

状，输出的结果应该是(?, ?, ?, 144)。事实上，卷积层的格式一般是(batch, height, width, channel)，因为此时还不清楚输入图像的个数以及大小，所以前三维的值是不确定的，显示为问号。最后，channel 的值是固定的，一共有 144 个通道。除了 mixed4d_3x3_bottleneck_pre_relu 卷积层外，读者还可以根据 print(layers)的结果，尝试打印出其他卷积层的形状。下面就以 mixed4d_3x3_bottleneck_pre_relu 卷积层为例，最大化它某一个通道的平均值，以达到生成图像的目的。

4.2.2 生成原始的 Deep Dream 图像

本节对应的程序为 gen_naive.py，它可以生成原始的 Deep Dream 图片。gen_naive.py 的开头同样是导入 Inception 模型，这与第 4.2.1 节中一致，不再赘述。除了导入 Inception 模型外，还定义了一个保存图片的函数，它可以把一个 numpy.ndarray 保存成文件的形式。（保存图像其实在第 1.1.2 节中做过，使用的方法和本节也是一样的）:

```
def savearray(img_array, img_name):
    scipy.misc.toimage(img_array).save(img_name)
    print('img saved: %s' % img_name)
```

程序的主要部分如下:

```
# 定义卷积层、通道数，并取出对应的Tensor
name = 'mixed4d_3x3_bottleneck_pre_relu'
channel = 139
layer_output = graph.get_tensor_by_name("import/%s:0" % name)

# 定义原始的图像噪声
img_noise = np.random.uniform(size=(224, 224, 3)) + 100.0
# 调用render_naive函数渲染
render_naive(layer_output[:, :, :, channel], img_noise, iter_n=20)
```

首先取出对应名称“mixed4d_3x3_bottleneck_pre_relu”的卷积层输出 layer_output。在第 4.2.1 节中，已经知道它的格式为(?, ?, ?, 144)。这里任意选择一个通道进行最大化，如设定 channel=139，最后调用渲染函数

render_naive 的时候传递 layer_output[:, :, :, channel]即可。总通道数是 144，channel 可以取 0~143 中的任何一个整数值，这里只是以 139 通道举例。另外，还定义了一个图像噪声 img_noise，它是一个形状为(224, 224, 3)的张量，表示初始的图像优化起点。

渲染函数 render_naive 细节如下：

```
def render_naive(t_obj, img0, iter_n=20, step=1.0):
    # t_score 是优化目标。它是 t_obj 的平均值
    # 结合调用处看，实际上就是 layer_output[:, :, :, channel]的平均值
    t_score = tf.reduce_mean(t_obj)
    # 计算 t_score 对 t_input 的梯度
    t_grad = tf.gradients(t_score, t_input)[0]

    # 创建新图
    img = img0.copy()
    for i in range(iter_n):
        # 在 sess 中计算梯度，以及当前的 score
        g, score = sess.run([t_grad, t_score], {t_input: img})
        # 对 img 应用梯度。step 可以看作"学习率"
        g /= g.std() + 1e-8
        img += g * step
        print('score(mean)=%f' % (score))
    # 保存图片
    savearray(img, 'naive.jpg')
```

下面仔细介绍这个函数是怎样工作的。函数的参数 t_obj 实际上就是 layer_output[:, :, :, channel]，也就是说**是卷积层某个通道的值**。又定义了 t_score = tf.reduce_mean(t_obj)，意即 t_score 是 t_obj 的平均值。t_score 越大，就说明神经网络卷积层对应通道的平均激活越大。**本节的目标就是通过调整输入图像 t_input，来让 t_score 尽可能的大。**为此使用梯度下降法，定义梯度 t_grad = tf.gradients(t_score, t_input)[0]，在后面的程序中，会把计算得到的梯度应用到输入图像上。

img0 对应了初始图像。之前传递的初始图像是一个随机的噪声图像 image_noise。在 render_naive 中，先通过 img = img0.copy()复制一个新图像，这样可以避免影响原先图像的值。在新图像上，迭代 iter_n 步，每一步都将

梯度应用到图像 img 上。计算梯度的语句为：g, score = sess.run([t_grad, t_score], {t_input: img})。g 对应梯度 t_grad 的值，而 score 对应 t_score 的值。得到梯度后，对梯度做一个简单的正规化处理，然后就将它应用到图片上：img += g * step。step 可以看作“学习率”，它可以控制每次迭代的步长，这里取默认的 step=1 即可。

运行 gen_naive.py 会得到类似下面的输出：

```
score(mean)=-19.889559
score(mean)=-29.800030
score(mean)=17.490173
score(mean)=98.266052
score(mean)=163.729172
score(mean)=216.509613
score(mean)=278.762970
```

这就说明 score（也就是卷积层对应通道的平均值）确实是按期望逐渐增大的。在经过 20 次迭代后，会把图像保存为 naive.jpg，如图 4-3 所示。

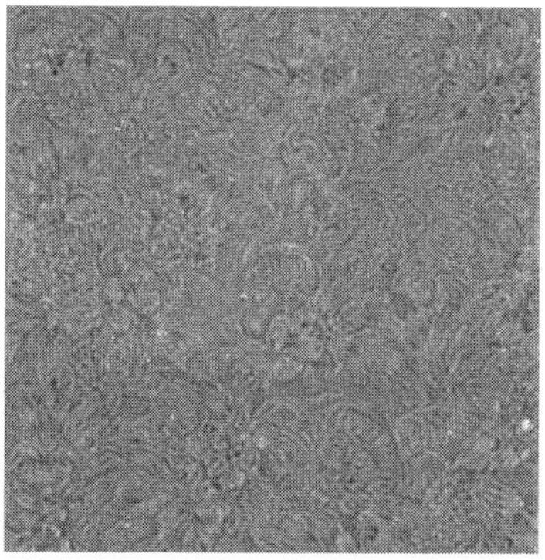

图 4-3 运行 gen_naive.py 生成的图像

确实可以通过最大化某一通道的平均值得到一些有意义的图像！此处图像的生成效果还不太好，在下面的几节中，会开始逐步提高生成图片的质量，生成更加精美的 Deep Dream 图片。

4.2.3 生成更大尺寸的 Deep Dream 图像

首先尝试生成更大尺寸的图像。在第 4.2.2 节中，生成图像的尺寸是(224, 224, 3)，这正是传递的 img_noise 的大小。如果传递更大的 img_noise，就可以生成更大的图片。但是这样做有一个潜在的问题：要生成的图像越大，就会占用越大的内存（或显存），若想生成特别大的图片，就会因为内存不足而导致渲染失败。如何解决这个问题呢？其实方法很简单：每次不对整张图片做优化，而是把图片分成几个部分，每次只对其中的一个部分做优化，这样每次优化时只会消耗固定大小的内存。

本节对应的程序是 gen_multiscale.py，它可以生成更大尺寸的 Deep Dream 图像。这个程序中的函数 calc_grad_tiled 可以对任意大小的图像计算梯度，它的代码如下：

```
def calc_grad_tiled(img, t_grad, tile_size=512):
    # 每次只对tile_size×tile_size大小的图像计算梯度，避免内存问题
    sz = tile_size
    h, w = img.shape[:2]
    # img_shift：先在行上做整体移动，再在列上做整体移动
    # 防止在tile的边缘产生边缘效应
    sx, sy = np.random.randint(sz, size=2)
    img_shift = np.roll(np.roll(img, sx, 1), sy, 0)
    grad = np.zeros_like(img)
    # y, x是开始位置的像素
    for y in range(0, max(h - sz // 2, sz), sz):
        for x in range(0, max(w - sz // 2, sz), sz):
            # 每次对sub计算梯度。sub的大小是tile_size×tile_size
            sub = img_shift[y:y + sz, x:x + sz]
            g = sess.run(t_grad, {t_input: sub})
            grad[y:y + sz, x:x + sz] = g
    # 使用np.roll移动回去
    return np.roll(np.roll(grad, -sx, 1), -sy, 0)
```

尽管原始图像 img 可能很大，但此函数只对 tile_size * tile_size 大小的图像计算梯度，因此计算只会消耗固定的内存，不会发生内存耗尽的问题。默认取 tile_size=512。

如果直接计算梯度，在每个 512 * 512 块的边缘，可能会发生比较明显

的“边缘效应”，影响图片的美观。改进后的做法是生成两个随机数 sx、sy，使用 np.roll(np.roll(img, sx, 1), sy, 0)对图片做“整体移动”，这样原先在图像边缘的像素就会被移动到图像中间，从而避免边缘效应。读者可以查看 np.roll 函数的文档，详细地了解如何整体移动图像的像素，此处不再赘述。

有了 calc_grad_tiled，可以对任意大小的图像计算梯度了。在实际工程中，为了加快图像的收敛速度，采用先生成小尺寸，再将图片放大的方法，请参考下面的代码：

```
def resize_ratio(img, ratio):
    min = img.min()
    max = img.max()
    img = (img - min) / (max - min) * 255
    img = np.float32(scipy.misc.imresize(img, ratio))
    img = img / 255 * (max - min) + min
    return img


def render_multiscale(t_obj, img0, iter_n=10, step=1.0, octave_n=3,
octave_scale=1.4):
    # 同样定义目标和梯度
    t_score = tf.reduce_mean(t_obj)
    t_grad = tf.gradients(t_score, t_input)[0]

    img = img0.copy()
    for octave in range(octave_n):
        if octave > 0:
            # 每次将图片放大octave_scale倍
            # 共放大octave_n - 1 次
            img = resize_ratio(img, octave_scale)
        for i in range(iter_n):
            # 调用calc_grad_tiled计算任意大小图像的梯度
            g = calc_grad_tiled(img, t_grad)
            g /= g.std() + 1e-8
            img += g * step
            print('.', end=' ')
    savearray(img, 'multiscale.jpg')
```

resize_ratio 函数的功能是将图片 img 放大 ratio 倍。因此，在其内部使用的函数是 scipy.misc.imresize。但 scipy.misc.imresize 会自动把输出缩放为

0~255 之间的数，这可能和原先的像素值的范围不符，影响收敛。因此，resize_ratio 函数先确定原先像素的范围，计算 img 的最大值和最小值，使用 scipy.misc.imresize 后，再将像素值缩放回去。

render_multiscale 是用来生成大尺寸图像的函数。相比第 4.2.2 节的 gen_naive 函数，它又多出了两个参数 octave_n 和 octave_scale。先生成小尺寸的图像，然后调用 resize_ratio 将小尺寸图像放大 octave_scale 倍，再使用放大后的图像作为初值进行计算。这样的放大一共会进行 octave_n - 1 次。换句话说，octave_n 越大，最后生成的图像就会越大，默认的 octave_n=3。

有了上面的函数后，生成图像就很简单了，直接调用这些函数即可，代码如下：

```
if __name__ == '__main__':
    name = 'mixed4d_3x3_bottleneck_pre_relu'
    channel = 139
    img_noise = np.random.uniform(size=(224, 224, 3)) + 100.0
    layer_output = graph.get_tensor_by_name("import/%s:0" % name)
    render_multiscale(layer_output[:, :, :, channel], img_noise, iter_n=20)
```

运行 gen_multiscale.py 后，会生成一张 multiscale.jpg 图像，如图 4-4 所示。

图 4-4　运行 gen_multiscale.py 生成的更大尺度的图像

此时可以看到，卷积层“mixed4d_3x3_bottleneck_pre_rel”的第 139 个通道实际上就是学习到了某种花朵的特征，如果输入这种花朵的图像，它的激活值就会达到最大。读者还可以调整 octave_n 为更大的值，就可以生成更大的图像。不管最终图像的尺寸是多大，始终只会对 512 * 512 像素的图像计算梯度，因此内存始终是够用的。如果在读者的环境中，计算 512 * 512 的图像的梯度会造成内存问题，可以将函数中 tile_size 修改为更小的值。

4.2.4 生成更高质量的 Deep Dream 图像

在第 4.2.3 节中，学习了如何将生成大尺寸的图像。在本节中，将关注点转移到图像本身的“质量”上。对应的参考代码是 gen_lapnorm.py。

在第 4.2.3 节中，生成的图像在细节部分变化还比较剧烈，而希望图像整体的风格应该比较“柔和”。在图像处理算法中，有**高频成分**和**低频成分**的概念。简单来讲，所谓高频成分，是指图像中灰度、颜色、明度变化比较剧烈的地方，如边缘、细节部分。而低频成分是指图像变化不大的地方，如大块色块、整体风格。第 4.2.3 节中生成图像的高频成分太多，而希望图像的低频成分应该多一些，这样生成的图像才会更加“柔和”。

如何让图像具有更多的低频成分而不是高频成分？一种方法是针对高频成分加入损失，这样图像在生成的时候就会因为新加入损失的作用而发生改变。但加入损失会导致计算量和收敛步数的增大。此处采用另一种方法：**放大低频的梯度**。之前生成图像时，使用的梯度是统一的。如果可以对梯度作分解，将之分为“高频梯度”“低频梯度”，再人为地去放大“低频梯度”，就可以得到较为柔和的图像了。

在具体实践上，使用拉普拉斯金字塔（Laplacian Pyramid）对图像进行分解。这种算法可以把图片分解为多层，如图 4-5 所示。底层的 level1、level2 就对应图像的高频成分，而上层的 level3、level4 对应图像的低频成分。**可以对梯度也做这样的分解。**分解之后，对高频的梯度和低频的梯度都做标准化，可以让梯度的低频成分和高频成分差不多，表现在图像上就会增加图像的低频成分，从而提高生成图像的质量。通常称这种方法为拉普拉斯金字塔梯度标准化（Laplacian Pyramid Gradient Normalization）。

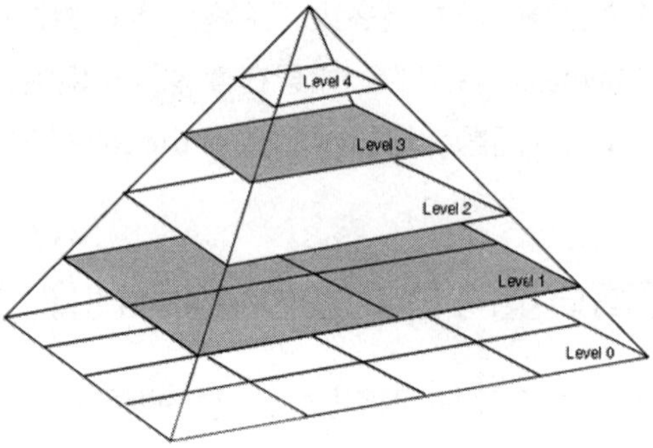

图 4-5　图像的拉普拉斯金字塔分解

拉普拉斯金字塔梯度标准化实现的代码如下：

```
k = np.float32([1, 4, 6, 4, 1])
k = np.outer(k, k)
k5x5 = k[:, :, None, None] / k.sum() * np.eye(3, dtype=np.float32)

# 这个函数将图像分为低频和高频成分
def lap_split(img):
    with tf.name_scope('split'):
        # 做过一次卷积相当于一次“平滑”，因此 lo 为低频成分
        lo = tf.nn.conv2d(img, k5x5, [1, 2, 2, 1], 'SAME')
        # 低频成分缩放到原始图像一样大小得到 lo2，再用原始图像 img 减去 lo2，就得到高频成
分 hi
        lo2 = tf.nn.conv2d_transpose(lo, k5x5 * 4, tf.shape(img), [1, 2, 2,
1])
        hi = img - lo2
    return lo, hi

# 这个函数将图像 img 分成 n 层拉普拉斯金字塔
def lap_split_n(img, n):
    levels = []
    for i in range(n):
        # 调用 lap_split 将图像分为低频和高频部分
        # 高频部分保存到 levels 中
```

```
        # 低频部分再继续分解
        img, hi = lap_split(img)
        levels.append(hi)
    levels.append(img)
    return levels[::-1]

# 将拉普拉斯金字塔还原到原始图像
def lap_merge(levels):
    img = levels[0]
    for hi in levels[1:]:
        with tf.name_scope('merge'):
            img = tf.nn.conv2d_transpose(img, k5x5 * 4, tf.shape(hi), [1, 2,
2, 1]) + hi
    return img


# 对img做标准化
def normalize_std(img, eps=1e-10):
    with tf.name_scope('normalize'):
        std = tf.sqrt(tf.reduce_mean(tf.square(img)))
        return img / tf.maximum(std, eps)

# 拉普拉斯金字塔标准化
def lap_normalize(img, scale_n=4):
    img = tf.expand_dims(img, 0)
    tlevels = lap_split_n(img, scale_n)
    # 每一层都做一次normalize_std
    tlevels = list(map(normalize_std, tlevels))
    out = lap_merge(tlevels)
    return out[0, :, :, :]
```

先来看 lap_split 和 lap_split_n。lap_split 可以把图像分解为高频成分和低频成分。其中对原始图像做一次卷积就得到低频成分 lo。这里的卷积起到的作用就是“平滑”，以提取到图片中变化不大的部分。得到低频成分后，使用转置卷积将低频成分缩放到原图一样的大小 lo2，再用原图 img 减去 lo2 就可以得到高频成分了。再来看函数 lap_split_n，它将图像分成 n 层的拉普拉斯金字塔，每次都调用 lap_split 对当前图像进行分解，分解得到的高频成分就保存到金字塔 levels 中，而低频成分则留待下一次分解。

lap_merge 函数和 normalize_std 函数比较简单。lap_merge 函数的功能就

是将一个分解好的拉普拉斯金字塔还原成原始图像，而 normalize_std 则是对图像进行标准化。

最后，lap_normalize 就是将输入图像分解为拉普拉斯金字塔，然后调用 normalize_std 对每一层进行标准化，输出为融合后的结果。

有了拉普拉斯金字塔标准化的函数后，就可以写出生成图像的代码：

```
def tffunc(*argtypes):
    placeholders = list(map(tf.placeholder, argtypes))
    def wrap(f):
        out = f(*placeholders)
        def wrapper(*args, **kw):
            return out.eval(dict(zip(placeholders, args)), session=kw.
get('session'))
        return wrapper
    return wrap


def render_lapnorm(t_obj, img0,
                   iter_n=10, step=1.0, octave_n=3, octave_scale=1.4, lap_n=4):
    # 同样定义目标和梯度
    t_score = tf.reduce_mean(t_obj)
    t_grad = tf.gradients(t_score, t_input)[0]
    # 将 lap_normalize 转换为正常函数
    lap_norm_func = tffunc(np.float32)(partial(lap_normalize, scale_
n=lap_n))

    img = img0.copy()
    for octave in range(octave_n):
        if octave > 0:
            img = resize_ratio(img, octave_scale)
        for i in range(iter_n):
            g = calc_grad_tiled(img, t_grad)
            # 唯一的区别在于使用 lap_norm_func 将 g 标准化!
            g = lap_norm_func(g)
            img += g * step
            print('.', end=' ')
    savearray(img, 'lapnorm.jpg')
```

这里有一个 tffunc 函数，它的功能是将一个对 Tensor 定义的函数转换成一个正常的对 numpy.ndarray 定义的函数。上面定义的 lap_normalize 的输入参数是一个 Tensor，而输出也是一个 Tensor，利用 tffunc 函数可以将它变成一个输入 ndarray 类型，输出也是 ndarray 类型的函数。读者可能需要一定的 Python 基础才能理解 tffunc 函数的定义，初学者如果弄不明白可以跳过这个部分，只需要知道它的大致功能即可。

生成图像的 render_lapnorm 函数和第 4.2.3 节中对应的 render_multiscale 基本相同。唯一的区别在于对梯度 g 应用了拉普拉斯标准化函数 lap_norm_func。最终生成图像的代码也与之前类似，只需要调用 render_lapnorm 函数即可：

```
if __name__ == '__main__':
    name = 'mixed4d_3x3_bottleneck_pre_relu'
    channel = 139
    img_noise = np.random.uniform(size=(224, 224, 3)) + 100.0
    layer_output = graph.get_tensor_by_name("import/%s:0" % name)
    render_lapnorm(layer_output[:, :, :, channel], img_noise, iter_n=20)
```

使用 python gen_lapnorm.py 命令运行 gen_lapnorm.py 后，就可以在当前目录下生成图像 lapnorm.jpg，如图 4-6 所示。

图 4-6　拉普拉斯金字塔标准化后得到的 DeepDream 图片（详见彩插）

与第 4.2.3 节对比，本节确实在一定程度上提高了生成图像的质量。也可以更清楚地看到这个卷积层中的第 139 个通道学习到的图像特征。读者可以尝试不同的通道，如 channel=99 时，可以生成图 4-7a 所示的图像。卷积层 mixed4d_3x3_bottleneck_pre_relu 一共具有 144 个通道，因此 0~143 通道中的任何 channel 值都是有效的。除了对单独的通道进行生成外，还可以对多个通道进行组合。如使用 render_lapnorm(layer_output[:, :, :, 139] + layer_output[:, :, :, 99], img_noise, iter_n=20)，就可以组合第 139 个通道和第 99 个通道，生成图 4-7b 所示的图片。读者可以自由尝试更多组合。

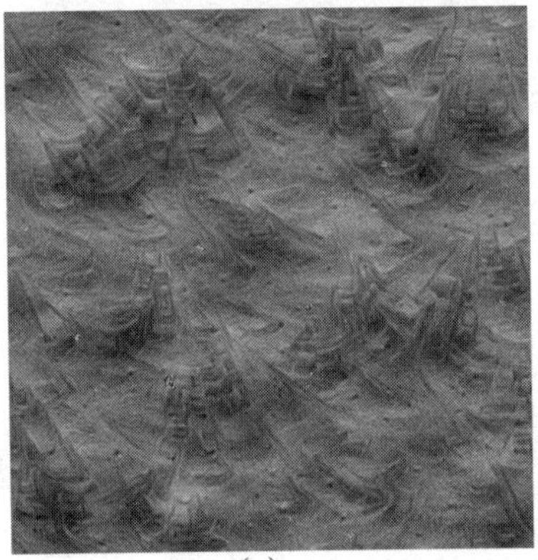

（a）

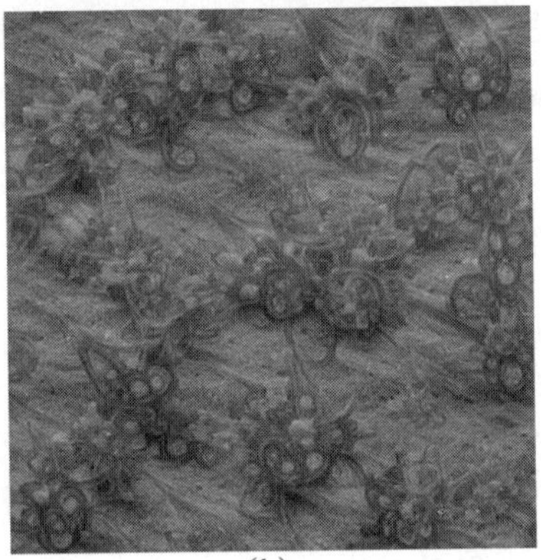

（b）

图 4-7　使用不同通道数运行 gen_lapnorm.py 生成的图像

4.2.5　最终的 Deep Dream 模型

前面已经介绍了如何通过极大化卷积层某个通道的平均值来生成图像，并学习了如何生成更大尺寸和更高质量的图像。最终的 Deep Dream 模型还需要对图片添加一个背景。具体应该怎么做呢？其实，之前是从 image_noise 开始优化图像的，现在使用一张背景图像作为起点对图像进行优化就可以了。具体的代码如下：

```
def resize(img, hw):
    min = img.min()
    max = img.max()
    img = (img - min) / (max - min) * 255
    img = np.float32(scipy.misc.imresize(img, hw))
    img = img / 255 * (max - min) + min
```

```
    return img

def render_deepdream(t_obj, img0,
                     iter_n=10, step=1.5, octave_n=4, octave_scale=1.4):
    t_score = tf.reduce_mean(t_obj)
    t_grad = tf.gradients(t_score, t_input)[0]

    img = img0
    # 同样将图像进行金字塔分解
    # 此时提取高频、低频的方法比较简单。直接缩放就可以
    octaves = []
    for i in range(octave_n - 1):
        hw = img.shape[:2]
        lo = resize(img, np.int32(np.float32(hw) / octave_scale))
        hi = img - resize(lo, hw)
        img = lo
        octaves.append(hi)

    # 先生成低频的图像，再依次放大并加上高频
    for octave in range(octave_n):
        if octave > 0:
            hi = octaves[-octave]
            img = resize(img, hi.shape[:2]) + hi
        for i in range(iter_n):
            g = calc_grad_tiled(img, t_grad)
            img += g * (step / (np.abs(g).mean() + 1e-7))
            print('.', end=' ')

    img = img.clip(0, 255)
    savearray(img, 'deepdream.jpg')


if __name__ == '__main__':
    img0 = PIL.Image.open('test.jpg')
    img0 = np.float32(img0)

    name = 'mixed4d_3x3_bottleneck_pre_relu'
    channel = 139
    layer_output = graph.get_tensor_by_name("import/%s:0" % name)
    render_deepdream(layer_output[:, :, :, channel], img0, iter_n=150)
```

读入图像‘test.jpg’，并将它作为起点，传递给函数 render_deepdream。为了保证图像生成的质量，render_deepdream 对图像也进行高频低频的分解。

分解的方法是直接缩小原图像，就得到低频成分 lo，其中缩放图像使用的函数是 resize，它的参数 hw 是一个元组（tuple），用(h, w)的形式表示缩放后图像的高和宽。

在生成图像的时候，从低频的图像开始。低频的图像实际上就是缩小后的图像，经过一定次数的迭代后，将它放大再加上原先的高频成分。计算梯度的方法同样使用的是 calc_grad_tiled 方法。

运行程序 gen_deepdream.py，就可以得到最终的 Deep Dream 图片了。如图 4-8a 所示为原始的 test.jpg 图片，图 4-8b 所示为生成的 Deep Dream 图片。

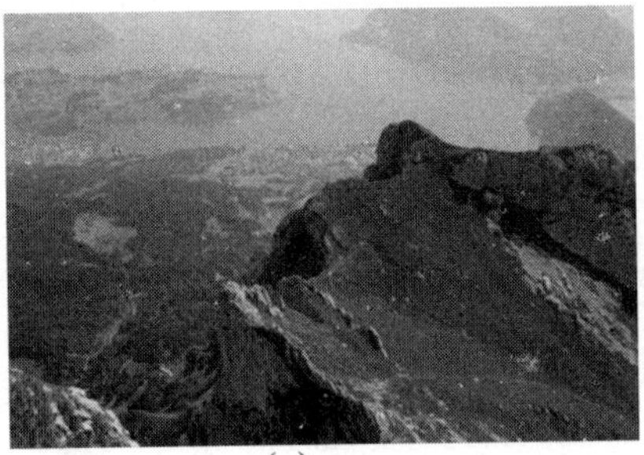

（a）

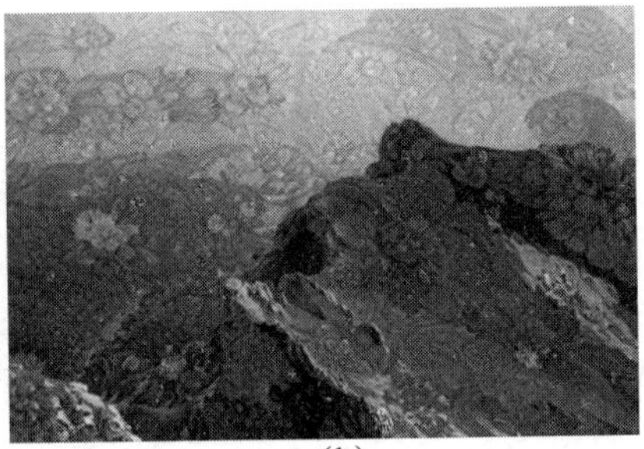

（b）

图 4-8　运行 gen_deepdream.py 生成的图片

利用下面的代码可以生成非常著名的含有动物的 Deep Dream 图片，此时优化的目标是 mixed4c 的全体输出。

```
name = 'mixed4c'
layer_output = graph.get_tensor_by_name("import/%s:0" % name)
render_deepdream(tf.square(layer_output), img0)
```

生成效果如图 4-9 所示。

读者可以自行尝试不同的背景图像，不同的通道数，不同的输出层，就可以得到各种各样的生成图像。

图 4-9　带有背景的 DeepDream 的图片（详见彩插）

4.3　总结

在本章中，首先学习了 Deep Dream 模型的基本原理，以及如何使用 TensorFlow 生成最原始的 Deep Dream 图片，接着学习了如何生成更大尺寸、更高质量的图片，最后完成了一个最终版的 Deep Dream 模型。这个项目不仅非常有趣，而且还有助于理解卷积神经网络学习到的内部特征。

第 5 章 深度学习中的目标检测

在前面的章节中，关注的大多数是图像识别问题：输入一张图像，输出该图像对应的类别。本章将讨论目标检测问题。目标检测的输入同样是一张图像，但输出不单单是图像的类别，而是该图像中所含的所有目标物体以及它们的位置。通常使用矩形框来标识物体的位置，如图 5-1 所示。深度学习已经被广泛应用在目标检测问题上，在性能上也远远超过了传统方法。本章会先介绍深度学习中的几个经典的目标检测方法，再以 Google 公司开源的 TensorFlow Object Detection API 为例，介绍如何在 TensorFlow 中进行目标检测。

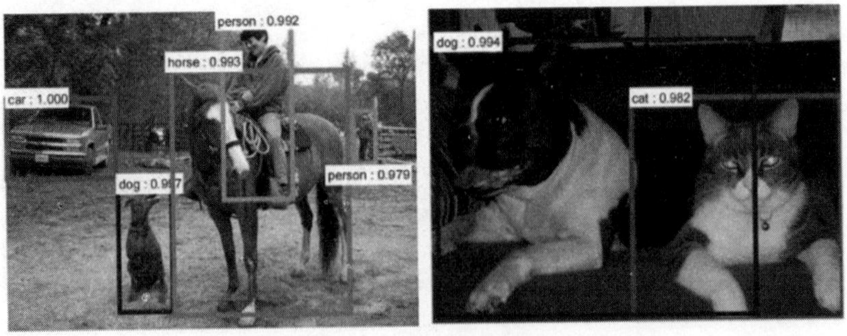

图 5-1　目标检测问题

5.1 深度学习中目标检测的原理

5.1.1 R-CNN 的原理

R-CNN 的全称是 Region-CNN，它可以说是第一个成功地将深度学习应用到目标检测上的算法。后面将要学习的 Fast R-CNN、Faster R-CNN 全部都是建立在 R-CNN 基础上的。

传统的目标检测方法大多以图像识别为基础。一般可以在图片上使用穷举法选出所有物体可能出现的区域框，对这些区域框提取特征并使用图像识别方法分类，得到所有分类成功的区域后，通过非极大值抑制（Non-maximum suppression）输出结果。

R-CNN 遵循传统目标检测的思路，同样采用提取框、对每个框提取特征、图像分类、非极大值抑制四个步骤进行目标检测。只不过在提取特征这一步，将传统的特征（如 SIFT、HOG 特征等）换成了深度卷积网络提取的特征。R-CNN 的整体框架如图 5-2 所示。

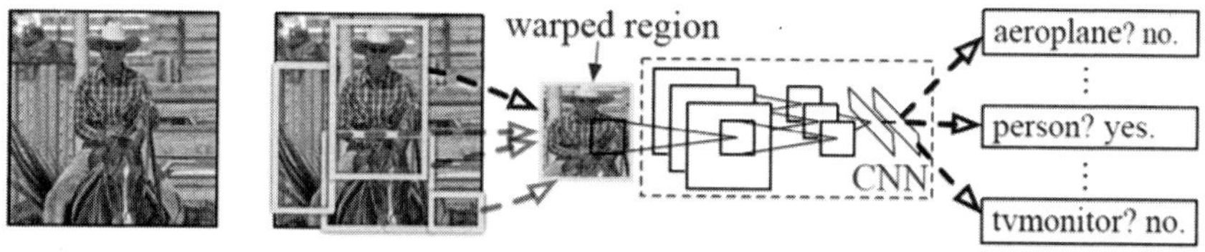

图 5-2 R-CNN 的算法框架

对于原始图像，首先使用 Selective Search 搜寻可能存在物体的区域。Selective Search 可以从图像中启发式地搜索出可能包含物体的区域。相比穷举而言，Selective Search 可以减少一部分计算量。下一步，将取出的可能含有物体的区域送入 CNN 中提取特征。CNN 通常是接受一个固定大小的图像，而取出的区域大小却各有不同。对此，R-CNN 的做法是将区域缩放到统一大小，再使用 CNN 提取特征。提取出特征后使用 SVM 进行分类，最后通过非极大值抑制输出结果。

R-CNN 的训练可以分成下面四步：

- 在数据集上训练 CNN。R-CNN 论文中使用的 CNN 网络是 AlexNet[1]，数据集为 ImageNet。
- 在目标检测的数据集上，对训练好的 CNN 做微调[2]。
- 用 Selective Search 搜索候选区域，统一使用微调后的 CNN 对这些区域提取特征，并将提取到的特征存储起来。
- 使用存储起来的特征，训练 SVM 分类器。

尽管 R-CNN 的识别框架与传统方法区别不是很大，但是得益于 CNN 优异的特征提取能力，R-CNN 的效果还是比传统方法好很多。如在 VOC 2007 数据集上，传统方法最高的平均精确度 mAP（mean Average Precision）为 40%左右，而 R-CNN 的 mAP 达到了 58.5%！

R-CNN 的缺点是计算量太大。在一张图片中，通过 Selective Search 得到的有效区域往往在 1000 个以上，这意味着要重复计算 1000 多次神经网络，非常耗时。另外，在训练阶段，还需要把所有特征保存起来，再通过 SVM 进行训练，这也是非常耗时且麻烦的。下面将要介绍的 Fast R-CNN 和 Faster R-CNN 在一定程度上改进了 R-CNN 计算量大的缺点，不仅速度变快不少，识别准确率也得到了提高。

5.1.2 SPPNet 的原理

在学习 R-CNN 的改进版 Fast R-CNN 之前，作为前置知识，有必要学习 SPPNet 的原理。SPPNet 的英文全称是 Spatial Pyramid Pooling Convolutional Networks，翻译成中文是“空间金字塔池化卷积网络”。听起来十分高深，实际上原理并不难，简单来讲，SPPNet 主要做了一件事情：将 CNN 的输入

1 关于 AlexNet，可以参考本书第 2 章的内容。

2 关于对 CNN 进行微调，可以参考本书第 3 章的内容。

从固定尺寸改进为任意尺寸。例如，在普通的 CNN 结构中，输入图像的尺寸往往是固定的(如 224×224 像素),输出可以看做是一个固定维数的向量。SPPNet 在普通的 CNN 结构中加入了 ROI 池化层（ROI Pooling），使得网络的输入图像可以是任意尺寸的，输出则不变，同样是一个固定维数的向量。

ROI 池化层一般跟在卷积层后面，它的输入是任意大小的卷积，输出是固定维数的向量，如图 5-3 所示。

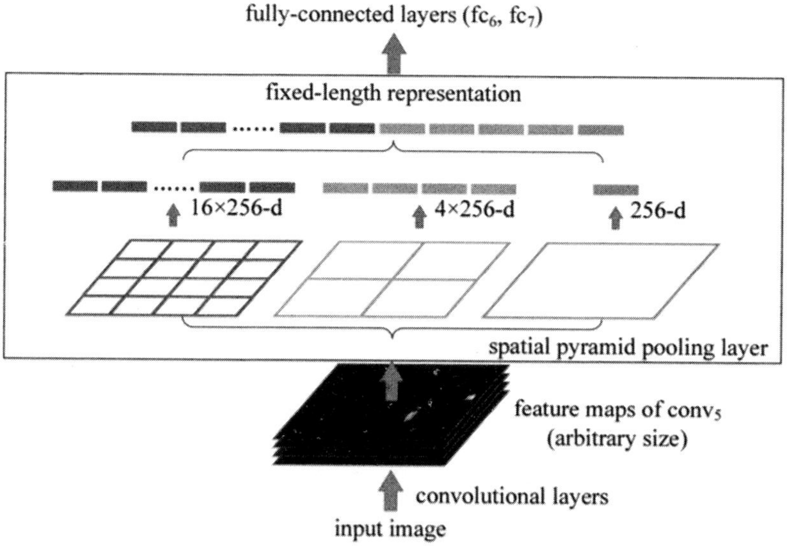

图 5-3　ROI 池化层

为了说清楚为什么 ROI 池化层能够把任意大小的卷积特征转换成固定长度的向量，不妨设卷积层输出的宽度为 w，高度为 h，通道为 c。**不管输入的图像尺寸是多少，卷积层的通道数都不会变，也就是说 c 是一个常数。而 w、h 会随着输入图像尺寸的变化而变化，可以看作是两个变量。**以上图中的 ROI 池化层为例，它首先把卷积层划分为 4×4 的网格，每个网格的宽是 $w/4$、高是 $h/4$、通道数为 c。当不能整除时，需要取整。接着，对每个网格中的每个通道，都取出其最大值，换句话说，就是对每个网格内的特征做最大值池化(Max Pooling)。这个 4×4 的网格最终就形成了 $16c$ 维的特征。接着，再把网络划分成 2×2 的网格，用同样的方法提取特征，提取的特征的

长度为 $4c$。再把网络划分为 1×1 的网格，提取的特征的长度就是 c，最后的 1×1 的划分实际是取出卷积中每个通道的最大值。最后，将得到的特征拼接起来，得到的特征是 $16c+4c+c = 21c$ 维的特征。**很显然，这个输出特征的长度与 w、h 两个值是无关的，因此 ROI 池化层可以把任意宽度、高度的卷积特征转换为固定长度的向量。**

应该怎么把 ROI 池化层用到目标检测中来呢？其实，可以这样考虑该问题：网络的输入是一张图像，中间经过若干卷积形成了卷积特征，这个卷积特征实际上和原始图像在位置上是有一定对应关系的。如图 5-4 所示，原始图像中有一辆汽车，它使得卷积特征在同样位置产生了激活。**因此，原始图像中的候选框，实际上也可以对应到卷积特征中相同位置的框。**由于候选框的大小千变万化，对应到卷积特征的区域形状也各有不同，但是不用担心，利用 ROI 池化层**可以把卷积特征中的不同形状的区域对应到同样长度的向量特征**。综合上述步骤，就可以**将原始图像中的不同长宽的区域都对应到一个固定长度的向量特征，这就完成了各个区域的特征提取工作。**

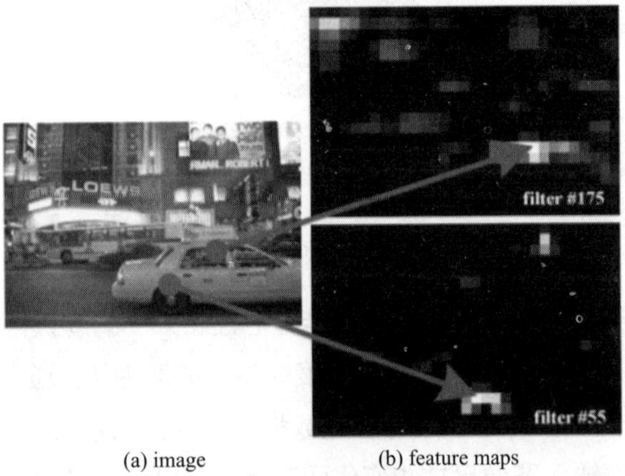

图 5-4　原始图片与卷积特征在位置上存在的对应关系

在 R-CNN 中，对于原始图像的各种候选区域框，必须把框中的图像缩放到统一大小，再对每一张缩放后的图片提取特征。使用 ROI 池化层后，就可以先对图像进行一遍卷积计算，得到整个图像的卷积特征；接着，对于原始图像中的各种候选框，只需要在卷积特征中找到对应的位置框，再使用

ROI 池化层对位置框中的卷积提取特征，就可以完成特征提取工作。

R-CNN 和 SPPNet 的不同点在于，R-CNN 要对每个区域计算卷积，而 SPPNet 只需要计算一次，因此 SPPNet 的效率比 R-CNN 高得多。

R-CNN 和 SPPNet 的相同点在于，它们都遵循着提取候选框、提取特征、分类几个步骤。在提取特征后，它们都使用了 SVM 进行分类。

5.1.3 Fast R-CNN 的原理

在 SPPNet 中，实际上特征提取和区域分类两个步骤还是分离的。只是使用 ROI 池化层提取了每个区域的特征，在对这些区域分类时，还是使用传统的 SVM 作为分类器。Fast R-CNN 相比 SPPNet 更进一步，不再使用 SVM 作为分类器，而是使用神经网络进行分类，**这样就可以同时训练特征提取网络和分类网络，从而取得比 SPPNet 更高的准确度**。Fast R-CNN 的网络结构如图 5-5 所示。

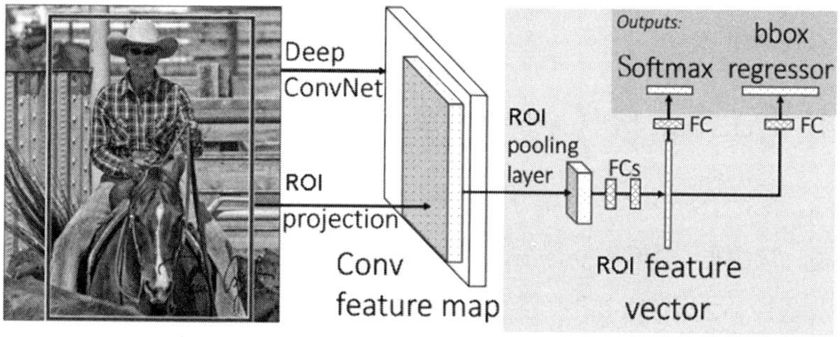

图 5-5 Fast R-CNN 的算法框架

对于原始图片中的候选框区域，和 SPPNet 中的做法一样，都是将它映射到卷积特征的对应区域（即图 5-5 中的 ROI projection），然后使用 ROI 池化层对该区域提取特征。在这之后，SPPNet 是使用 SVM 对特征进行分类，而 Fast R-CNN 则是直接使用全连接层。全连接层有两个输出，一个输出负责分类（即图 5-5 中的 Softmax），另一个输出负责框回归（即图 5-5 中的 bbox regressor)。

先说分类，假设要在图像中检测 K 类物体，那么最终的输出应该是 K+1 个数，每个数都代表该区域为某个类别的概率。之所以是 K+1 个输出而不是 K 个输出，是因为还需要一类“背景类”，针对该区域无目标物体的情况。

再说框回归，框回归实际上要做的是对原始的检测框进行某种程度的“校准”。因为使用 Selective Search 获得的框有时存在一定偏差。设通过 Selective Search 得到的框的四个参数为 (x, y, w, h)，其中 (x, y) 表示框左上角的坐标位置，(w, h) 表示框的宽度和高度。而真正的框的位置用 (x', y', w', h') 表示，框回归就是要学习参数 $(\frac{x'-x}{w}, \frac{y'-y}{h}, \ln\frac{w'}{w}, \ln\frac{h'}{h})$。其中，$\frac{x'-x}{w}$、$\frac{y'-y}{h}$ 两个数表示与尺度无关的平移量，而 $\ln\frac{w'}{w}, \ln\frac{h'}{h}$ 两个数表示的是和尺度无关的缩放量。

Fast R-CNN 与 SPPNet 最大的区别就在于，Fast R-CNN 不再使用 SVM 进行分类，而是使用一个网络同时完成了提取特征、判断类别、框回归三项工作。

5.1.4 Faster R-CNN 的原理

Fast R-CNN 看似很完美了，但在 Fast R-CNN 中还存在着一个有点尴尬的问题：它需要先使用 Selective Search 提取框，这个方法比较慢，有时，检测一张图片，大部分时间不是花在计算神经网络分类上，而是花在 Selective Search 提取框上！在 Fast R-CNN 升级版 Faster R-CNN 中，用 RPN 网络（Region Proposal Network）取代了 Selective Search，不仅速度得到大大提高，而且还获得了更加精确的结果。

RPN 网络的结构如图 5-6 所示。

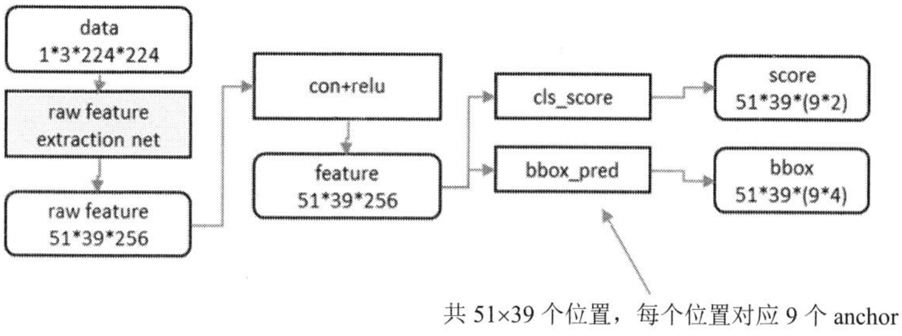

图 5-6　RPN 网络的结构

RPN 还是需要先使用一个 CNN 网络对原始图片提取特征。为了方便读者理解，不妨设这个前置的 CNN 提取的特征为 51×39×256，即高为 51、宽为 39、通道数为 256。对这个卷积特征再进行一次卷积计算，保持宽、高、通道不变，再次得到一个 51×39×256 的特征。为了方便叙述，先来定义一个“位置”的概念：对于一个 51×39×256 的卷积特征，称它一共有 51×39 个“位置”。让新的卷积特征的每一个“位置”都“负责”原图中对应位置 9 种尺寸的框的检测，检测的目标是判断框中是否存在一个物体，因此共有 51×39×9 个“框”。在 Faster R-CNN 的原论文中，将这些框都统一称为“anchor”。

anchor 的 9 种尺寸如图 5-7 所示，它们的面积分别 128^2，256^2，512^2。每种面积又分为 3 种长宽比，分别是 2∶1、1∶2、1∶1。anchor 的尺寸实际是属于可调的参数，不同任务可以选择不同的尺寸。

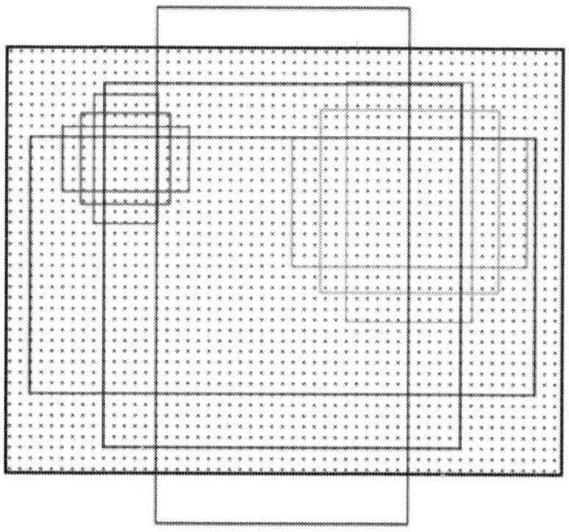

图 5-7　Faster R-CNN 中 anchor

对于这 51×39 个位置和 51×39×9 个 anchor，图 5-8 展示了接下来每个位置的计算步骤。设 k 为单个位置对应的 anchor 的个数，此时 k=9。首先使用一个 3×3 的滑动窗口，将每个位置转换为一个统一的 256 维的特征，这个特征对应了两部分的输出。一部分表示该位置的 anchor 为物体的概率，这部分的总输出长度为 2×k（一个 anchor 对应两个输出：是物体的概率+不是物体的概率）。另一部分为框回归，框回归的含义与 Fast R-CNN 中一样，一个 anchor 对应 4 个框回归参数，因此框回归部分的总输出的长度为 4×k。

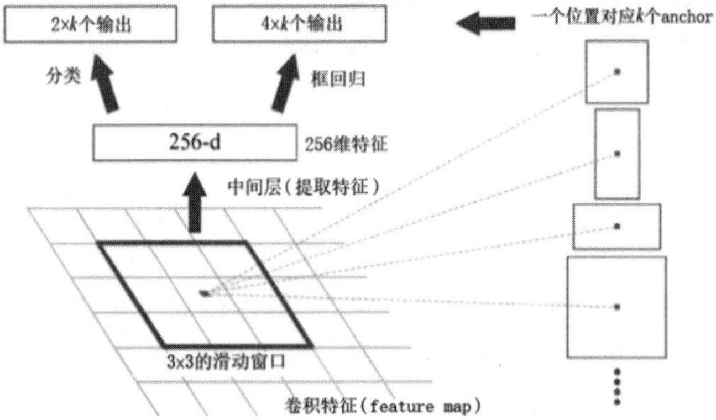

图 5-8 anchor 与网络输出的对应关系

Faster R-CNN 使用 RPN 生成候选框后，剩下的网络结构和 Fast R-CNN 中的结构一模一样。在训练过程中，需要训练两个网络，一个是 RPN 网络，一个是在得到框之后使用的分类网络。通常的做法是交替训练，即在一个 batch 内，先训练 RPN 网络一次，再训练分类网络一次。

R-CNN、Fast R-CNN、Faster R-CNN 的对比见表 5-1。

表 5-1 R-CNN、Fast R-CNN、Faster R-CNN 的对比

项 目	R-CNN	Fast R-CNN	Faster R-CNN
提取候选框	Selective Search	Selective Search	RPN 网络
提取特征	卷积神经网络（CNN）	卷积神经网络 + ROI 池化	
特征分类	SVM		

从 R-CNN，到 Fast R-CNN，再到 Faster R-CNN，不仅检测速度越来越快，而且检测的精确度也在不断提升。在出现 R-CNN 方法前，VOC 2007 数据集上传统方法所能达到的最高平均精确度（mAP）为 40%左右，R-CNN 将该值提高到了 58.5%，Fast R-CNN 在 VOC 2007 上的平均精确度为 70%，Faster R-CNN 又将该值提高到了 78.8%。这几种方法既一脉相承，又不断改进，值得仔细研究。

5.2 TensorFlow Object Detection API

2017 年 6 月，Google 公司开放了 TensorFlow Object Detection API。这个项目使用 TensorFlow 实现了大多数深度学习目标检测框架，其中就包括 Faster R-CNN。在本节中，首先介绍如何安装 TensorFlow Object Detection API，再介绍如何使用已经训练好的模型进行物体检测，最后介绍如何训练自己的模型。

5.2.1 安装 TensorFlow Object Detection API

在 GitHub 上，TensorFlow Object Detection API 是存放在 tensorflow/models 项目（地址：https://github.com/tensorflow/models）下的。可以通过 git 来下载 tensorflow/models：

```
git clone https://github.com/tensorflow/models.git。
```

下载 tensorflow/models 代码后，应该得到一个 models 文件夹。models 文件夹中还有一个 research 文件夹。下面的安装命令都是以 research 文件夹为根目录执行的，所说的目录也都是以 research 文件夹为相对目录。

安装 TensorFlow Object Detection API 的步骤如下（以 research 文件夹为相对目录）：

1. 安装或升级 protoc

在 object_detection/protos/中，可以看到一些 proto 文件，需要使用 protoc 程序将这些 proto 文件编译为 Python 文件。TensorFlow Object Detection API 必须使用 2.6.0 以上的 protoc 进行编译，否则会报错。可以使用命令 protoc --version 查看 protoc 的版本。如果发现版本低于 2.6.0 或运行命令错误，就需要安装或升级 protoc。

安装或升级的方法是登录 protobuf 的发布页面：https://github.com/google/protobuf/releases 下载已经编译好的文件包。

如图 5-9 所示，默认有多种版本的预编译包。需要自行找到对应机器应该使用的文件。如 64 位的 ubuntu 系统应下载文件 protoc-3.3.0-linux-x86_64.zip，64 位的 OS X 系统应下载文件 protoc-3.3.0-osx-x86_64.zip。下载文件后解压，会得到一个 protoc 文件，将它复制到系统的可执行目录即可，如在 ubuntu 系统中，可以执行以下命令：

```
sudo cp bin/protoc /usr/bin/protoc
```

图 5-9　protoc 的源码和各个系统的预编译包

2. 编译 proto 文件

使用 protoc 对 proto 文件进行编译。具体来说，应当在 research 文件夹下，运行下面的命令：

```
# From models/research
protoc object_detection/protos/*.proto --python_out=.
```

运行完成后，可以检查 object_detection/protos/文件夹，如果每个 proto 文件都生成了对应的以 py 为后缀的 python 源代码，就说明编译成功了。

3. 将 Slim 加入 PYTHONPATH

TensorFlow Object Detection API 是以 Slim 为基础实现的，需要将 Slim 的目录加入 PYTHONPATH 后才能正确运行。具体来说，还是在 research 文件夹下，执行下面的命令：

```
export PYTHONPATH=$PYTHONPATH:`pwd`:`pwd`/slim
```

执行命令完成后，可以使用 python 命令打开一个 python shell，如果运行 import slim 成功则说明已经正确设置好了。

4. 安装完成测试

在 research 文件夹下，执行：

```
python object_detection/builders/model_builder_test.py
```

这条命令会自动检查 TensorFlow Object Detection API 是否正确安装，如果出现下面的信息，说明已安装成功：

```
.......
----------------------------------------------------------------------
Ran 7 tests in 0.019s

OK
```

5.2.2 执行已经训练好的模型

TensorFlow Object Detection API 默认提供了 5 个预训练模型，它们都是使用 COCO 数据集训练完成的，结构分别为 SSD+MobileNet、SSD+Inception、R-FCN+ResNet101、Faster RCNN+ResNet101、Faster RCNN+Inception_ResNet。

如何使用这些预训练模型呢？官方已经给了一个用 Jupyter Notebook 编写好的例子。首先在 research 文件夹下，运行命令：jupyter-notebook。如果提示不存在该命令，可能是因为没有安装 Jupyter Notebook，需要读者自行安装。

运行命令 jupyter-notebook 后，打开 http://localhost:8888，接着打开 object_detection 文件夹，并单击 object_detection_tutorial.ipynb 运行示例文件，如图 5-10 所示。

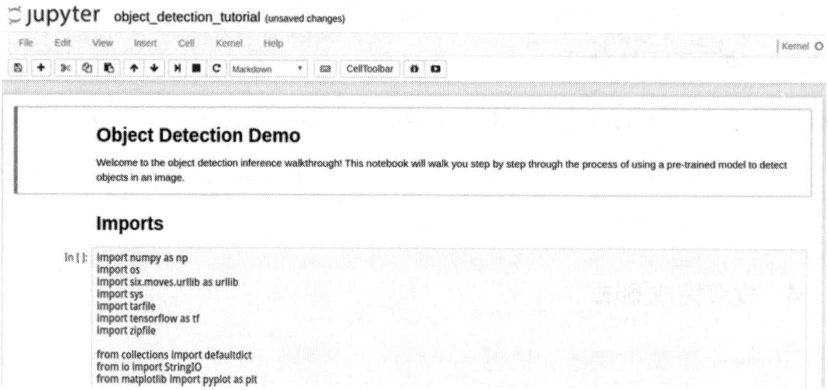

图 5-10 官方提供的示例 object_detection_tutorial.ipynb

使用组合键"Shift + Enter"可以依次执行这些命令。在这里介绍 Notebook 中的命令，并给出相应的中文注释。

首先是导入一些需要的包和设置环境：

```
# 导入基本的包
import numpy as np
import os
import six.moves.urllib as urllib
import sys
import tarfile
import tensorflow as tf
import zipfile

from collections import defaultdict
from io import StringIO
from matplotlib import pyplot as plt
from PIL import Image

# 这条命令让在使用 matplotlib 绘图时，不再使用窗口展示出来，而是直接在 notebook 中显示%matplotlib inline
```

```
# 将上层目录导入进来，这样才可以执行这下面的两条导入命令
sys.path.append("..")

from utils import label_map_util

from utils import visualization_utils as vis_util
```

导入包后，设置需要使用的模型：

```
# 使用的模型名称，下面会下载这个模型
MODEL_NAME = 'ssd_mobilenet_v1_coco_11_06_2017'
MODEL_FILE = MODEL_NAME + '.tar.gz'
DOWNLOAD_BASE = 'http://download.tensorflow.org/models/object_detection/'

# frozen_inference_graph.pb 文件就是在后面需要导入的文件，它保存了网络的结构和数据
PATH_TO_CKPT = MODEL_NAME + '/frozen_inference_graph.pb'

# mscoco_label_map.pbtxt 文件中保存了 index 到类别名的映射
# 如神经网络的预测类别是 5，必须要通过这个文件才能知道 index 具体对应的类别是什么
# mscoco_label_map.pbtxt 文件就保存在 object_detection/data 文件夹下，读者可以自行打开查阅
PATH_TO_LABELS = os.path.join('data', 'mscoco_label_map.pbtxt')

NUM_CLASSES = 90
```

接下来下载预训练模型，根据网络环境的不同，下载的时间可能会有长有短。

```
opener = urllib.request.URLopener()
opener.retrieve(DOWNLOAD_BASE + MODEL_FILE, MODEL_FILE)
tar_file = tarfile.open(MODEL_FILE)
for file in tar_file.getmembers():
   file_name = os.path.basename(file.name)
   if 'frozen_inference_graph.pb' in file_name:
      tar_file.extract(file, os.getcwd())
```

这里程序组合了 DOWNLOAD_BASE 和 MODEL_FILE 两个变量得到了下载地址。很显然，由于 MODEL_FILE 的值是'ssd_mobilenet_v1_coco_11_06_2017'，因此下载的模型为 SSD + MobileNet。如何下载其他预训练模

型并执行呢？实际上也很简单，可以打开 TensorFlow detection model zoo[1]，找到其他模型的下载地址。根据这些下载地址，只需要改变 MODEL_FILE 的值就可以下载不同的模型。为方便读者查阅，在此处也列出这些值：

```
MODEL_NAME = 'ssd_inception_v2_coco_11_06_2017'

MODEL_NAME = 'rfcn_resnet101_coco_11_06_2017'

MODEL_NAME = 'faster_rcnn_resnet101_coco_11_06_2017'

MODEL_NAME = 'faster_rcnn_inception_resnet_v2_atrous_coco_11_06_ 2017'
```

回到示例代码，下载模型后，程序就直接将它读取到默认的计算图中（实际读取的是 frozen_inference_graph.pb 文件），使用的代码如下所示：

```
# 新建一个图
detection_graph = tf.Graph()
with detection_graph.as_default():
  od_graph_def = tf.GraphDef()
  # PATH_TO_CKPT 指向了文件 frozen_inference_graph.pb
  with tf.gfile.GFile(PATH_TO_CKPT, 'rb') as fid:
    serialized_graph = fid.read()
    od_graph_def.ParseFromString(serialized_graph)
    tf.import_graph_def(od_graph_def, name='')
```

在进行真正的检测之前，还得定义一些帮助函数：

```
# 这部分代码的功能是将神经网络检测得到的 index（数字）转换为类别名（字符串）
label_map = label_map_util.load_labelmap(PATH_TO_LABELS)
categories = label_map_util.convert_label_map_to_categories(label_ map,
    max_num_classes=NUM_CLASSES, use_display_name=True)
category_index = label_map_util.create_category_index(categories)

# 这个函数也是一个方便使用的帮助函数，功能是将图片转换为 Numpy 数组的形式
def load_image_into_numpy_array(image):
  (im_width, im_height) = image.size
  return np.array(image.getdata()).reshape(
    (im_height, im_width, 3)).astype(np.uint8)
```

1 地址：https://github.com/tensorflow/models/blob/master/research/object_detection/g3doc/detection_model_ zoo.md。

下面开始检测图片！先定义要检测的图片：

```
# 只检测了两张图片
PATH_TO_TEST_IMAGES_DIR = 'test_images'
TEST_IMAGE_PATHS = [ os.path.join(PATH_TO_TEST_IMAGES_DIR, 'image{}.jpg'.
format(i)) for i in range(1, 3) ]

# 输出图像的大小（单位是 in）
IMAGE_SIZE = (12, 8)
```

TEST_IMAGE_PATHS 是一个列表，它保存了需要检测的图片。这里检测的图片是官方提供的示例图片。如果想要检测自己的图片，只要将这些图片的路径以列表形式保存在 TEST_IMAGE_PATHS 中就可以了。

最后是检测的代码，同样给出中文注释：

```
# detection_graph 是之前定义好的计算图，已经将模型导入到内存中了，此处直接使用
with detection_graph.as_default():
  with tf.Session(graph=detection_graph) as sess:
    for image_path in TEST_IMAGE_PATHS:
      image = Image.open(image_path)
      # 将图片转换为 Numpy 的形式
      image_np = load_image_into_numpy_array(image)
      # 将图片扩展一维，最后进入神经网络的图片的格式应该为[1, ? , ? , 3]
      image_np_expanded = np.expand_dims(image_np, axis=0)
      image_tensor = detection_graph.get_tensor_by_name('image_tensor:0')
      # boxes 变量存放了所有检测框
      boxes = detection_graph.get_tensor_by_name('detection_boxes:0')
      # score 表示每个检测结果的 confidence
      scores = detection_graph.get_tensor_by_name('detection_scores:0')
      # classes 表示每个框对应的类别
      classes = detection_graph.get_tensor_by_name('detection_classes:0')
      # num_detections 表示检测框的个数
      num_detections = detection_graph.get_tensor_by_name('num_ detections:
0')
      # 使用 sess.run，真正开始计算
      (boxes, scores, classes, num_detections) = sess.run(
          [boxes, scores, classes, num_detections],
          feed_dict={image_tensor: image_np_expanded})
      # 对得到的检测结果进行可视化
      vis_util.visualize_boxes_and_labels_on_image_array(
          image_np,
```

```
        np.squeeze(boxes),
        np.squeeze(classes).astype(np.int32),
        np.squeeze(scores),
        category_index,
        use_normalized_coordinates=True,
        line_thickness=8)
    plt.figure(figsize=IMAGE_SIZE)
    plt.imshow(image_np)
```

两张示例图片的检测效果如图 5-11 所示。

图 5-11　示例图片的检测效果

5.2.3　训练新的模型

以 VOC 2012 数据集为例，介绍如何使用 TensorFlow Object Detection

API 训练新的模型。VOC 2012 是 VOC 2007 数据集的升级版，一共有 11530 张图片，每张图片都有标注，标注的物体包括人、动物（如猫、狗、鸟等）、交通工具（如车、船飞机等）、家具（如椅子、桌子、沙发等）在内的 20 个类别。图 5-12 展示了 VOC 2012 中的一张图片。

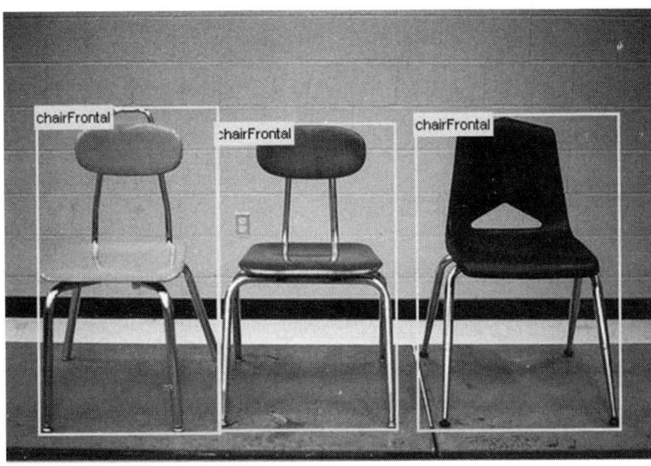

图 5-12　VOC 2012 数据集的示例图片

首先下载数据集，并将其转换为 tfrecord 格式。VOC 2012 数据集的下载地址为 http://host.robots.ox.ac.uk/pascal/VOC/voc2012/VOCtrainval_11-May-2012.tar。

为了不影响代码的结构，不妨在 object_detection 文件夹中，再新建一个 voc 文件夹，并将下载的数据集压缩包复制至 voc/中。解压后，就得到一个 VOCdevkit 文件夹，最终的文件夹结构应该为

```
research/
  object_detection/
        voc/
        VOCdevkit/
           VOC2012/
              JPEGImages/
                 2007_000027.jpg
                 2007_000032.jpg
                 2007_000033.jpg
                 2007_000039.jpg
```

```
            2007_000042.jpg
            ..................
        Annotations/
            2007_000027.xml
            2007_000032.xml
            2007_000033.xml
            2007_000039.xml
            2007_000042.xml
            ..................
        ..................
```

JPEGImages 文件中存储了所有的图像数据。对于每一张图片，都在 Annotations 文件夹中有其物体框的标注。

在 object_detection 文件夹中，执行以下命令可以将 VOC 2012 数据集转换为 tfrecord 格式，转换好的 tfrecord 保存在新建的 voc 文件夹下，分别为 pascal_train.record 和 pascal_val.record：

```
python create_pascal_tf_record.py --data_dir voc/VOCdevkit/ --year=VOC2012
--set=train --output_path=voc/pascal_train.record
python create_pascal_tf_record.py --data_dir voc/VOCdevkit/ --year=VOC2012
--set=val --output_path=voc/pascal_val.record
```

此外，将 pascal_label_map.pbtxt 数据复制到 voc 文件夹下：

```
cp data/pascal_label_map.pbtxt voc/
```

这里的转换代码是为 VOC 2012 数据集提前编写好的。如果读者希望使用自己的数据集，有两种方法，第一种方法是修改自己的数据集的标注格式，使其和 VOC 2012 一模一样，然后就可以直接使用 create_pascal_tf_record.py 脚本转换了，另外一种方法是修改 create_pascal_tf_record.py，对读取标签的代码进行修改。

回到 VOC 2012 数据集的训练。下载数据集后，需要选择合适的模型。这里以 Faster R-CNN + Inception_ResNet_v2 模型为例进行介绍。首先下载在 COCO 上预训练的 Faster R-CNN + Inception_ResNet_v2 模型[1]。解压后得到

1 下载地址是：http://download.tensorflow.org/models/object_detection/faster_rcnn_inception_resnet_v2_atrous _coco_11_06_2017.tar.gz 。

frozen_inference_graph.pb、graph.pbtxt、model.ckpt.data-00000-of-00001、model.ckpt.index、model.ckpt.meta 5 个文件。在 voc 文件夹中新建一个 pretrained 文件夹，并将这 5 个文件复制进去。

TensorFlow Object Detection API 是依赖一个特殊的设置文件进行训练的。在 object_detection/samples/configs/文件夹下，有一些设置文件的示例。可以参考 faster_rcnn_inception_resnet_v2_atrous_pets.config 文件创建的设置文件。先将 faster_rcnn_inception_resnet_v2_atrous_pets.config 复制一份到 voc 文件夹下：

```
cp samples/configs/faster_rcnn_inception_resnet_v2_atrous_pets.config \
  voc/voc.config
```

voc.config 一共有 7 处需要修改的地方：

- 第一处为 num_classes，需要将它修改为 VOC 2012 中的物体类别数，即 20 类。
- 第二处为 eval_config 中的 num_examples，它表示在验证阶段需要执行的图片数量，修改为 VOC 2012 验证集的图片数 5823（可以在 create_pascal_tf_record.py 中，输出对应的 examples_list 的长度，就可以知道这个大小）。
- 还有 5 处为所有含有 PATH_TO_BE_CONFIGURED 的地方。这些地方需要修改为自己的目录。它们应该分别被修改为

```
fine_tune_checkpoint: "voc/pretrained/model.ckpt"

train_input_reader: {
  tf_record_input_reader {
    input_path: "voc/pascal_train.record"
  }
 label_map_path: "voc/pascal_label_map.pbtxt"
}


eval_input_reader: {
  tf_record_input_reader {
    input_path: "voc/pascal_val.record"
  }
```

```
label_map_path: "voc/pascal_label_map.pbtxt"
 shuffle: false
 num_readers: 1
}
```

最后，在 voc 文件夹中新建一个 train_dir 作为保存模型和日志的目录，使用下面的命令就可以开始训练了：

```
python train.py --train_dir voc/train_dir/ --pipeline_config_path
voc/voc.config
```

训练的日志和最终的模型都会被保存在 train_dir 中，因此，同样可以使用 TensorBoard 来监控训练情况：

```
tensorboard --logdir voc/train_dir/
```

需要注意的是，如果发生内存和显存不足报错的情况，除了换用较小的模型进行训练外，还可以修改配置文件中的以下部分：

```
  image_resizer {
   keep_aspect_ratio_resizer {
    min_dimension: 600
    max_dimension: 1024
   }
  }
```

这个部分表示将输入图像进行等比例缩放再开始训练，缩放后最大边长为 1024，最小边长为 600。可以将这两个数值改小（如分别改成 512 和 300），使用的显存就会变小。不过这样做也很有可能导致模型的精度下降，读者还需根据自己的情况选择适合的处理方法。

5.2.4 导出模型并预测单张图片

如何将 train_dir 中的 checkpoint 文件导出并用于单张图片的目标检测？TensorFlow Object Detection API 提供了一个 export_inference_graph.py 脚本用于导出训练好的模型。具体方法是执行：

```
python export_inference_graph.py \
   --input_type image_tensor \
```

```
--pipeline_config_path voc/voc.config \
--trained_checkpoint_prefix voc/train_dir/model.ckpt-1582
--output_directory voc/export/
```

其中，model.ckpt-1582 表示使用第 1582 步保存的模型。读者需要根据 voc/train_dir/里实际保存的 checkpoint，将 1582 改为合适的数值。导出的模型是 voc/export/ frozen_inference_graph.pb 文件。

读者可以参考第 5.2.2 节中 Jupyter Notebook 的代码，自行编写利用导出模型对单张图片做目标检测的脚本。首先去掉无用的下载模型的部分，然后将 PATH_TO_CKPT 的值赋值为"voc/export/frozen_inference_graph.pb"，即导出的模型文件。将 PATH_TO_LABELS 修改为"voc/pascal_label_map.pbtxt"，即各个类别的名称。其他代码都可以不改变，识别的效果如图 5-13 所示。

图 5-13　训练深度学习目标检测模型（详见彩插）

5.3　总结

本章首先以 R-CNN、SPPNet、Fast R-CNN、Faster R-CNN 四种算法为例，介绍了深度学习中常用的目标检测方法。接着，介绍了 Google 公司开源的 TensorFlow Object Detection API 的安装和使用，主要分为执行已经训练好的模型和训练自己的模型两部分。希望读者能够通过本章，了解到深度学习中目标检测方法的基本原理，并掌握 TensorFlow Object Detection API 的使用方法。

拓展阅读

- 本章提到的 R-CNN、SPPNet、Fast R-CNN、Faster R-CNN 都是基于区域的深度目标检测方法。可以按顺序阅读以下论文了解更多细节：*Rich Feature Hierarchies for Accurate Object Detection and Semantic Segmentation (R-CNN)*、*Spatial Pyramid Pooling in Deep Convolutional Networks for Visual Recognition*（*SPPNet*）、*Fast R-CNN*（*Fast R-CNN*）、*Faster R-CNN: Towards Real-Time Object Detection with Region Proposal Networks*（*Faster R-CNN*）。

- 限于篇幅，除了本章提到的这些方法外，还有一些有较高参考价值的深度学习目标检测方法，这里同样推荐一下相关的论文：*R-FCN: Object Detection via Region-based Fully Convolutional Networks*（*R-FCN*）、*You Only Look Once: Unified, Real-Time Object Detection*（*YOLO*）、*SSD: Single Shot MultiBox Detector*（*SSD*）、*YOLO9000: Better, Faster, Stronger*（*YOLO v2* 和 *YOLO9000*）等。

第 6 章 人脸检测和人脸识别

人脸检测(Face Detection)和人脸识别技术是深度学习的重要应用之一。本章首先会介绍 MTCNN 算法的原理，它是基于卷积神经网络的一种高精度的实时人脸检测和对齐技术。接着，还会介绍如何利用深度卷积网络提取人脸特征，以及如何利用提取的特征进行人脸识别。最后会介绍如何在 TensorFlow 中实践上述算法。

6.1 MTCNN 的原理

搭建人脸识别系统的第一步是人脸检测，也就是在图片中找到人脸的位置。在这个过程中，系统的输入是一张可能含有人脸的图片，输出是人脸位置的矩形框，如图 6-1 所示。一般来说，人脸检测应该可以正确检测出图片中存在的所有人脸，不能有遗漏，也不能有错检。

获得包含人脸的矩形框后，第二步要做的是人脸对齐(Face Alignment)。原始图片中人脸的姿态、位置可能有较大的区别，为了之后统一处理，要把人脸“摆正”。为此，需要检测人脸中的关键点(Landmark)，如眼睛的位置、鼻子的位置、嘴巴的位置、脸的轮廓点等。根据这些关键点可以使用仿射变换将人脸统一校准，以尽量消除姿势不同带来的误差，人脸对齐的过程如图 6-2 所示。

图 6-1　人脸检测

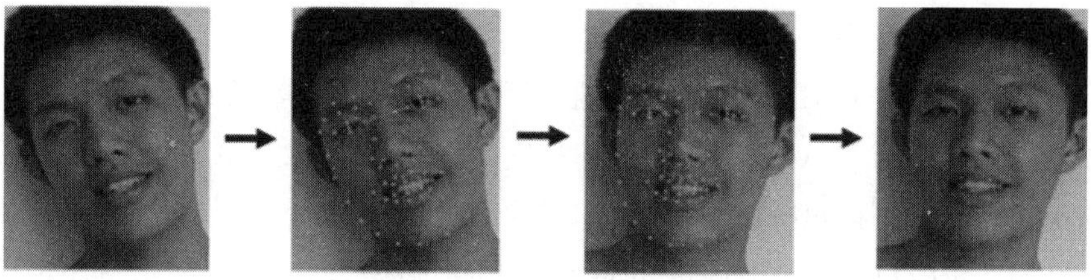

图 6-2　人脸对齐的过程

这里介绍一种基于深度卷积神经网络的人脸检测和人脸对齐方法——MTCNN。MT 是英文单词 Multi-task 的简写，意即这种方法可以同时完成人脸检测和人脸对齐两项任务。相比于传统方法，MTCNN 的性能更好，可以更精确地定位人脸；此外，MTCNN 也可以做到实时的检测。

MTCNN 由三个神经网络组成，分别是 P-Net、R-Net、O-Net。在使用这些网络之前，首先要将原始图片缩放到不同尺度，形成一个“图像金字塔”，如图 6-3 所示。接着会对每个尺度的图片通过神经网络计算一遍。这样做的原因在于：原始图片中的人脸存在不同的尺度，如有的人脸比较大，有的人脸比较小。对于比较小的人脸，可以在放大后的图片上检测；对于比较大的人脸，可以在缩小后的图片上检测。这样，就可以在统一的尺度下检测人脸了。

现在再来讨论第一个网络 P-Net 的结构，如图 6-4 所示，P-Net 的输入是一个宽和高皆为 12 像素，同时是 3 通道的 RGB 图像，**该网络要判断这个 12×12 的图像中是否含有人脸，并且给出人脸框和关键点的位置。**因此，对应的输出由三部分组成：

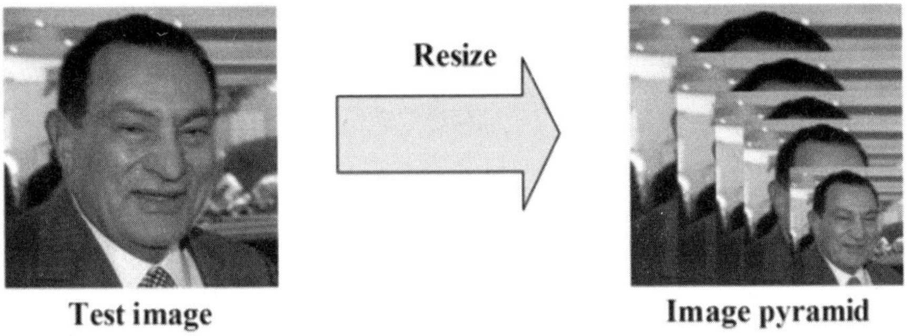

图 6-3　将单张图像缩放后形成“图像金字塔”

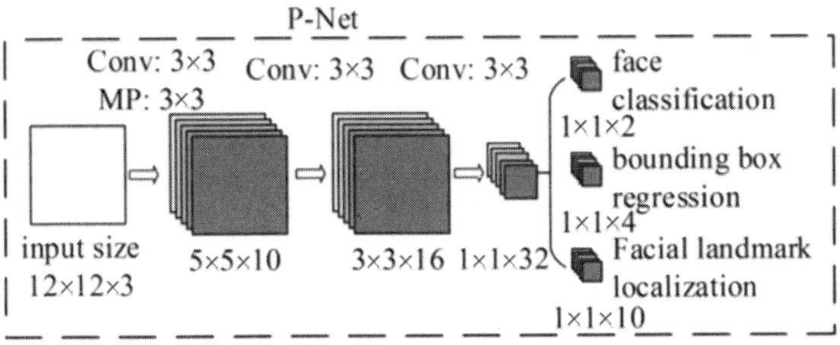

图 6-4　P-Net 的网络结构

- 第一个部分要判断该图像是否是人脸（图 6-4 中的 face classification），输出向量的形状为 1×1×2，也就是两个值，分别为该图像是人脸的概率，以及该图像不是人脸的概率。这两个值加起来应该严格等于 1。之所以使用两个值来表示，是为了方便定义交叉熵损失。
- 第二个部分给出框的精确位置（图 6-4 中的 bounding box regression），一般称之为框回归。P-Net 输入的 12×12 的图像块可能并不是完美的人脸框的位置，如有的时候人脸并不正好为方形，有的时候 12×12 的图像块可能偏左或偏右，因此需要输出当前框位置相对于完美的人脸框位置的偏移。这个偏移由四个变量组成。一般地，对于图像中的框，可以用四个数来表示它的位置：框左上角的横坐标、框左上角的纵坐标、框的宽度、框的高度。因此，框回归输出的值是：框左上角的横坐标的相对偏移、框左上角的纵坐标的相对偏移、框的宽度的误差、框的高度的误差。输出向量的形状就是图中的 1×1×4。

- 第三个部分给出人脸的 5 个关键点的位置。5 个关键点分别为：左眼的位置、右眼的位置、鼻子的位置、左嘴角的位置、右嘴角的位置。每个关键点又需要横坐标和纵坐标两维来表示，因此输出一共是 10 维（即 1×1×10）。

至此，读者应该对 P-Net 的结构比较了解了。在实际计算中，通过 P-Net 中第一层卷积的移动，会对图像中每一个 12×12 的区域都做一次人脸检测，得到的结果如图 6-5 所示。

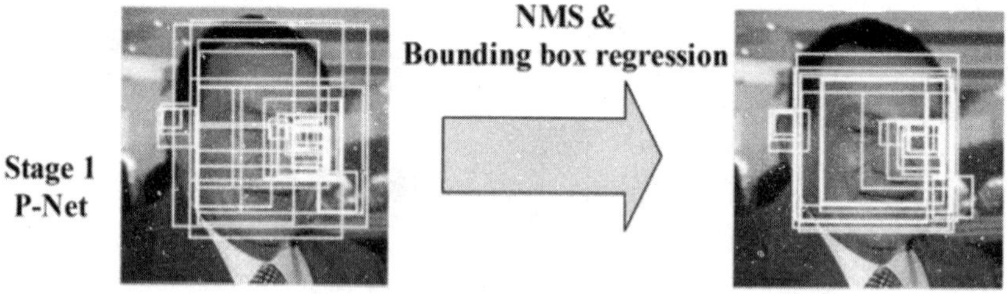

图 6-5　P-Net 的检测结果

图中框的大小各有不同，除了框回归的影响外，主要是因为将图片金字塔中的各个尺度都使用 P-Net 计算了一遍，因此形成了大小不同的人脸框。P-Net 的结果还是比较粗糙的，所以接下来又使用 R-Net 进一步调优。R-Net 的网络结构如图 6-6 所示。这个结构与之前的 P-Net 非常类似，P-Net 的输入是 12×12×3 的图像，R-Net 是 24×24×3 的图像，也就是说，R-Net 判断 24×24×3 的图像中是否含有人脸，以及预测关键点的位置。R-Net 的输出和 P-Net 完全一样，同样由人脸判别、框回归、关键点位置预测三部分组成。

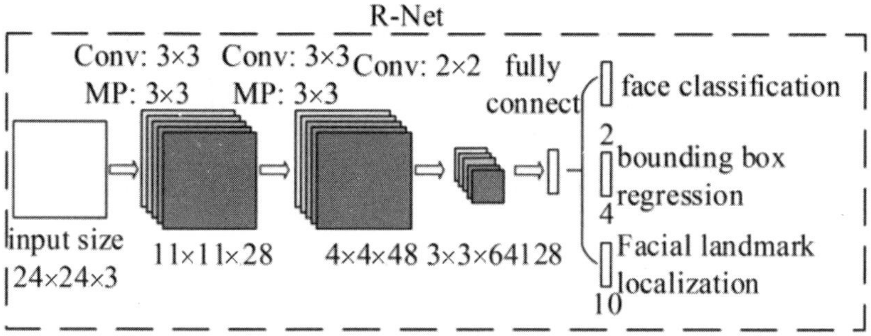

图 6-6 R-Net 的网络结构

在实际应用中，对每个 P-Net 输出可能为人脸的区域都放缩到 24×24 的大小，再输入到 R-Net 中，进行进一步判定。得到的结果如图 6-7 所示，显然 R-Net 消除了 P-Net 中很多误判的情况。

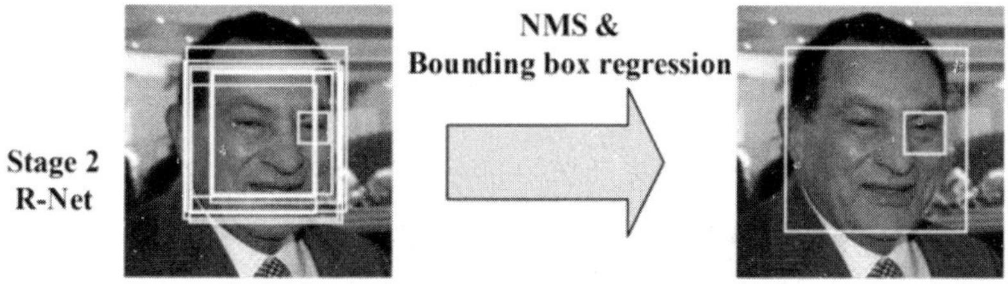

图 6-7 R-Net 的检测结果

进一步把所有得到的区域缩放成 48×48 的大小，输入到最后的 O-Net 中，O-Net 的结构同样与 P-Net 类似，不同点在于它的输入是 48×48×3 的图像，网络的通道数和层数也更多了。O-Net 的网络结构如图 6-8 所示，检测结果如图 6-9 所示。

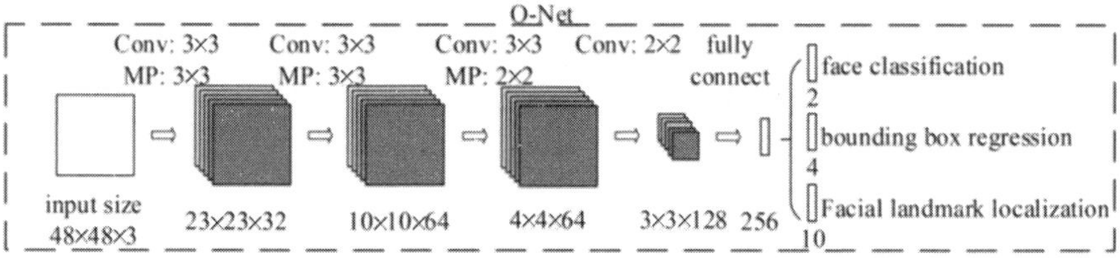

图 6-8 O-Net 的网络结构

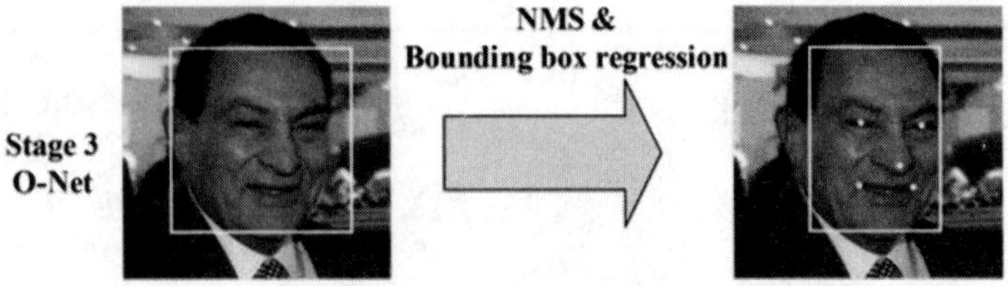

图 6-9　O-Net 的检测结果

从 P-Net 到 R-Net，最后再到 O-Net，网络输入的图片越来越大，卷积层的通道数越来越多，内部的层数也越来越多，因此它们识别人脸的准确率应该是越来越高的。同时，P-Net 的运行速度是最快的，R-Net 的速度其次，O-Net 的运行速度最慢。之所以要使用三个网络，是因为如果一开始直接对图中的每个区域使用 O-Net，速度会非常慢。实际上 P-Net 先做了一遍过滤，将过滤后的结果再交给 R-Net 进行过滤，最后将过滤后的结果交给效果最好但速度较慢的 O-Net 进行判别。这样在每一步都提前减少了需要判别的数量，有效降低了处理时间。

最后介绍 MTCNN 的损失定义和训练过程。MTCNN 中每个网络都有三部分输出，因此损失也由三部分组成。针对人脸判别部分，直接使用交叉熵损失，针对框回归和关键点判定，直接使用 L2 损失。最后这三部分损失各自乘以自身的权重再加起来，就形成最后的总损失了。在训练 P-Net 和 R-Net 时，更关心框位置的准确性，而较少关注关键点判定的损失，因此关键点判定损失的权重很小。对于 O-Net，关键点判定损失的权重较大。

6.2　使用深度卷积网络提取特征

经过人脸检测和人脸识别两个步骤，就获得了包含人脸的区域图像，接下来就要进行人脸识别了。这一步一般是使用深度卷积网络，将输入的人脸图像转换成一个向量的表示，也就是所谓的“特征”。

如何针对人脸来提取特征？可以先来回忆 VGG16 的网络结构（见图 2-22），输入神经网络的是图像，经过一系列卷积计算后，全连接分类得到类别概率。

在通常的图像应用中，可以去掉全连接层，使用卷积层的最后一层当作图像的"特征"，如图 2-22 中的 conv5_3。但如果对人脸识别问题同样采用这种方法，即使用卷积层最后一层做为人脸的"向量表示"，效果其实是不好的。这其中的原因和改进方法是什么？在后面会谈到，这里先谈谈希望这种人脸的"向量表示"应该具有哪些性质。

在理想的状况下，希望"向量表示"之间的距离可以直接反映人脸的相似度：

- 对于同一个人的两张人脸图像，对应的向量之间的欧几里得距离应该比较小。
- 对于不同人的两张人脸图像，对应的向量之间的欧几里得距离应该比较大。

例如，设人脸图像为 x_1, x_2，对应的特征为 $f(x_1), f(x_2)$，当 x_1, x_2 对应是同一个人的人脸时，$f(x_1), f(x_2)$ 的距离 $\| f(x_1) - f(x_2) \|_2$ 应该很小，而当 x_1, x_2 是不同人的人脸时，$f(x_1), f(x_2)$ 的距离 $\| f(x_1) - f(x_2) \|_2$ 应该很大。

在原始的 CNN 模型中，使用的是 Softmax 损失。Softmax 是类别间的损失，对于人脸来说，每一类就是一个人。尽管使用 Softmax 损失可以区别出每个人，但其本质上没有对每一类的向量表示之间的距离做出要求。

举个例子，使用 CNN 对 MNIST 进行分类，设计一个特殊的卷积网络，**让最后一层的向量变为 2 维**，此时可以画出每一类对应的 2 维向量，如图 6-10 所示。

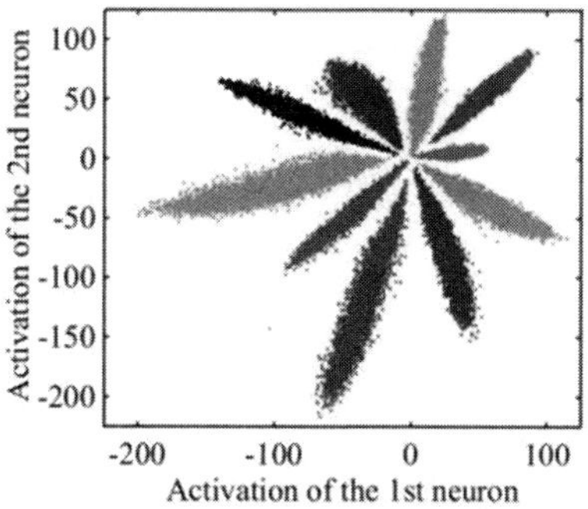

图 6-10　当最后一层为 2 维时各个类别对应的 2 维向量的分布情况

图 6-10 是直接使用 Softmax 训练得到的结果，它不符合希望特征具有的特点：

- 希望同一类对应的向量表示尽可能接近。但这里同一类的点可能具有很大的类间距离。
- 希望不同类对应的向量应该尽可能远。但在图中靠中心的位置，各个类别的距离都很近。

对于人脸图像同样会出现类似的情况。对此，有很多改进方法。这里介绍其中两种，一种是使用三元组损失(Triplet Loss)，一种是使用中心损失。

6.2.1 三元组损失的定义

三元组损失（Triplet Loss）的原理是：既然目标是特征之间的距离应当具备某些性质，那么就围绕这个距离来设计损失。具体地，每次都在训练数据中取出三张人脸图像，第一张图像记为x_i^a，第二张图像记为x_i^p，第三张图像记为x_i^n。在这样一个“三元组”中，x_i^a和x_i^p对应的是同一个人的图像，而x_i^n是另外一个不同的人的人脸图像。因此，距离$\left\|f(x_i^a)-f\left(x_i^p\right)\right\|_2$应该较小，而距离$\|f(x_i^a)-f(x_i^n)\|_2$应该较大。严格来说，三元组损失要求下面的式子成立

$$\left\|f(x_i^a)-f\left(x_i^p\right)\right\|_2^2+\alpha<\|f(x_i^a)-f(x_i^n)\|_2^2$$

即相同人脸间的距离平方至少要比不同人脸间的距离平方小α（取平方主要是方便求导）。据此，设计损失函数为

$$L_i=\left[\left\|f(x_i^a)-f\left(x_i^p\right)\right\|_2^2+\alpha-\|f(x_i^a)-f(x_i^n)\|_2^2\right]_+$$

这样的话，当三元组的距离满足$\left\|f(x_i^a)-f\left(x_i^p\right)\right\|_2^2+\alpha<\|f(x_i^a)-f(x_i^n)\|_2^2$时，不产生任何损失，此时$L_i=0$。当距离不满足上述等式时，就会有值为$\left\|f(x_i^a)-f\left(x_i^p\right)\right\|_2^2+\alpha-\|f(x_i^a)-f(x_i^n)\|_2^2$的损失。此外，在训练时会固定$\|f(x)\|_2=1$，以保证特征不会无限地“远离”。

三元组损失直接对距离进行优化，因此可以解决人脸的特征表示问题。**但是在训练过程中，三元组的选择非常地有技巧性。**如果每次都是随机选择三元组，虽然模型可以正确地收敛，但是并不能达到最好的性能。如果加入“难例挖掘”，即每次都选择最难分辨的三元组进行训练，模型又往往不能正确地收敛。对此，又提出每次都选取那些“半难”（Semi-hard）的数据进行训练，让模型在可以收敛的同时也保持良好的性能。此外，使用三元组损失训练人脸模型通常还需要非常大的人脸数据集，才能取得较好的效果。

6.2.2 中心损失的定义

与三元组损失不同，中心损失（Center Loss）不直接对距离进行优化，**它保留了原有的分类模型，但又为每个类（在人脸模型中，一个类就对应一个人）指定了一个类别中心。同一类的图像对应的特征都应该尽量靠近自己的类别中心，不同类的类别中心尽量远离。**与三元组损失相比，使用中心损失训练人脸模型不需要使用特别的采样方法，而且利用较少的图像就可以达到与三元组损失相似的效果。下面就一起来学习中心损失的定义。

还是设输入的人脸图像为x_i，该人脸对应的类别为y_i，对每个类别都规定一个类别中心，记作c_{y_i}。希望每个人脸图像对应的特征$f(x_i)$都尽可能接近其中心c_{y_i}。因此定义中心损失为

$$L_i = \frac{1}{2}\left\| f(x_i) - c_{y_i} \right\|_2^2$$

多张图像的中心损失就是将它们的值加在一起

$$L_{\text{center}} = \sum_i L_i$$

这是一个非常简单的定义。不过还有一个问题没有解决，那就是如何确定每个类别的中心c_{y_i}呢？从理论上来说，类别y_i的最佳中心应该是它对应的所有图片的特征的平均值。但如果采取这样的定义，那么在每一次梯度下降时，都要对所有图片计算一次c_{y_i}，计算复杂度就太高了。针对这种情况，不妨近似处理一下，在初始阶段，先随机确定c_{y_i}，接着在每个 batch 内，使用

$L_i = \left\| f(x_i) - c_{y_i} \right\|_2^2$对当前 batch 内的$c_{y_i}$也计算梯度，并使用该梯度更新$c_{y_i}$。此外，不能只使用中心损失来训练分类模型，还需要加入 Softmax 损失，也就是说，最终的损失由两部分构成，即$L = L_{\text{softmax}} + \lambda L_{\text{center}}$，其中λ是一个超参数。

最后来总结使用中心损失来训练人脸模型的过程。首先随机初始化各个中心c_{y_i}，接着不断地取出 batch 进行训练，在每个 batch 中，使用总的损失L，除了使用神经网络模型的参数对模型进行更新外，也对c_{y_i}进行计算梯度，并更新中心的位置。

中心损失可以让训练处的特征具有“内聚性”。还是以 MNIST 的例子来说，在未加入中心损失时，训练的结果不具有内聚性。在加入中心损失后，得到的特征如图 6-11 所示。

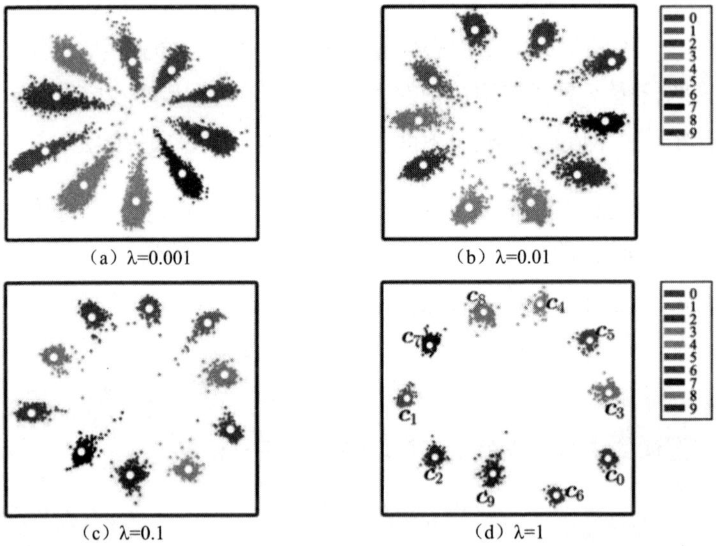

图 6-11　同时使用中心损失和 Softmax 得到的各个类别的 2 维向量的分布

从图中可以看出，当中心损失的权重λ越大时，生成的特征就会具有越明显的“内聚性”。

6.3 使用特征设计应用

在上一节中，当提取出特征后，剩下的问题就非常简单了。因为这种特征已经具有了相同人对应的向量的距离小、不同人对应的向量距离大的特点。接下来，一般的应用有以下几类：

- 人脸验证（Face Identification）。就是检测 A、B 是否属于同一个人。只需要计算向量之间的距离，设定合适的报警阈值（threshold）即可。
- 人脸识别（Face Recognition）。这个应用是最多的，给定一张图片，检测数据库中与之最相似的人脸。显然可以被转换为一个求距离的最近邻问题。
- 人脸聚类（Face Clustering）。在数据库中对人脸进行聚类，直接用 K-Means 即可。

6.4 在 TensorFlow 中实现人脸识别[1]

chapter_6/文件夹中提供了一个 TensorFlow 下实现人脸识别的项目代码。该项目支持使用 MTCNN 进行人脸的检测和对齐，可以使用训练好的模型进行人脸识别，也支持训练自己的模型。接下来，首先介绍如何配置该项目的环境，接着介绍如何利用已经训练好的模型在 LFW 集和自己的图片上进行人脸识别，最后介绍如何重新训练自己的模型，以及在 TensorFlow 中是如何定义三元组损失和中心损失的。

6.4.1 项目环境设置

在运行该项目前，需要对环境进行适当的设置。首先安装一些引用到的 python 包，包括 scipy、scikit-learn、opencv-python、h5py、matplotlib、Pillow、requests、psutil 等。读者可以运行下面的代码，检查环境中缺少哪些包，然

1 本节的程序参考了项目 https://github.com/davidsandberg/facenet。

后自行进行安装。

```
# 以下是该项目中需要的库文件
import tensorflow as tf
import sklearn
import scipy
import cv2
import h5py
import matplotlib
import PIL
import requests
import psutil
```

除了安装必须的 python 包外，还需要将路径 chapter_6/src 添加到环境变量 PYTHONPATH 中，即运行下面的语句：

```
export PYTHONPATH=[...]/chapter_6/src
```

这条命令中[...]表示存放 chapter_6 的父文件夹，请读者自行修改为自己机器中的对应目录。添加了 PYTHONPATH 后，读者可以打开一个 Python Shell，保证运行语句"import facenet"不会报错，则说明环境配置成功了。

6.4.2 LFW 人脸数据库

接下来会讲解如何使用已经训练好的模型在 LFW（Labeled Faces in the Wild）数据库上测试，先来简单介绍下 LFW 数据库。

LFW 人脸数据库是由美国马萨诸塞州立大学阿默斯特分校计算机视觉实验室整理完成的数据库，主要用来研究非受限情况下的人脸识别问题。LFW 数据库主要是从互联网上搜集图像，一共含有 13000 多张人脸图像，每张图像都被标识出对应的人的名字，其中有 1680 人对应不只一张图像。图 6-12 展示了部分 LFW 数据库中的人脸图像：

可以看出，在 LFW 数据库中人脸的光照条件、姿态多种多样，有的人脸还存在部分遮挡的情况，因此识别难度较大。现在，LFW 数据库性能测评已经成为人脸识别算法性能的一个重要指标。

图 6-12 LFW 数据库的示例图片

读者可以在网站 http://vis-www.cs.umass.edu/lfw/lfw.tgz 下载 LFW 数据库，该数据是完全开源的。下载后，假设有一个文件夹~/datasets 专门保存数据集，就可以使用下面的命令将 LFW 数据库解压，留待后面使用。

```
cd ~/datasets
mkdir -p lfw/raw
tar xvf ~/Downloads/lfw.tgz -C ./lfw/raw --strip-components=1
```

这里将下载的 ~/Downloads/lfw.tgz 文件解压到了文件夹 ~/datasets/lfw/raw 中，数据的结构应该类似于：

```
~/datasets/lfw/raw/
  Aaron_Eckhart/
    Aaron_Eckhart_0001.jpg

  Aaron_Guiel/
    Aaron_Guiel_0001.jpg

  Aaron_Patterson//
    Aaron_Patterson_0001.jpg

  Aaron_Peirsol
    Aaron_Peirsol_0001.jpg
    Aaron_Peirsol_0002.jpg
    Aaron_Peirsol_0003.jpg
    Aaron_Peirsol_0004.jpg
    ...
```

即每个文件夹代表着一个人的名字，在每个人的文件夹下是这个人所有的人脸图像，这样 LFW 数据集就被准备好了。

6.4.3 LFW 数据库上的人脸检测和对齐

处理的第一步是使用 MTCNN 进行人脸检测和对齐，并统一缩放到合适的大小。

MTCNN 的实现主要在文件夹 chapter_6/src/align 中。其中，detect_face.py 中定义了 MTCNN 的模型结构，由 P-Net、R-Net、O-Net 三部分组成。这三部分网络已经提供好了预训练的模型，模型数据分别对应文件 det1.npy、det2.npy、det3.npy。align_dataset_mtcnn.py 是使用 MTCNN 的模型进行人脸的检测和对齐的入口代码。该文件夹中还有两个文件 align_dataset.py 和 align_dlib.py，它们都是使用 dlib 中的传统方法对人脸进行检测，性能比 MTCNN 稍差，在这里不再展开描述。

使用脚本 align_dataset_mtcnn.py 对 LFW 数据库进行人脸检测和对齐的方法是运行命令：

```
python src/align/align_dataset_mtcnn.py \
~/datasets/lfw/raw \
~/datasets/lfw/lfw_mtcnnpy_160 \
--image_size 160 --margin 32 \
--random_order
```

该命令会创建一个~/datasets/lfw/lfw_mtcnnpy_160 的文件夹，并将所有对齐好的人脸图像存放到这个文件夹中，数据的结构和原先~/datasets/lfw/raw 中相同。参数--image_size 160 --margin 32 的含义是在 MTCNN 检测得到的人脸框的基础上缩小 32 像素（训练时使用的数据偏大），并缩放到 160×160 大小。因此最后得到的对齐后的图像都是 160×160 像素的。这样的话，就成功地从原始图像中检测并对齐了人脸。

6.4.4 使用已有模型验证 LFW 数据库准确率

项目原作者提供了一个预训练的模型。该模型使用的卷积网络结构是 Inception ResNet v1，训练数据使用了一个非常大的人脸数据集 MS-Celeb-1M，训练好的模型在 LFW 上可以到达 99.2%左右的正确率。下载该模型后[1]，将文件解压到目录 ~/models/facenet/ 下。解压后，应该得到一个 ~/models/facenet/20170512-110547 目录，其中有以下 4 个文件（读者可以将模型放到其他文件夹中，不过需要自行更改以下代码的对应部分）：

```
20170512-110547.pb
model-20170512-110547.ckpt-250000.data-00000-of-00001
model-20170512-110547.ckpt-250000.index
model-20170512-110547.meta
```

之后，运行下面的代码，可以在对齐好的 LFW 数据库中验证已有模型的正确率：

```
python src/validate_on_lfw.py \
~/datasets/lfw/lfw_mtcnnpy_160 \
~/models/facenet/20170512-110547/
```

最终得到的结果是：

```
Metagraph file: model-20170512-110547.meta
Checkpoint file: model-20170512-110547.ckpt-250000
Runnning forward pass on LFW images
Accuracy: 0.992+-0.003
Validation rate: 0.97467+-0.01477 @ FAR=0.00133
Area Under Curve (AUC): 1.000
Equal Error Rate (EER): 0.007
```

由此，验证了模型在 LFW 上的准确率（Accuracy）是 99.2%。

---

1 下载地址为 https://drive.google.com/file/d/0B5MzpY9kBtDVZ2RpVDYwWmxoSUk。下载解压后会有 4 个文件，在随书的数据的 chapter_6_data/文件夹中同样提供了这 4 个文件。读者可将其复制到文件夹~/models/facenet/20170512-110547 中。

6.4.5 在自己的数据上使用已有模型

当然，在实际应用过程中，还会关心如何在自己的图像上应用已有模型。下面就以计算人脸之间的距离为例，展示如何将模型应用到自己的数据上。

假设现在有三张图片./test_imgs/1.jpg、./test_imgs/2.jpg、./test_imgs/3.jpg，这三张图片中各含有一个人的人脸，希望计算它们两两之间的距离。使用 compare.py 就可以实现，运行下面的代码：

```
python src/compare.py  \
~/models/facenet/20170512-110547/ \
./test_imgs/1.jpg ./test_imgs/2.jpg ./test_imgs/3.jpg
```

得到结果类似于：

```
Images:
0: ./test_imgs/1.jpg
1: ./test_imgs/2.jpg
2: ./test_imgs/3.jpg

Distance matrix
       0        1        2
0   0.0000   0.7270   1.1283
1   0.7270   0.0000   1.0913
2   1.1283   1.0913   0.0000
```

compare.py 首先会使用 MTCNN 在原始图片中进行检测和对齐：

```
# nrof_samples 是图片总数目，image_paths 存储了这些图片的路径
nrof_samples = len(image_paths)
# img_list 中存储了对齐后的图像
img_list = [None] * nrof_samples
for i in xrange(nrof_samples):
    # 读入图像
   img = misc.imread(os.path.expanduser(image_paths[i]))
   img_size = np.asarray(img.shape)[0:2]
   # 使用 P-Net、R-Net、O-Net（即 MTCNN）检测并对齐图像
   # 检测的结果存入 bounding_boxes 中
   bounding_boxes, _ = align.detect_face.detect_face(img, minsize, pnet,
rnet, onet, threshold, factor)
   # 对于检测出的 bounding_box，减去 margin
   det = np.squeeze(bounding_boxes[0,0:4])
```

```
    bb = np.zeros(4, dtype=np.int32)
    bb[0] = np.maximum(det[0]-margin/2, 0)
    bb[1] = np.maximum(det[1]-margin/2, 0)
    bb[2] = np.minimum(det[2]+margin/2, img_size[1])
bb[3] = np.minimum(det[3]+margin/2, img_size[0])
# 裁剪出人脸区域，并缩放到卷积神经网络输入的大小
    cropped = img[bb[1]:bb[3],bb[0]:bb[2],:]
    aligned = misc.imresize(cropped, (image_size, image_size), interp=
'bilinear')
    prewhitened = facenet.prewhiten(aligned)
    img_list[i] = prewhitened
images = np.stack(img_list)
```

对于返回的 images，可以将它输入到已经训练好的模型中计算特征了，使用的代码为：

```
# 载入模型，args.model 就是文件夹“~/models/facenet/20170512-110547/”
facenet.load_model(args.model)

# images_placeholder 是输入图像的占位符，后面会把 images 传递给它
images_placeholder = tf.get_default_graph().get_tensor_by_name("input:0")
# embeddings 是卷积网络最后输出的“特征”
embeddings = tf.get_default_graph().get_tensor_by_name("embeddings:0")
# 这个 phase_train_placeholder 占位符决定了现在是不是“训练阶段”
# 显然现在不是在训练模型，所以后面会指定 phase_train_placeholder 为 False
phase_train_placeholder = tf.get_default_graph().get_tensor_by_name
("phase_train:0")

# 计算特征
feed_dict = { images_placeholder: images, phase_train_placeholder: False }
emb = sess.run(embeddings, feed_dict=feed_dict)
```

得到的 emb 存储了每个图像的“特征”。得到了特征，剩下的问题解决起来就非常简单了。这里是对特征计算两两之间的距离以得到人脸之间的相似度。对应的代码如下所示：

```
# nrof_images 是图片总数目
nrof_images = len(args.image_files)

# 简单地打印图片名称
print('Images:')
for i in range(nrof_images):
```

```
    print('%1d: %s' % (i, args.image_files[i]))
print('')

# 输出距离矩阵
print('Distance matrix')
print('    ', end='')
for i in range(nrof_images):
    print('    %1d     ' % i, end='')
print('')
for i in range(nrof_images):
    print('%1d  ' % i, end='')
    for j in range(nrof_images):
        # 计算距离，emb[i,:]是第i个人脸图像的特征，emb[j,:]是第j个人脸图像的特征
        dist = np.sqrt(np.sum(np.square(np.subtract(emb[i,:], emb[j,:]))))
        print('  %1.4f  ' % dist, end='')
    print('')
```

compare.py 只是简单地计算了人脸之间的两两距离，读者可以根据得到的特征 emb 将程序应用到其他方面。例如在人脸识别应用中，常常会被给定一张人脸图片，要求在某一个人脸数据库中检测与之最相似的图像。此时，就可以先对人脸数据库中的所有图片先计算一遍特征 emb，并把这些特征保存下来，接着只需对给定人脸图片计算特征，并找出与之距离最近的特征即可，相关程序读者可以自行设计完成。

6.4.6 重新训练新模型

在第 6.4.3~6.4.5 节中，介绍了如何使用预训练的模型验证在 LFW 数据库上的正确率，以及识别用户自己的图像，本节介绍如何重新训练一个模型。

从头训练一个新模型需要非常多的训练数据，这里使用的是 CASIA-WebFace 数据集，该数据集包含了 10575 个人的 494414 张图像。CASIA-WebFace 数据集需要研究机构自行申请，申请地址在 http://www.cbsr.ia.ac.cn/english/ CASIA-WebFace-Database.html。

获得 CASIA-WebFace 数据集后，将它解压到~/datasets/casia/raw 目录中。此时文件夹~/datasets/casia/raw/中的数据结构应该类似于：

```
0000045
    001.jpg
    002.jpg
    003.jpg
    ……

0000099
    001.jpg
    002.jpg
    003.jpg
    ……

0000100
    001.jpg
    002.jpg
    003.jpg
    ……
……
```

其中，每个文件夹代表一个人，文件夹中对应这个人的所有人脸图片。与 LFW 数据集类似，同样先利用 MTCNN 对原始图像进行人脸检测和对齐，对应的代码为：

```
python src/align/align_dataset_mtcnn.py \
   ~/datasets/casia/raw/ \
   ~/datasets/casia/casia_maxpy_mtcnnpy_182 \
   --image_size 182 --margin 44
```

对齐后的人脸图像存放在目录~/datasets/casia/casia_maxpy_mtcnnpy_182 下。所有的图像像素都是 182×182。最终网络的输入图像像素是 160×160，之所以这一步生成 182×182 的图像，是为了留出一定空间给数据增强的裁剪环节。会在 182×182 像素的图像上随机裁出 160×160 的区域，再送入神经网络进行训练。

使用下面的命令即可开始训练：

```
python src/train_softmax.py \
   --logs_base_dir ~/logs/facenet/ \
   --models_base_dir ~/models/facenet/ \
   --data_dir ~/datasets/casia/casia_maxpy_mtcnnpy_182 \
```

```
   --image_size 160 \
   --model_def models.inception_resnet_v1 \
   --lfw_dir ~/datasets/lfw/lfw_mtcnnpy_160 \
   --optimizer RMSPROP \
   --learning_rate -1 \
   --max_nrof_epochs 80 \
   --keep_probability 0.8 \
   --random_crop --random_flip \
--learning_rate_schedule_file
data/learning_rate_schedule_classifier_casia.txt \
--weight_decay 5e-5 \
   --center_loss_factor 1e-2 \
   --center_loss_alfa 0.9
```

这里涉及的参数非常多，读者不必担心，下面会一一来进行说明。首先是文件 src/train_softmax.py，它的功能是使用第 6.2.2 节中讲解的中心损失来训练模型。之前已经讲过，单独使用中心损失的效果不好，必须和 Softmax 损失配合使用，所以对应文件名是 train_softmax.py。其他参数的含义如下：

- --logs_base_dir ~/logs/facenet/：将会把训练日志保存到~/logs/facenet/中。在运行时，会在~/logs/facenet/文件夹下新建一个以当前时间命名的目录，如 20170621-114414，最终的日志会写在~/logs/facenet/20170621-114414 中。所谓日志文件，实际上就是 TensorFlow 中的 events 文件，包含当前损失、当前训练步数、当前学习率等信息，可以使用 TensorBoard 查看这些信息。
- --models_base_dir ~/models/facenet/：最终训练好的模型就保存在~/models/facenet/目录下。在运行时同样会创建一个以当前时间命名的文件夹，训练好的模型就会被保存在类似~/models/facenet/20170621-114414 的目录下。
- --data_dir ~/datasets/casia/casia_maxpy_mtcnnpy_182：训练数据的位置。这里使用之前已经对齐好的 CASIA-WebFace 数据。
- --image_size 160：输入网络的图片尺寸是 160×160 像素。
- --model_def models.inception_resnet_v1：比较关键的一个参数，它指定了训练的 CNN 的结构为 inception_resnet_v1。项目支持的所有 CNN 结构在 src/models 目录下。共支持 inception_resnet_v1、inception_resnet_v2、

squeezenet 三个模型，其中前两个模型较大，最后一个模型较小。**如果使用--model_def models.inception_resnet_v1 后，出现内存或显存消耗光的情况，可以将其替换为--model_def models.squeezenet，来训练一个较小的模型。**

- --lfw_dir ~/datasets/lfw/lfw_mtcnnpy_160：指定 LFW 数据集的位置。如果输入这个参数，每次执行完一个 epoch，就会在 LFW 数据集上执行一次测试，并将测试后的正确率写到日志文件中。
- --optimizer RMSPROP：指定使用的优化方法。
- --learning_rate -1：原意是指定学习率，但这里指定了负数，在程序中将忽略这个参数，而使用后面的--learning_rate_schedule_file 参数规划学习率。
- --max_nrof_epochs 80：表示最多会跑 80 个 epoch。
- --keep_probability 0.8：在全连接层中，加入了 dropout，这个参数表示 dropout 中连接被保持的概率。
- --random_crop --random_flip：这两个参数表示在数据增强时会进行随机的裁剪和翻转。
- --learning_rate_schedule_file data/learning_rate_schedule_classifier_casia.txt：在之前指定了--learning_rate -1，因此最终的学习率将由参数--learning_rate_schedule_file 决定。这个参数指定了一个文件，该文件的内容为：

```
# Learning rate schedule
# Maps an epoch number to a learning rate
0: 0.1
65: 0.01
77: 0.001
1000: 0.0001
```

也就是说在开始时一直使用 0.1 作为学习率，而运行到第 65 个 epoch 时使用 0.01 的学习率，运行第 77 个 epoch 时使用 0.001 的学习率。由于一共只运行 80 个 epoch，因此最后的 1000: 0.0001 实际不会生效。

- --weight_decay 5e-5：所有变量的正则化系数。
- --center_loss_factor 1e-2：中心损失和 SoftMax 损失的平衡参数。

- --center_loss_alfa 0.9：中心损失的内部参数。

运行上述命令后即可开始训练，屏幕会打出类似下面的信息：

```
Epoch: [0][1/1000]	Time 3.452	Loss 10.075	RegLoss 0.334
Epoch: [0][2/1000]	Time 0.904	Loss 10.080	RegLoss 0.335
Epoch: [0][3/1000]	Time 0.649	Loss 10.066	RegLoss 0.338
Epoch: [0][4/1000]	Time 2.037	Loss 9.965	RegLoss 0.343
Epoch: [0][5/1000]	Time 1.283	Loss 10.149	RegLoss 0.348
Epoch: [0][6/1000]	Time 1.324	Loss 10.037	RegLoss 0.354
Epoch: [0][7/1000]	Time 1.197	Loss 10.067	RegLoss 0.360
Epoch: [0][8/1000]	Time 1.203	Loss 10.007	RegLoss 0.366
Epoch: [0][9/1000]	Time 1.109	Loss 10.161	RegLoss 0.372
```

其中，Epoch: [0][7/1000]表示当前为第 0 个 epoch 以及在当前 epoch 内的训练步数。Time 表示在这一步消耗的时间，最后是损失相关的信息。

可以运行 TensorBoard 对训练情况进行监控。将目录切换至~/logs/facenet/<开始训练时间>文件夹中，就可以看到生成的 events 文件。打开 TensorBoard 的命令为：

```
tensorboard --logdir ~/logs/facenet/<开始训练时间>/
```

打开 http://localhost:6006，可以方便地监控训练情况。图 6-13 展示了整个训练过程中损失的变化情况（训练的模型为 squeezenet）：

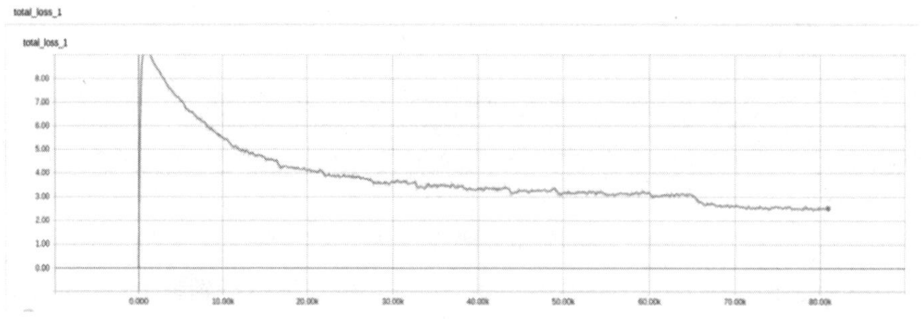

图 6-13　训练损失的变化情况

与之对应的，每个 epoch 结束时程序还会在 LFW 数据库中自动做一次验证，对应的准确率的变化曲线如图 6-14 所示。

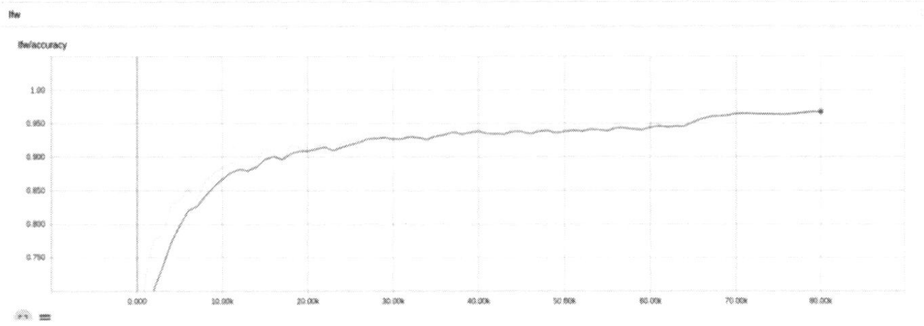

图 6-14　训练时在 LFW 数据库上的验证准确率

6.4.7　三元组损失和中心损失的定义

最后，来分析代码中是如何定义三元组损失和中心损失的。

三元组损失的定义在文件 src/facenet.py 中，对应的函数为 triplet_loss():

```
def triplet_loss(anchor, positive, negative, alpha):
  with tf.variable_scope('triplet_loss'):
    pos_dist = tf.reduce_sum(tf.square(tf.subtract(anchor, positive)),
1)
    neg_dist = tf.reduce_sum(tf.square(tf.subtract(anchor, negative)),
1)

    basic_loss = tf.add(tf.subtract(pos_dist,neg_dist), alpha)
    loss = tf.reduce_mean(tf.maximum(basic_loss, 0.0), 0)

  return loss
```

输入的 anchor、positive、negative 分别为随机选取的人脸样本的特征、anchor 的正样本的特征、anchor 的负样本的特征，它们的形状都是(batch_size, feature_size)。batch_size 很好理解，feature_size 是网络学习的人脸特征的维数。对应到三元组损失的公式 $L_i = \left[\left\|f(x_i^a) - f\left(x_i^p\right)\right\|_2^2 + \alpha - \|f(x_i^a) - f(x_i^n)\|_2^2\right]_+$ 中的话，anchor 的每一行就是一个 x_i^a，positive 的每行就是相应正

样本的x_i^p，negative 的每行就是负样本x_i^n。先来分别计算正样本和负样本到 anchor 的 L^2 距离。变量 pos_dist 就是 anchor 到各自正样本之间的距离$\|f(x_i^a)-f(x_i^p)\|_2^2$，变量 neg_dist 是 anchor 到负样本的距离$\|f(x_i^a)-f(x_i^n)\|_2^2$。接下来，用 pos_dist 减去 neg_dist 再加上一个 alpha，最终损失只计算大于 0 的部分，这和公式$L_i=\left[\|f(x_i^a)-f(x_i^p)\|_2^2+\alpha-\|f(x_i^a)-f(x_i^n)\|_2^2\right]_+$是完全相符的。

再来看中心损失的定义，同样是在文件 src/facenet.py 中，对应的函数为 center_loss()：

```
def center_loss(features, label, alfa, nrof_classes):
    # nrof_features 就是 feature_size，即神经网络计算的人脸的维数
    nrof_features = features.get_shape()[1]

    # centers 为变量，它是各个类别对应的类别中心
    centers = tf.get_variable('centers',
        [nrof_classes, nrof_features], dtype=tf.float32,
      initializer=tf.constant_initializer(0), trainable=False)

    label = tf.reshape(label, [-1])

    # 根据 label，取出 features 中每一个样本对应的类别中心
    # centers_batch 的形状应该和 features 一致，为(batch_size, feature_size)
    centers_batch = tf.gather(centers, label)

    # 计算类别中心和各个样本特征的差距 diff
    # diff 用来更新各个类别中心的位置
    # 计算 diff 时用到的 alfa 是一个超参数，它可以控制中心位置的更新幅度
    diff = (1 - alfa) * (centers_batch - features)

    # 用 diff 来更新中心
    centers = tf.scatter_sub(centers, label, diff)

    # 计算 loss
    loss = tf.reduce_mean(tf.square(features - centers_batch))

    # 返回 loss 和更新后的中心
    return loss, centers
```

输入参数 features 是样本的特征，它的形状为(batch_size, feature_size)。label 为这些样本各自的类别标签号（即属于哪一个人），它的形状为(batch_size,)。alfa 是一个超参数，它是 0~1 之间的一个浮点数。nrof_classes 是一个整数，它表示全部训练集中样本的类别总数。

定义中心损失时，首先会根据各个样本的标签取出相应的类别中心 centers_batch，centers_batch 的形状和 features 完全一致，中心损失就是它们之间的 L^2 距离。这与第 6.2.2 节中的中心损失的公式$L_i = \frac{1}{2}\left\|f(x_i) - c_{y_i}\right\|_2^2$只相差了一个比例系数。此外，程序还会计算 centers_batch 和 features 的差值 diff，根据 diff 来更新类别中心。超参数 alfa 可以控制更新时的幅度。详细的流程可以参考注释来阅读源码。

6.5 总结

在本章中，首先分两部分介绍了使用深度学习进行人脸识别的基本原理，一是可以完成人脸检测和人脸对齐任务的 MTCNN，二是使用合适损失来优化卷积神经网络以提取合适的人脸特征。接着，学习了如何在 TensorFlow 中实践上述内容。

拓展阅读

- MTCNN 是常用的人脸检测和人脸对齐模型，读者可以参考论文 *Joint Face Detection and Alignment using Multi-task Cascaded Convolutional Networks* 了解其细节。
- 训练人脸识别模型通常需要包含大量人脸图片的训练数据集，常用的人脸数据集有 CAISA-WebFace、VGG-Face（http://www.robots.ox.ac. uk/~vgg/data/vgg_face/）、MS-Celeb-1M（https://www.msceleb.org/）、MegaFace（http://megaface.cs.washington.edu/）。更多数据集可以参考网站：http://www.face-rec.org/databases/。

✪ 关于 Triplet Loss 的详细介绍，可以参考论文 *FaceNet: A Unified Embedding for Face Recognition and Clustering*，关于 Center Loss 的详细介绍，可以参考论文 *A Discriminative Feature Learning Approach for Deep Face Recognition*。

第 7 章 图像风格迁移

所谓图像风格迁移，是指利用算法学习著名画作的风格，然后再把这种风格应用到另外一张图片上的技术。著名的图像处理应用 Prisma 是利用风格迁移技术，将普通用户的照片自动变换为具有艺术家的风格的图片。本章会介绍这项技术背后的原理，此外，还会使用 TensorFlow 实现一个快速风格迁移的应用。

7.1 图像风格迁移的原理

7.1.1 原始图像风格迁移的原理

在学习原始的图像风格迁移之前，可以先复习第 2 章讲过的 ImageNet 图像识别模型 VGGNet。

事实上，可以这样理解 VGGNet 的结构：前面的卷积层是从图像中提取"特征"，而后面的全连接层把图片的"特征"转换为类别概率。其中，VGGNet 中的浅层（如 conv1_1, conv1_2），提取的特征往往是比较简单的（如检测点、线、亮度），VGGNet 中的深层（如 conv5_1，conv5_2），提取的特征往往比较复杂（如有无人脸或某种特定物体）。

VGGNet 的本意是输入图像，提取特征，并输出图像类别。图像风格迁移正好与其相反，**输入的是特征，输出对应这种特征的图片**，如图 7-1 所示。

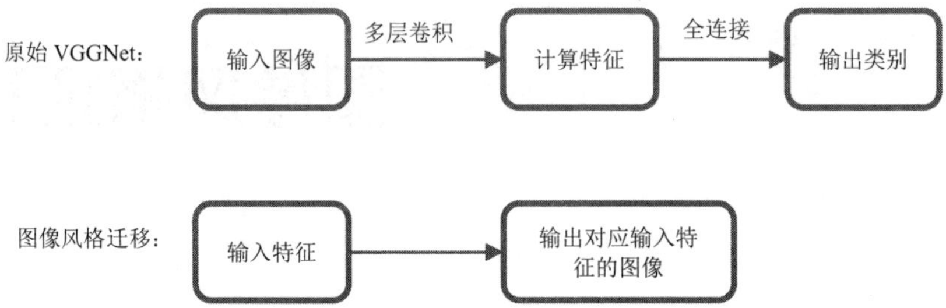

图 7-1　图像风格迁移和对图像提取特征的过程对比

具体来说，风格迁移**使用卷积层的中间特征还原出对应这种特征的原始图像。**如图 7-2a 所示，先选取一幅原始图像，经过 VGGNet 计算后得到各个卷积层的特征。接下来，根据这些卷积层的特征，还原出对应这种特征的原始图像。图像 b、c、d、e、f 分别为使用卷积层 conv1_2、conv2_2、conv3_2、conv4_2、conv5_2 的还原图像。可以发现：浅层的还原效果往往比较好，卷积特征基本保留了所有原始图像中形状、位置、颜色、纹理等信息；深层对应的还原图像丢失了部分颜色和纹理信息，但大体保留原始图像中物体的形状和位置。

还原图像的方法是梯度下降法。设原始图像为 $\vec{p}$，期望还原的图像为 $\vec{x}$（即自动生成的图像）。使用的卷积是第 l 层，原始图像 $\vec{p}$ 在第 l 层的卷积特征为 P_{ij}^l。i 表示卷积的第 i 个通道，j 表示卷积的第 j 个位置。通常卷积的特征是三维的，三维坐标分别对应（高，宽，通道）。此处不考虑具体的高和宽，只考虑位置 j，相当于把卷积“压扁”了。比如一个 $10\times10\times32$ 的卷积特征，对应 $1\leqslant i\leqslant 32, 1\leqslant j\leqslant 100$。对于生成图像 $\vec{x}$，同样定义它在 l 层的卷积特征为 F_{ij}^l。

(a)

(b) (c) (d) (e) (f)

图 7-2　根据 VGGNet 卷积层的特征还原出对应的原始图像（续）

有了上面这些符号后，可以写出“内容损失”(Content Loss)。内容损失 $L_{\text{content}}(\vec{p},\vec{x},l)$ 的定义是

$$L_{\text{content}}(\vec{p},\vec{x},l)=\frac{1}{2}\sum_{i,j}(F_{ij}^l-P_{ij}^l)^2$$

$L_{\text{content}}(\vec{p},\vec{x},l)$ 描述了原始图像 $\vec{p}$ 和生成图像 $\vec{x}$ 在内容上的“差异”。内容损失越小，说明它们的内容越接近；内容损失越大，说明它们的内容差距也越大。先使用原始图像 $\vec{p}$ 计算出它的卷积特征 P_{ij}^l，同时随机初始化 $\vec{x}$。接着，以内容损失 $L_{\text{content}}(\vec{p},\vec{x},l)$ 为优化目标，通过梯度下降法逐步改变 $\vec{x}$。经过一定步数后，得到的 $\vec{x}$ 是希望的还原图像了。在这个过程中，内容损失 $L_{\text{content}}(\vec{p},\vec{x},l)$ 应该是越来越小的。

除了还原图像原本的“内容”之外，另一方面，还希望还原图像的“风格”。那么，图像的“风格”应该怎么样来表示呢？一种方法是使用图像的卷积层特征的 Gram 矩阵。

Gram 矩阵是关于一组向量的内积的对称矩阵，例如，向量组 $\vec{x_1},\vec{x_2},\ldots,\vec{x_n}$

的 Gram 矩阵是

$$\begin{bmatrix} (\vec{x_1},\vec{x_1}) & (\vec{x_1},\vec{x_2}) & \dots & (\vec{x_1},\vec{x_n}) \\ (\vec{x_2},\vec{x_1}) & (\vec{x_2},\vec{x_2}) & \dots & (\vec{x_2},\vec{x_n}) \\ \dots & \dots & \dots & \dots \\ (\vec{x_n},\vec{x_1}) & (\vec{x_n},\vec{x_2}) & \dots & (\vec{x_n},\vec{x_n}) \end{bmatrix}$$

通常取内积为欧几里得空间上的标准内积，即 $(\vec{x_i},\vec{x_j}) = \vec{x_i}^{\mathrm{T}}\vec{x_j}$ 。

设卷积层的输出为 F_{ij}^l ，那么这个卷积特征对应的 Gram 矩阵的第 i 行第 j 个元素定义为

$$G_{ij}^l = \sum_k F_{ik}^l F_{jk}^l$$

设在第 l 层中，卷积特征的通道数为 N_l ，卷积的高、宽乘积数为 M_l ，那么 F_{ij}^l 满足 $1 \leqslant i \leqslant N_l, 1 \leqslant j \leqslant M_l$ 。G 实际是向量组 $\boldsymbol{F}_1^l, \boldsymbol{F}_2^l, \cdots, \boldsymbol{F}_i^l, \cdots, \boldsymbol{F}_{N_l}^l$ 的 Gram 矩阵，其中 $F_i^l = (F_{i1}^l, F_{i2}^l, \cdots, F_{ij}^l, \cdots, F_{iM_l}^l)$ 。

此处数学符号较多，因此再举一个例子来加深读者对此 Gram 矩阵的理解。假设某一层输出的卷积特征为 10×10×32，即它是一个宽、高均为 10，通道数为 32 的张量。$\boldsymbol{F}_1^l$ 表示第一个通道的特征，它是一个 100 维的向量，$\boldsymbol{F}_2^l$ 表示第二个通道的特征，它同样是一个 100 维的向量，它对应的 Gram 矩阵 G 是

$$\begin{bmatrix} (\boldsymbol{F}_1^l)^{\mathrm{T}}(\boldsymbol{F}_1^l) & (\boldsymbol{F}_1^l)^{\mathrm{T}}(\boldsymbol{F}_2^l) & \cdots & (\boldsymbol{F}_1^l)^{\mathrm{T}}(\boldsymbol{F}_{32}^l) \\ (\boldsymbol{F}_2^l)^{\mathrm{T}}(\boldsymbol{F}_1^l) & (\boldsymbol{F}_2^l)^{\mathrm{T}}(\boldsymbol{F}_2^l) & \cdots & (\boldsymbol{F}_2^l)^{\mathrm{T}}(\boldsymbol{F}_{32}^l) \\ \cdots & \cdots & \cdots & \cdots \\ (\boldsymbol{F}_{32}^l)^{\mathrm{T}}(\boldsymbol{F}_1^l) & (\boldsymbol{F}_{32}^l)^{\mathrm{T}}(\boldsymbol{F}_2^l) & \cdots & (\boldsymbol{F}_{32}^l)^{\mathrm{T}}(\boldsymbol{F}_{32}^l) \end{bmatrix}$$

Gram 矩阵可以在一定程度上反映原始图片中的“风格”。仿照“内容损失”，还可以定义一个“风格损失”(Style Loss)。设原始图像为 $\vec{\boldsymbol{a}}$ ，要还原的风格图像为 $\vec{\boldsymbol{x}}$ ，先计算出原始图像某一层卷积的 Gram 矩阵为 $\boldsymbol{A}^l$ ，要还原的图像 $\vec{\boldsymbol{x}}$ 经过同样的计算得到对应卷积层的 Gram 矩阵是 $\boldsymbol{G}^l$,风格损失定义为

$$L_{style}(\vec{p},\vec{x},l)=\frac{1}{4N_l^2M_l^2}\sum_{i,j}(A_{ij}^l-G_{ij}^l)^2$$

分母上的 $4N_l^2M_l^2$ 是一个归一化项，目的是防止风格损失的数量级相比内容损失过大。在实际应用中，常常利用多层而非一层的风格损失，多层的风格损失是单层风格损失的加权累加，即 $L_{style}(\vec{p},\vec{x})=\sum_l w_l L_{style}(\vec{p},\vec{x},l)$，其中 w_l 表示第 l 层的权重。

利用风格损失，可以还原出图像的风格了。如图 7-3 所示，尝试还原梵高的著名画作《星空》的风格。

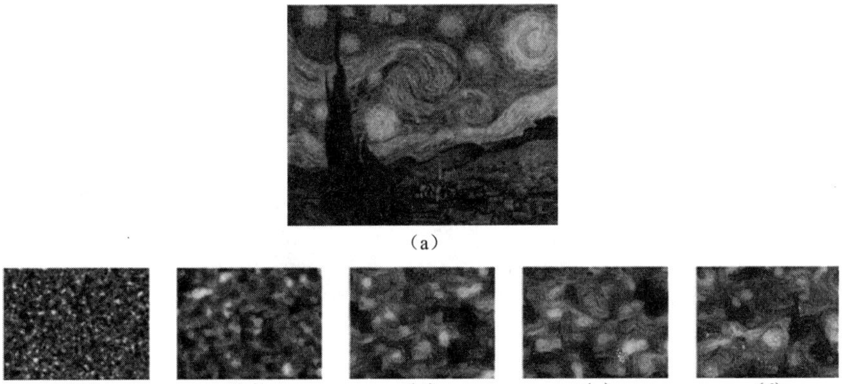

（a）

（b）（c）（d）（e）（f）

图 7-3　利用“风格损失”还原的图像

其中，图 7-3b 是由 conv1_1 的风格损失还原的，图 7-3c 是由 conv1_1，conv2_1 两层的风格损失还原的，图 7-3d 是 conv1_1，conv2_1，conv3_1，图 7-3e 为 conv1_1，conv2_1，conv3_1，conv4_1 风格损失还原的，图 7-3f 为 conv1_1，conv2_1，conv3_1，conv4_1，conv5_1 风格损失还原的。使用浅层还原的“风格图像”的纹理尺度往往比较小，只保留了颜色和局部的纹理（如图 7-3b）；组合深层、浅层还原出的“风格图像”更加真实且接近于原图片（如图 7-3f）。

总结一下，到目前为止介绍的两个内容：

- 利用内容损失还原图像内容。

- 利用风格损失还原图像风格。

那么，可不可以将内容损失和风格损失组合起来，在还原一张图像的同时还原另一张图像的风格呢？答案是肯定的，这是图像风格迁移的基本算法。

设原始的内容图像为 $\vec{p}$ ，原始的风格图像为 $\vec{a}$ ，待生成的图像为 $\vec{x}$ 。希望 $\vec{x}$ 可以保持内容图像 $\vec{p}$ 的内容，同时具备风格图像 $\vec{a}$ 的风格。因此组合 $\vec{p}$ 的内容损失和 $\vec{a}$ 的风格损失，定义总的损失函数为

$$L_{\text{total}}(\vec{p},\vec{a},\vec{x})=\alpha L_{\text{content}}(\vec{p},\vec{x})+\beta L_{\text{style}}(\vec{a},\vec{x})$$

α,β 是平衡两个损失的超参数。如果 α 偏大，还原的图像会更接近 $\vec{p}$ 中的内容，如果 β 偏大，还原的图像会更接近 $\vec{a}$ 的风格。使用总的损失函数可以组合 $\vec{p}$ 的内容和 $\vec{x}$ 的风格，这实现了图像风格的迁移。部分还原的图像如图 7-4 所示。

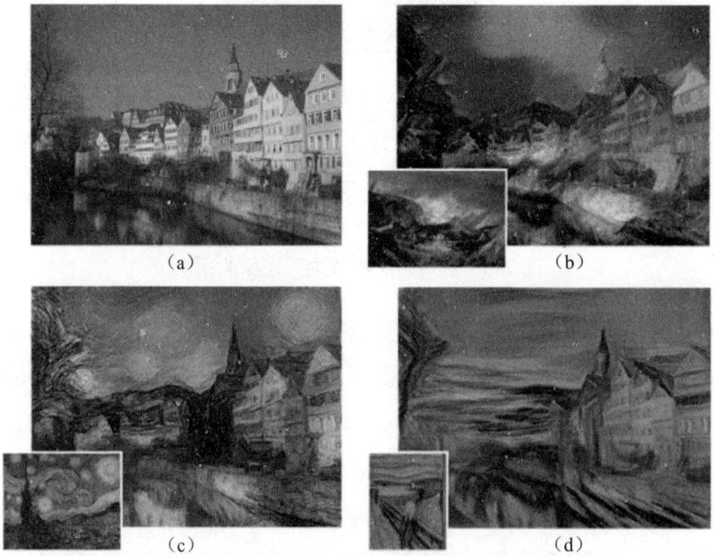

图 7-4　组合内容损失和风格损失还原的图像

以上是原始的图像风格迁移的基本原理。事实上，原始的图像风格迁移速度非常慢，在 CPU 上生成一张图片需要数十分钟甚至几个小时，即使在

GPU 上也需要数分钟才能生成一张较大的图片，这大大限制了这项技术的使用场景。速度慢的原因在于，要用总损失 $L_{\text{total}}(\vec{p},\vec{a},\vec{x})$ 优化图片 $\vec{x}$，这意味着生成一张图片需要几百步梯度下降法的迭代，而每一步迭代都需要耗费大量的时间。从另一个角度看，优化 $\vec{x}$ 可以看作是一个“训练模型”的过程，以往都是针对模型参数训练，而这里训练的目标是图片 $\vec{x}$，而训练模型一般都比执行训练好的模型要慢得多。下一节将会讲到更实用的快速图像风格迁移，它把原来的“训练”的过程变成了一个“执行”的过程，因此大大加快了生成风格化图片的速度。

7.1.2 快速图像风格迁移的原理

原始的图像风格迁移用一个损失 $L_{\text{total}}(\vec{p},\vec{a},\vec{x})$ 来衡量 $\vec{x}$ 是否成功组合了 $\vec{p}$ 的内容和 $\vec{a}$ 的风格。然后以 $L_{\text{total}}(\vec{p},\vec{a},\vec{x})$ 为目标，用梯度下降法来逐步迭代 $\vec{x}$。因为在生成图像的过程中需要逐步对 $\vec{x}$ 做优化，所以速度比较慢。

快速图像风格迁移的方法是：**不使用优化的方法来逐步迭代生成 $\vec{x}$，而是使用一个神经网络直接生成 $\vec{x}$**。对应的网络结构如图 7-5 所示。

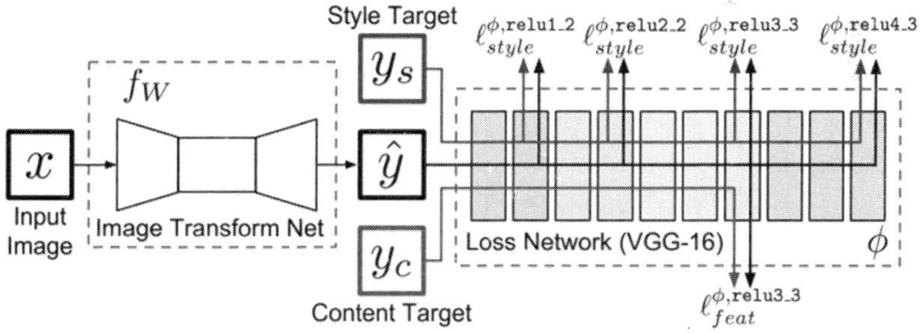

图 7-5　快速图像风格迁移的网络结构

整个系统由两个神经网络组成，它们在图中由两个虚线框分别标出。左边的是图像生成网络，右边是损失网络。损失网络实际上是 VGGNet，这与原始的风格迁移是一致的。同第 7.1.1 节一样，利用损失网络来定义内容损失、风格损失。这个损失用来训练图像生成网络。图像生成网络的职责是生成某一种风格的图像，它的输入是一个图像，输出同样是一个图像。由于生成图像只需要在生成网络中计算一遍，所以速度比原始图像风格迁移提高很多。

同样使用数学符号严格地阐述上面的过程：设输入的图像为 $\vec{x}$，经过图像生成网络生成的图像为 $\vec{y}$。$\vec{y}$ 在内容上应该与原始的内容图像 $\vec{y}_c$ 接近，因此可以利用损失网络定义内容损失 $L_{\text{content}}(\vec{y},\vec{y}_c)$，内容损失使用的是 VGG-16 的 relu3_3 层输出的特征，对应图 7-5 中的 $l_{feat}^{\phi,\text{relu3\_3}}$。另一方面，我们还希望 $\vec{y}$ 具有目标风格图像 $\vec{y}_s$ 的风格，因此又可以定义一个风格损失 $L_{total}(\vec{y},\vec{y}_c,\vec{y}_s)$。定义风格损失时使用了 VGG-16 的四个中间层 relu1_2, relu2_2, relu3_3, relu4_3，对应图中的 $l_{feat}^{\phi,\text{relu1\_2}}$、$l_{feat}^{\phi,\text{relu2\_2}}$、$l_{feat}^{\phi,\text{relu3\_3}}$、$l_{feat}^{\phi,\text{relu4\_3}}$。同样组合这两个损失得到一个总损失 $L_{\text{total}}(\vec{y},\vec{y}_c,\vec{y}_s)$。利用总损失可以训练图像生成网络。训练完成后直接使用图像生成网络生成图像。值得一提的是，在整个训练过程中，一般只固定使用一种风格 $\vec{y}_s$，而内容图像 $\vec{y}_c$ 取和输入 $\vec{x}$ 一样，即 $\vec{y}_s = \vec{x}$。

表 7-1 比较了原始图像风格迁移与快速图像风格迁移。

表 7-1　原始图像风格迁移和快速图像风格迁移的比较

类　型	损失定义	是否需要训练新网络	生成图像的方法
原始图像风格迁移	组合内容损失 L_{content} 与风格损失 L_{style}	否。只需要预训练好的 VGGNet	利用损失，通过梯度下降法计算适合的图像
快速图像风格迁移	组合内容损失 L_{content} 与风格损失 L_{style}	是。除了预训练好的 VGGNet，还需要训练图像生成网络	利用训练好的图像生成网络直接生成

7.2　在 TensorFlow 中实现快速风格迁移

在本节中，首先会介绍代码的结构，然后再讲解如何使用预训练的模型，以及如何自己训练模型，最后说明该项目的一些实现细节。

快速图像风格迁移的项目结构见表 7-2。

表 7-2 快速图像风格迁移的项目结构

文件/文件夹名	用　途
conf/	文件夹中训练模型时的配置文件。每个生成模型都对应一个配置文件，配置文件中包含原始图像风格图像的位置、各个损失的平衡项、最大训练步数等
img/	保存了一些原始图像风格图像。也有一些用于测试的图像
nets/	复制自 TensorFlow Slim 项目的原始文件。TensorFlow Slim 中定义了一些 ImageNet 预训练模型，在本项目中主要使用其中的 VGG16 模型
preprocessing/	
eval.py	用于使用已经训练好的模型进行图像的快速风格转移。提供 7 个预训练的模型
losses.py	用于定义风格损失、内容损失
model.py	用于定义图像生成网络。
reader.py	I/O 接口。将训练图片读入 TensorFlow
train.py	用于训练模型
utils.py	定义了其他一些方便使用的函数
export.py	将模型导出为.pb 文件。初学者可以不用关注 export.py 的用途。
README.md	说明文件

这个项目建立在另一个开源项目 TensorFlow Slim 的基础上，TensorFlow Slim 是基于 TensorFlow 的一个开源的图像分类库，它定义了常用的 ImageNet 模型，而其中的 VGG16 模型正是在定义损失网络时要用到的。

在运行项目前，请确保使用 python 2.7 版本和 TensorFlow 大于 1.0 的版本。并且需要安装 pyyaml 库，安装方法为：

```
pip install pyyaml
```

7.2.1 使用预训练模型

在 chapter_7_data/ 中提供了 7 个预训练模型：wave.ckpt-done、cubist.ckpt-done、denoised_starry.skpt-done、mosaic.ckpt-done、scream.ckpt-done、 feathers. ckpt-done。回到源码目录 chapter_7/，在其中新建一个 models 文件夹，然后把需要使用的模型文件复制到这个文件夹下，如 models/wave.ckpt-done。接下来运行下面的命令可以生成一张风格化图像了：

```
python eval.py --model_file models/wave.ckpt-done --image_file img/test.jpg
```

--model_file 后面指定了预训练的模型的文件位置。如果读者没有把预训练模型保存为 models/wave.ckpt-done，也可以自行替换为相应的文件位置。--image_file 表示需要进行风格化的图像，在这里指定的是 img 目录下名为 test.jpg 的示例图像（见图 7-6），也可以使用自己的图像进行尝试，同样只需要指定合适的文件位置即可。

图 7-6　示例图像（风格化之前，详见彩插）

运行上述命令后，成功风格化的图像会被写到 generated/res.jpg。读者可以打开该文件进行查看。

除了模型 wave.ckpt-done，还可以运行其他的预训练模型。七个预训练模型及其风格化图片效果见表 7-3。

表 7-3 图像七个预训练模型及其风格化图片效果

模型名称	来源介绍	原始风格图像	风格化后的图像
wave	葛饰北斋的著名画作《神奈川冲浪里》		
cubist	现代艺术图片		
denoised_starry	梵高的著名画作《星空》	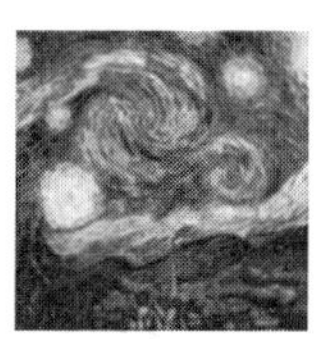	
mosaic	镶嵌玻璃装饰图		
scream	爱德华·蒙克著名画作《呐喊》		

续表

模型名称	来源介绍	原始风格图像	风格化后的图像
feathers	树叶艺术图片		
udnie	弗朗西斯·皮卡比亚的画作《Udnie, Young American Girl》		

7.2.2 训练自己的模型

如何训练自己的图像生成模型？这里以 wave 模型为例，介绍训练模型的全过程。

在训练之前，需要完成两项前期准备工作。首先下载 VGG16 模型，将下载到的压缩包解压后会得到一个 vgg16.ckpt 文件[1]。在 chapter_7/中新建一个文件夹 pretrained，并将 vgg16.ckpt 复制到 pretrained 文件夹中。最后的文件路径是 pretrained/vgg16.ckpt。另外，需要下载 COCO 数据集[2]。将该数据集解压后会得到一个 train2014 文件夹，其中应该含有大量 jpg 格式的图片。Windows 用户请将该文件夹移动到 chapter_7/中。Linux 用户可以不用移动，只要在 chapter_7/中使用下面的命令，建立到 train2014 文件夹的符号连接可以了：

1 下载地址为 http://download.tensorflow.org/models/vgg_16_2016_08_28.tar.gz 。在 chapter_7_data/中也提供了解压好了的 vgg16.ckpt 文件。

2 下载地址为 http://msvocds.blob.core.windows.net/coco2014/train2014.zip。

```
ln -s <到train2014 文件夹的路径> train2014
```

接下来可以训练模型了。以模型 wave 为例，对应的训练命令是:

```
python train.py -c conf/wave.yml
```

该命令的含义是利用已经写好的 conf/wave.yml 文件来训练模型。wave.yml 为配置文件，内容为:

```
# 基础配置
style_image: img/wave.jpg # 指定原始的风格图像
naming: "wave" # 这个模型的名字，一般和图像名保持一致。这个名字决定了 checkpoint 和
events 文件的保存文件夹
model_path: models  # checkpoint 和 events 文件保存的根目录。最后所有的 checkpoint
和 events 文件会被保存在<model_path>/<wave>下

# 各个损失的权重
content_weight: 1.0  # 内容损失的权重
style_weight: 220.0  # 风格损失的权重
tv_weight: 0.0  # total variation 损失的权重。这是原论文中提到的一个损失。在这个项
目中发现设定它的权重为 0 也不会影响收敛，所以没有提及

image_size: 256 # 训练原始图片的大小
batch_size: 4 # 一次 batch 的样本数
epoch: 2 # 跑的 epoch 的运行次数

# 损失网络
loss_model: "vgg_16" # 使用 vgg_16 模型
content_layers:  # 使用 conv3_3 定义内容损失
  - "vgg_16/conv3/conv3_3"
style_layers:  # 使用 conv1_2、conv2_2、conv3_3、conv4_3 定义风格损失
  - "vgg_16/conv1/conv1_2"
  - "vgg_16/conv2/conv2_2"
  - "vgg_16/conv3/conv3_3"
  - "vgg_16/conv4/conv4_3"
checkpoint_exclude_scopes: "vgg_16/fc"  # 只用到卷积层，所以不需要 fc 层
loss_model_file: "pretrained/vgg_16.ckpt"  # 预训练模型 vgg_16.ckpt 对应的位置
```

style_image: img/wave.jpg 定义了原始图像风格图像的位置。naming 和 model_path 两个量定义了最终的 checkpoint 和监控信息，events 文件会被保存在 models/wave 文件夹下。content_weight 和 style_weight 分别定义了内容

损失和风格损失的权重。

读者如果希望训练新的“风格”，可以选取一张风格图片，并编写新的 yml 配置文件。其中，需要把 style_image 修改为新图片所在的位置，并修改对应的 naming。这样就可以进行训练了。最后，可以使用训练完成的 checkpoint 生成图片。在训练新的“风格”时，有可能会需要调整各个损失之间的权重。调整的方法在下一节中进行叙述。

7.2.3 在 TensorBoard 中监控训练情况

在训练过程中，可以打开 TensorBoard 监控训练情况。仍以 wave 模型为例：

```
tensorboard --logdir models/wave/
```

访问 http://localhost:6006 即可打开 TensorBoard 的主界面。训练时最先关心的应该是损失下降的情况。损失主要由风格损失、内容损失两项构成。展开 loss 选项卡可以看到损失的变化情况，如图 7-7 所示。

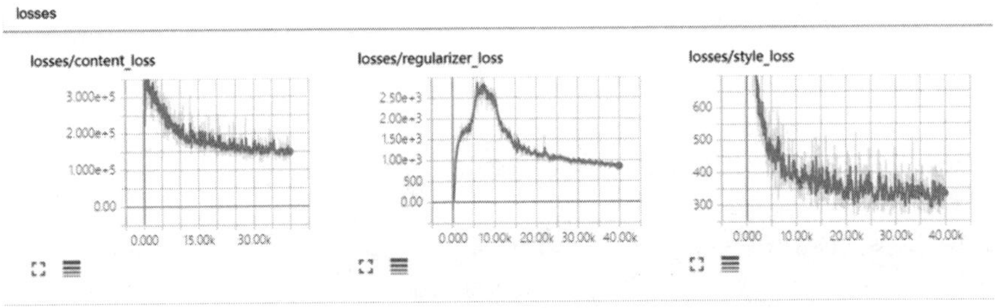

图 7-7　训练时各个损失的变化情况

content_loss 和 style_loss 分别对应了内容损失和风格损失，中间的 regularizer_loss 可以暂时不用理会。最理想的状况是 content_loss 和 style_loss 随着训练不断地下降。在训练的初期可能会出现只有 style_loss 下降而 content_loss 上升的情况，不过这是暂时的，最后两个损失都会出现较为稳定的下降。

打开页面最上方的 IMAGES 选项卡，下方标签为“origin”的图片是从训练集 COCO 中取到的原始图片，而上方标签为“generated”的是模型当前生成的图片，如图 7-8 所示。当图片质量稳定后，可以选择停止训练，取当前的 checkpoint 作为生成模型，也可以继续等待直到程序运行完。

图 7-8　训练时在 TensorBoard 中监控模型生成的图片

当训练新的“风格”时，有时可能还会需要调整配置文件中的 content_weight 和 style_weight。当 content_weight 过大时，观察到的 generated 图像会非常接近原始的 origin 图像。而 style_weight 过大时，会导致图像过于接近原始的风格图像，此时的 generated 图像如图 7-9 所示，几乎看不到 origin 图像的内容。在训练时，需要合理调整 style_weight 和 content_weight 的比重。

图 7-9　style_weight 过大时模型的生成效果

7.2.4 项目实现细节

最后讨论项目的细节。该项目使用了两个网络，即损失网络与图像生成网络。损失网络为 VGG16 模型，用的是 TenorFlow Slim 中已经写好的代码，图像生成网络可以自己进行定义。

1. 损失网络、图像生成网络的定义与引用

损失网络使用 TenorFlow Slim 的 VGG16 模型，它的实际定义位置是在 nets/vgg.py 文件中，不过没有必要知道它的详细源码，只需要了解是如何在训练过程中引用它的。

而图像生成网络在 models.py 中定义，它的关键代码如下：

```
# 定义图像生成网络
def net(image, training):
    # 一开始在图片的上下左右加上一些额外的“边框”，目的是消除边缘效应
    image = tf.pad(image, [[0, 0], [10, 10], [10, 10], [0, 0]], mode='REFLECT')

    # 三层卷积层
    with tf.variable_scope('conv1'):
        conv1 = relu(instance_norm(conv2d(image, 3, 32, 9, 1)))
    with tf.variable_scope('conv2'):
        conv2 = relu(instance_norm(conv2d(conv1, 32, 64, 3, 2)))
    with tf.variable_scope('conv3'):
        conv3 = relu(instance_norm(conv2d(conv2, 64, 128, 3, 2)))

    # 仿照 ResNet 定义一些跳过连接
    with tf.variable_scope('res1'):
        res1 = residual(conv3, 128, 3, 1)
    with tf.variable_scope('res2'):
        res2 = residual(res1, 128, 3, 1)
    with tf.variable_scope('res3'):
        res3 = residual(res2, 128, 3, 1)
    with tf.variable_scope('res4'):
        res4 = residual(res3, 128, 3, 1)
    with tf.variable_scope('res5'):
        res5 = residual(res4, 128, 3, 1)
    # 定义卷积之后定义反卷积
    # 反卷积不采用通常的转置卷积的方式，而是采用先放大，再做卷积的方式
    # 这样可以消除噪声点
```

```
    with tf.variable_scope('deconv1'):
        # deconv1 = relu(instance_norm(conv2d_transpose(res5, 128, 64, 3, 2)))
        deconv1 = relu(instance_norm(resize_conv2d(res5, 128, 64, 3, 2,
training)))
    with tf.variable_scope('deconv2'):
        # deconv2 = relu(instance_norm(conv2d_transpose(deconv1, 64, 32, 3,
2)))
        deconv2 = relu(instance_norm(resize_conv2d(deconv1, 64, 32, 3, 2,
training)))
    with tf.variable_scope('deconv3'):
        # deconv_test = relu(instance_norm(conv2d(deconv2, 32, 32, 2, 1)))
        deconv3 = tf.nn.tanh(instance_norm(conv2d(deconv2, 32, 3, 9, 1)))

    # decanv3 是经过 tanh 函数得到的输出值，所以它的值域范围是-1~1
    # 知道 RGB 图像的像素范围是 0~255，所以这里对 deconv3 进行这样的缩放
    y = (deconv3 + 1) * 127.5

    # 最后，去除一开始为了防止边缘效应而加入的“边框”
    height = tf.shape(y)[1]
    width = tf.shape(y)[2]
    y = tf.slice(y, [0, 10, 10, 0], tf.stack([-1, height - 20, width - 20,
-1]))

    return y
```

图像生成网络的原理主要是先对图像进行卷积计算，然后再进行“反卷积”计算。相当于对图像进行编码，然后再还原为图像。在“反卷积”的过程中，一般使用转置卷积，但在这里可能会导致一些堆叠的噪声。此处，使用 resize_conv2d 来代替转置卷积，它的原理是先对图片放大，然后再进行卷积计算。此外，还有一些提高图像质量的小技巧。比如使用所谓的 instance normalization 代替常用的 batch normalization。关于 instance normalization、转置卷积的详细原理，读者可以参阅相关资料进行了解，这里不再详细展开了。

定义好图像生成网络和损失网络后，可以在训练时引用。相应的代码在 train.py 文件中：

```
# network_fn 是损失网络的函数。因为不需要对损失函数训练，所以定义 is_training=False
network_fn = nets_factory.get_network_fn(
    FLAGS.loss_model,
```

```
    num_classes=1,
    is_training=False)

# 损失网络中要用的图像的预处理函数
image_preprocessing_fn, image_unprocessing_fn = preprocessing_
factory.get_preprocessing(
    FLAGS.loss_model,
    is_training=False)

# 读入训练图像
processed_images = reader.image(
    FLAGS.batch_size, FLAGS.image_size, FLAGS.image_size,
    'train2014/', image_preprocessing_fn, epochs=FLAGS.epoch)

# 此处引用图像生成网络。model.net 是图像生成网络， generated 是生成的图像
# 设置 training=True，因为要训练该网络
generated = model.net(processed_images, training=True)

# 将生成的图像 generated 同样使用 image_preprocessing_fn 进行处理
# 因为 generated 同样需要送到损失网络中计算 loss
processed_generated = [
    image_preprocessing_fn(image, FLAGS.image_size, FLAGS.image_size)
    for image in tf.unstack(generated, axis=0, num=FLAGS.batch_size)
]

processed_generated = tf.stack(processed_generated)

# 将原始图像、生成图像送到损失网络中
# 这里将它们合并后再送到网络中计算，因为统一的计算可以加快速度
# 将原始图像、生成图像送到损失网络并计算后，将使用结果 endpoints_dict 计算损失
_, endpoints_dict = network_fn(tf.concat([processed_generated, processed_
images], 0), spatial_squeeze=False)
```

2. 内容损失和风格损失的定义

损失的定义基本由文件 loss.py 中的函数完成。先来介绍如何定义内容损失：

```
# endpoints_dict 是上一节提到的损失网络各层的计算结果
# content_layers 是定义使用哪些层的差距计算损失，默认配置是 conv3_3
def content_loss(endpoints_dict, content_layers):
    content_loss = 0
    for layer in content_layers:
```

```
    # 在上一节中把生成图像、原始图像同时传入损失网络中计算
    # 所以这里需要先把它们区分开
    # 读者可以参照函数tf.concat与tf.split的文档理解此处的内容
    generated_images, content_images = tf.split(endpoints_dict[layer], 2, 0)
        size = tf.size(generated_images)
        # 所谓内容损失，是生成图片的激活generated_images与原始图片激活
content_images
        # 的L2距离
        content_loss += tf.nn.l2_loss(generated_images - content_images) * 2
/ tf.to_float(size)
    return content_loss
```

再看如何定义风格损失：

```
# 定义风格损失
# endpoints_dict是损失网络各层的计算结果
# style_layers为定义使用哪些层计算风格损失。默认为conv1_2、conv2_2、conv3_3、
conv4_3
# style_features_t是利用原始的风格图片计算的层的激活
# 如在wave模型中是img/wave.jpg计算的激活
def style_loss(endpoints_dict, style_features_t, style_layers):
    style_loss = 0
    # summary是为TensorBoard服务的
    style_loss_summary = {}
    for style_gram, layer in zip(style_features_t, style_layers):
        # 计算风格损失，只需要计算生成图片generated_images与目标风格
        # style_features_t的差距。因此不需要取出content_images
        generated_images, _ = tf.split(endpoints_dict[layer], 2, 0)
        size = tf.size(generated_images)
        # 调用gram函数计算Gram矩阵。风格损失定义为生成图片与目标风格Gram矩阵的L2 Loss
        layer_style_loss = tf.nn.l2_loss(gram(generated_images) - style_gram)
* 2 / tf.to_float(size)
        style_loss_summary[layer] = layer_style_loss
        style_loss += layer_style_loss
    return style_loss, style_loss_summary
```

在 train.py 中，直接利用上面的函数可以得到总的损失：

```
# 定义内容损失
content_loss = losses.content_loss(endpoints_dict, FLAGS.content_ layers)
# 定义风格损失
style_loss, style_loss_summary = losses.style_loss(endpoints_dict,
style_features_t, FLAGS.style_layers)
```

```
# 定义tv损失，该损失在实际训练中并没有被用到，因为在训练时都采用tv_weight=0
tv_loss = losses.total_variation_loss(generated) # use the unprocessed
image

# 总损失是这些损失的加权和，最后利用总损失优化图像生成网络即可
loss = FLAGS.style_weight * style_loss + FLAGS.content_weight * content_loss
+ FLAGS.tv_weight * tv_loss
```

3. 确定训练、保存的变量

在本项目中，只需要训练图像生成网络中的变量，而不需要训练损失网络中的变量。在把模型保存成 checkpoint 时，也只需要保存图像生成网络中的变量。TenorFlow 会默认训练、保存所有变量，因此必须把需要训练和需要保存的变量找出来，这也是本项目中的一个注意点。对应的代码同样在 train.py 中：

```
# 找出需要训练的变量
variable_to_train = []
# 使用tf.trainable_variables()找出所有可训练的变量
for variable in tf.trainable_variables():
    # 如果不在损失网络中，把它们加入列表variable_to_train
    if not(variable.name.startswith(FLAGS.loss_model)):
        variable_to_train.append(variable)
# 定义训练步骤时指定var_list=variable_to_train。这样不会训练损失网络
train_op = tf.train.AdamOptimizer(1e-3).minimize(loss, global_step=
global_step, var_list=variable_to_train)

# 找出所有需要保存的变量
variables_to_restore = []
# 用tf.global_variables()找出所有变量
for v in tf.global_variables():
    # 不在损失网络中则加入列表variables_to_restore
    if not(v.name.startswith(FLAGS.loss_model)):
        variables_to_restore.append(v)
# 定义Saver时指定只会保存variables_to_restore
saver = tf=.train.Saver(variables_to_restore,write_version=tf.train.
SaverDef.V1)
```

7.3 总结

本章首先详细介绍了原始图像风格迁移的基本原理，其中内容损失、风格损失两种损失函数的定义尤为关键。接着介绍了快速图像风格迁移的原理，并学习了如何使用 TenorFlow 实现快速图像风格迁移。最后一起研究了项目中的一些实现细节。相信通过本章的介绍，读者可以基本掌握风格迁移这一领域的基本思想与 TenorFlow 中相应的实现方法。

拓展阅读

- 关于第 7.1.1 节中介绍的原始的图像风格迁移算法，可以参考论文 *A Neural Algorithm of Artistic Style* 进一步了解其细节。关于第 7.1.2 节中介绍的快速风格迁移，可以参考论文 *Perceptual Losses for Real-Time Style Transfer and Super-Resolution*。
- 在训练模型的过程中，用 Instance Normalization 代替了常用的 Batch Normalization，这可以提高模型生成的图片质量。关于 Instance Normalization 的细节，可以参考论文 *Instance Normalization: The Missing Ingredient for Fast Stylization*。
- 尽管快速迁移可以在 GPU 下实时生成风格化图片，但是它还有一个很大的局限性，即需要事先为每一种风格训练单独的模型。论文 *Arbitrary Style Transfer in Real-time with Adaptive Instance Normalization* 中提出了一种“Arbitrary Style Transfer”算法，可以为任意风格实时生成风格化图片，读者可以参考该论文了解其实现细节。

第 8 章 GAN 和 DCGAN 入门

GAN 的全称为 Generative Adversarial Networks，意为对抗生成网络。原始的 GAN 是一种无监督学习方法，它巧妙地利用“对抗”的思想来学习生成式模型，一旦训练完成后可以生成全新的数据样本。DCGAN 将 GAN 的概念扩展到卷积神经网络中，可以生成质量较高的图片样本。GAN 和 DCGAN 在各个领域都有广泛的应用，本章会先向读者介绍它们的原理，再介绍如何在 TensorFlow 中使用 DCGAN 生成图像，关于 GAN 和 DCGAN 的更多项目会在接下来的章节中进行介绍。

8.1 GAN 的原理

GAN的基本原理其实非常简单。可以把GAN看作一个生成数据的工具，这里以生成图片数据为例进行讲解，实际 GAN 可以应用到任何类型的数据。

假设有两个网络，生成网络 *G*(Generator)和判别网络 *D*(Discriminator)。它们的功能分别是：

- *G* 负责生成图片，它接收一个随机的噪声 z，通过该噪声生成图片，将

生成的图片记为 $G(z)$。

- D 负责判别一张图片是不是“真实的”。它的输入是 x，x 代表一张图片，输出 $D(x)$表示 x 为真实图片的概率，如果为 1，代表是真实图片的概率为 100%，而输出为 0，代表不可能是真实的图片。

在训练过程中，生成网络 G 的目标是尽量生成真实的图片去欺骗判别网络 D。而 D 的目标是尽量把 G 生成的图片和真实的图片区分开来。这样，G 和 D 构成了一个动态的“博弈”，这是 GAN 的基本思想。

最后博弈的结果是什么？在最理想的状态下，G 可以生成足以“以假乱真”的图片 $G(z)$。对于 D 来说，它难以判定 G 生成的图片究竟是不是真实的，因此 $D(G(z)) = 0.5$。此时得到了一个生成式的模型 G，它可以用来生成图片。

下面用数学化的语言来描述这个过程。假设用于训练的真实图片数据是 x，图片数据的分布为$p_{\text{data}}(x)$，之前说 G 能够“生成图片”，实际是 G 可以学习到的真实数据分布$p_{\text{data}}(x)$。噪声 z 的分布设为$p_{\boldsymbol{z}}(\boldsymbol{z})$，$p_{\boldsymbol{z}}(\boldsymbol{z})$是已知的，而$p_{\text{data}}(x)$是未知的。在理想情况下，$G(z)$的分布应该尽可能接近$p_{\text{data}}(x)$，$G$ 将已知分布的 z 变量映射到了未知分布 x 变量上。

根据交叉熵损失，可以构造下面的损失函数

$$V(D,G) = E_{x\sim P_{\text{data}}(x)}\left[\ln D(x)\right] + E_{z\sim p_z(z)}\left[\ln(1-D(G(z)))\right]$$

损失函数中的$E_{x\sim}P_{\text{data}}(x)$是指直接在训练数据 x 中取的真实样本，而$E_{\boldsymbol{z}\sim p\boldsymbol{z}(\boldsymbol{z})}$是指从已知的噪声分布中取的样本。对于这个损失函数，需要认识下面几点：

- 整个式子由两项构成。x 表示真实图片，z 表示输入 G 网络的噪声，而 $G(z)$表示 G 网络生成的图片。
- $D(x)$表示 D 网络判断真实图片是否真实的概率（因为 x 是真实的，所以对于 D 来说，这个值越接近 1 越好）。而 $D(G(z))$是 D 网络判断 G 生成的图片是否真实的概率。
- G 的目的：G 应该希望自己生成的图片“越接近真实越好”。也是说，

G 希望 $D(G(z))$尽可能得大，这时 $V(D, G)$会变小。

- D 的目的：D 的能力越强，$D(x)$应该越大，$D(G(x))$应该越小。因此 D 的目的和 G 不同，D 应该希望 $V(D,G)$越大越好。

在实际训练中，使用梯度下降法，对 D 和 G 交替做优化即可，详细的步骤为：

第 1 步：从已知的噪声分布$p_{\mathbf{z}(\mathbf{z})}$中选出一些样本$\{\mathbf{z}^{(1)}, \mathbf{z}^{(2)}, \cdots, \mathbf{z}^{(m)}\}$。

第 2 步：从训练数据中选出同样个数的真实图片$\{x^{(1)}, x^{(2)}, \cdots, x^{(m)}\}$。

第 3 步：设判别器 D 的参数为 θ_d，求出损失关于参数的梯度 $\nabla \frac{1}{m} \sum_{i=1}^{m} [\ln D(x^{(i)}) + \ln(1 - D(G(z^{(i)})))]$，对 θ_d 更新时加上该梯度。

第 4 步：设生成器 G 的参数为 θ_g，求出损失关于参数的梯度 $\nabla \frac{1}{m} \sum_{i=1}^{m} [\ln(1 - D(G(z^{(i)})))]$，对 θ_g 更新时减去该梯度。

在上面的步骤中，每对 D 的参数更新一次，便接着更新一次 G 的参数。有时还可以对 D 的参数更新 k 次后再更新一次 G 的参数，这些要根据训练的实际情况进行调整。另外，要注意的是，由于 D 是希望损失越大越好，G 是希望损失越小越好，所以它们一个是加上梯度，一个是减去梯度。

当训练完成后，可以从 $P_z(z)$ 随机取出一个噪声，经过 G 运算后可以生成符合 $P_{\text{data}}(x)$ 的新样本。

8.2 DCGAN 的原理

DCGAN 的全称是 Deep Convolutional Generative Adversarial Networks，意即深度卷积对抗生成网络，它是由 Alec Radford 在论文 *Unsupervised Representation Learning with Deep Convolutional Generative Adversarial Networks* 中提出的。从名字上来看，它是在 GAN 的基础上增加深度卷积网络结构，专门生成图像样本。下面一起来学习 DCGAN 的原理。

上一节详细介绍了 *D*、*G* 的输入输出和损失的定义，但关于 *D*、*G* 本身的结构并没有做过多的介绍。事实上，GAN 并没有对 *D*、*G* 的具体结构做出任何限制。DCGAN 中的 *D*、*G* 的含义以及损失都和原始 GAN 中完全一致，但是它在 *D* 和 *G* 中采用了较为特殊的结构，以便对图片进行有效建模。

对于判别器 *D*，它的输入是一张图像，输出是这张图像为真实图像的概率。在 DCGAN 中，判别器 *D* 的结构是一个卷积神经网络，输入的图像经过若干层卷积后得到一个卷积特征，将得到的特征送入 Logistic 函数，输出可以看作是概率。

对于生成器 *G*，它的网络结构如图 8-1 所示。

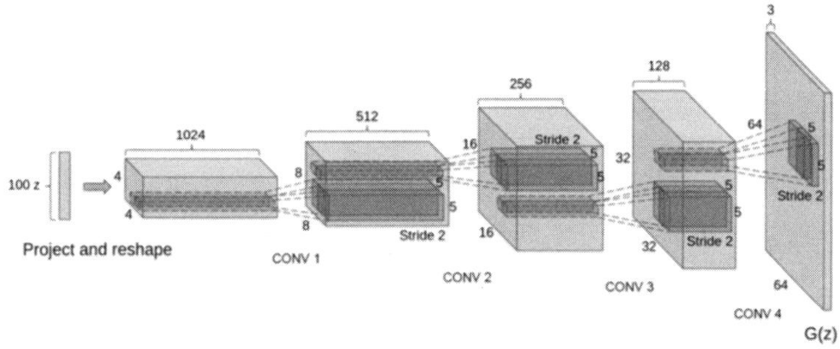

图 8-1　DCGAN 中生成器 *G* 的网络结构

G 的输入是一个 100 维的向量 *z*。它是之前所说的噪声向量。*G* 网络的第一层实际是一个全连接层，将 100 维的向量变成一个 4×4×1024 维的向量，从第二层开始，使用转置卷积做上采样，逐渐减少通道数，最后得到的输出为 64×64×3，即输出一个三通道的宽和高都为 64 的图像。

此外，*G*、*D* 还有一些其他的实现细节：

- 不采用任何池化层（Pooling Layer），在判别器 *D* 中，用带有步长（Stride）的卷积来代替池化层。
- 在 *G*、*D* 中均使用 Batch Normalization 帮助模型收敛。
- 在 *G* 中，激活函数除了最后一层都使用 ReLU 函数，而最后一层使用 tanh 函数。使用 tanh 函数的原因在于最后一层要输出图像，而图像的像素值是有一个取值范围的，如 0~255。ReLU 函数的输出可能会很大，而 tanh 函数的输出是在-1~1 之间的，只要将 tanh 函数的输出加 1 再乘以 127.5，可以得到 0~255 的像素值。

- 在 D 中，激活函数都使用 Leaky ReLU 作为激活函数。

以上是 DCGAN 中 D 和 G 的结构，损失的定义以及训练的方法和第 8.1 节中描述的完全一致。Alec Radford 使用 DCGAN 在 LSUN 数据集上进行无监督学习，LSUN 是一个场景理解图像数据集，主要包含了卧室、厨房、客厅、教室等场景图像。在 LSUN 的卧室数据集上，DCGAN 生成的图像如图 8-2 所示。

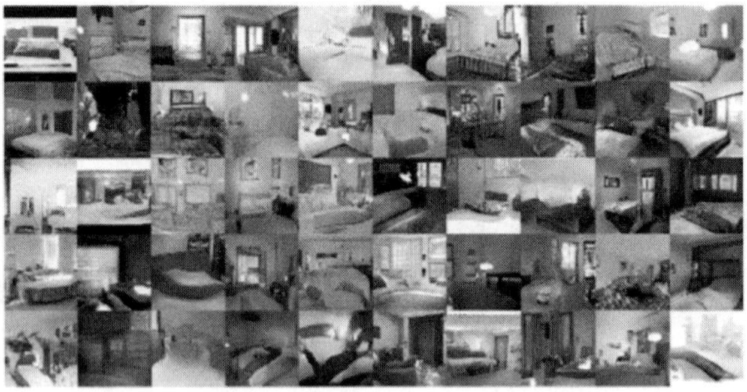

图 8-2　在 LSUN 数据集上 DCGAN 的生成结果

除了使用 G 生成图像之外，还可以将 G 的输入信号 z 看作生成图像的一种表示。假设图片 A 对应的输入为 z_A，图片 B 对应的输入为 z_B，可以在 z_A 和 z_B 之间做插值，并使用 G 生成每一个插值对应的图片，对应的结果如图 8-3 所示。每一行的最左边可以看作图片 A，而每一行的最右边可以看作图片 B，DCGAN 可以让生成的图像以比较自然的方式从 A 过渡到 B，并保证每一张过渡图片都是卧室的图片。如图 8-3 所示的第六行中，一间没有窗户的卧室逐渐变化成了一间有窗户的卧室，在第四行中，一间有电视的卧室逐渐变化成了一间没有电视的卧室，原来电视的位置被窗帘取代，所有这些图片都是机器自动生成的！

图 8-3 利用 DCGAN 做图像表示的“插值”

实验证明，不仅可以对输入信号 z 进行过渡插值，还可以对它进行更复杂的运算。如图 8-4 所示，用代表“露出笑容的女性”的 z，减去“女性”，再加上“男性”，最后得到了“露出笑容的男性”。

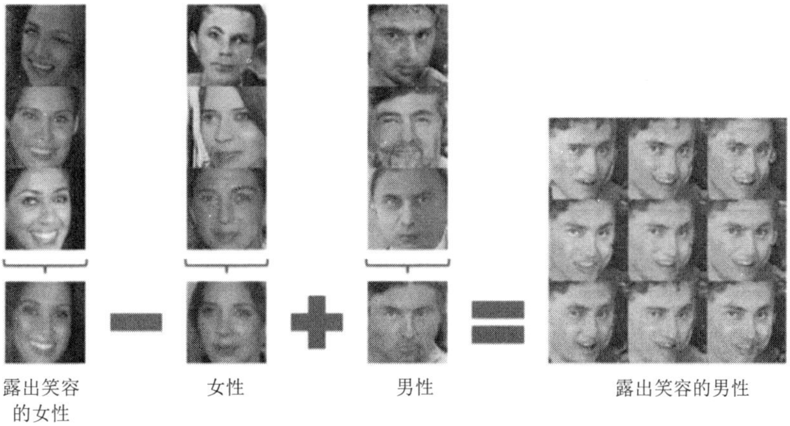

图 8-4 利用 DCGAN 做图像表示的运算

8.3 在 TensorFlow 中用 DCGAN 生成图像

本节会以 GitHub 上的一个 DCGAN 项目[1]介绍 TensorFlow 中的 DCGAN

1 https://github.com/carpedm20/DCGAN-tensorflow。

实现。利用该代码主要去完成两件事情，一是生成 MNIST 手写数字，二是在自己的数据集上训练。还会穿插讲解该项目的数据读入方法、数据可视化方法。

8.3.1 生成 MNIST 图像

先做一个简单的小实验：生成 MNIST 手写数字。

运行如下代码会下载 MNIST 数据集到 data/mnist 文件夹中。

```
python download.py mnist
```

download.py 依赖一个名为 tqdm 的库，如果运行报错，可以先使用 pip install tqdm 安装该库。

> **注意：** 当下载数据集时，如果出现网络问题导致下载中断，在再次下载时必须先删除 data/mnist 文件夹，否则 download.py 会自动跳过下载。

下载完成后，使用下面的命令即可开始训练：

```
python main.py --dataset mnist --input_height=28 --output_height=28 --train
```

参数的含义会在下面的小节中进行详细的介绍，先来关注运行该命令后屏幕上显示的信息：

```
Epoch: [ 0] [   0/1093] time: 1.3796, d_loss: 1.98534405, g_loss: 1.00085092
Epoch: [ 0] [   1/1093] time: 2.4533, d_loss: 1.52663827, g_loss: 0.77011657
Epoch: [ 0] [   2/1093] time: 3.1682, d_loss: 1.49811697, g_loss: 0.74105167
Epoch: [ 0] [   3/1093] time: 3.8956, d_loss: 1.41015983, g_loss: 0.71385753
Epoch: [ 0] [   4/1093] time: 4.6103, d_loss: 1.40052330, g_loss: 0.72069585
Epoch: [ 0] [   5/1093] time: 5.2970, d_loss: 1.39107466, g_loss: 0.71104574
```

Epoch[0] [0/1093]表示当前为第 0 个 epoch，每个 epoch 内有 1093 步，当前为第 0 步。默认会在 MNIST 数据集上运行 25 个 epoch。每隔一段时间，程序会把生成的模型保存在 checkpoint/mnist_64_28_28/文件夹中。此外，每隔 100 步，程序都会使用当前的 *G* 生成图像样本，并将图像保存在 samples 文件夹中。这些自动生成的图像以 train 开头，如 train_20_0299.png 表示是第 20 个 epoch 第 299 步生成的图像。根据这些图像，可以得知当前生成 *G* 的性能，从而决定是否可以停止训练。

运行完 25 个 epoch 时，生成的效果如图 8-5 所示。

图 8-5　在 MNIST 数据集上训练产生的样本

8.3.2　使用自己的数据集训练

本节介绍如何使用自己的图片数据集进行训练。首先需要准备好图片数据并将它们裁剪到统一大小。在数据目录 chapter_8_data/中已经准备好了一个动漫人物头像数据集 faces.zip。在源代码的 data 目录中新建一个 anime 目录（如果没有 data 目录可以自行新建），并将 faces.zip 中所有的图像文件解压到 anime 目录中。最后形成的项目结构为：

```
项目根目录/
    data
        anime/
            图片.jpg
            ……
    main.py
```

在项目根目录中运行下面的命令即可开始训练：

```
python main.py --input_height 96 --input_width 96 \
          --output_height 48 --output_width 48 \
          --dataset anime --crop --train \
          --epoch 300 --input_fname_pattern "*.jpg"
```

这里将参数设置为一共会训练 300 个 epoch，实际可能并不需要那么多，读者同样可以观察 samples 文件夹下生成的样本图像来决定应该训练多少个 epoch。

在训练 1 个 epoch 后，产生的样本图像如图 8-6 所示，此时只有模糊的边框（产生的图片在 samples 文件夹中）。

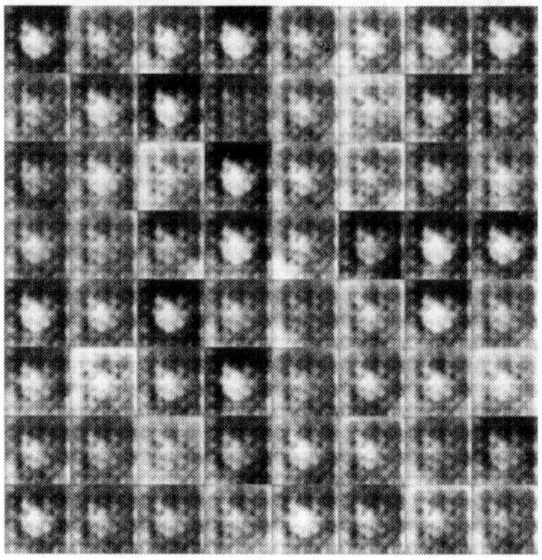

图 8-6　使用自己的数据集训练 1 个 epoch 的生成效果

在训练 5 个 epoch 后，产生的样本如图 8-7 所示。

在训练 50 个 epoch 后，产生的样本如图 8-8 所示，此时模型已经基本收敛了。

图 8-7　使用自己的数据集训练 5 个 epoch 的生成效果

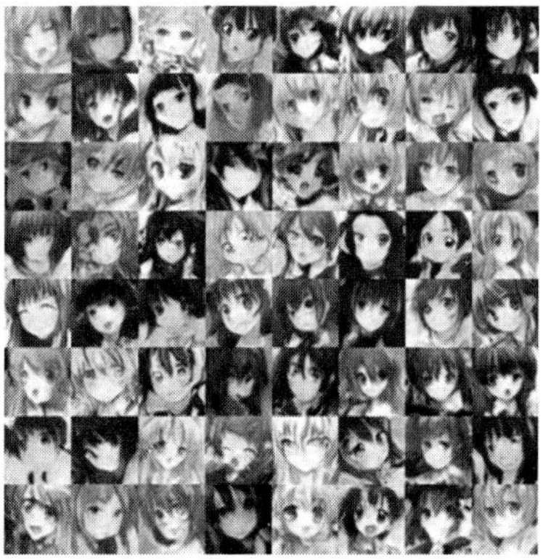

图 8-8　GAN 模型自动生成的图像（详见彩插）

使用已经训练好的模型进行测试的对应命令为：

```
python main.py --input_height 96 --input_width 96 \
            --output_height 48 --output_width 48 \
            --dataset anime --crop
```

8.3.3　程序结构分析：如何将图像读入模型

如果读者对第 8.3.1、8.3.2 节中的命令仍有所疑惑，本节，会结合程序源码，对这些输入参数进行详细的分析。项目所有的功能入口为文件 main.py，因此，先来看下 main.py 的大体结构。在这个文件中，首先定义了一些参数，然后将参数统一保存到变量 FLAGS 中，接着根据这些参数调用 DCGAN()

新建一个模型，并保存到变量 dcgan 中。接下来的代码为：

```
# 如果参数中指定为 train，那么调用 train 方法进行训练
if FLAGS.train:
  dcgan.train(FLAGS)
else:
  # 如果不需训练，直接去载入已经训练好的模型
  if not dcgan.load(FLAGS.checkpoint_dir)[0]:
    raise Exception("[!] Train a model first, then run test mode")

# 无论是进行训练还是直接执行，都会调用 visualize 方法进行可视化
OPTION = 0
visualize(sess, dcgan, FLAGS, OPTION)
```

根据这段代码，在输入命令时，如果指定了--train，会进行训练，如果不指定--train，会载入已保存的模型，无论是进行训练还是不进行训练，都会调用 visualize 方法进行可视化。

以上是该项目的整体逻辑。下面介绍输入的命令行和输入图像有关的参数处理。即--input_height、--input_width、--output_height、--output_width、--dataset、--crop、--input_fname_pattern 这些参数。

首先是--dataset、--input_fname_pattern 两个参数。在 model.py 中，找到下列代码：

```
# mnist 单独处理
if self.dataset_name == 'mnist':
  self.data_X, self.data_y = self.load_mnist()
  self.c_dim = self.data_X[0].shape[-1]
else:
  # 在训练时，使用 self.data 中的数据
  # 是 data、dataset_name、self.input_fname_pattern
  self.data = glob(os.path.join("./data", self.dataset_name, self.
input_fname_ pattern))
  # 检查图片的通道数。一般是 3 通道彩色图像
  imreadImg = imread(self.data[0]);
  if len(imreadImg.shape) >= 3:
    self.c_dim = imread(self.data[0]).shape[-1]
  else:
    self.c_dim = 1
```

对于 MNIST 数据，程序是使用一个 load_mnist()函数单独处理的。而对于自己的数据集，程序会在 data 文件夹下根据 dataset 和 input_fname_pattern 两个变量找图像文件。这里的 self.dataset_name 是输入参数 dataset，self.input_fname_pattern 是输入参数 input_fname_pattern。如输入 dataset 为 anime、input_fname_pattern 为*.jpg，程序会自动寻找路径为 data/anime/*.jpg 的所有图片，即 data/anime 目录下的所有 jpg 图像。

读入所有图片的文件名后，又会做哪些操作呢？这涉及--input_height、--input_width、--crop、--output_height、--output_width 五个参数。首先要说明的一点是，如果输入时不指定--input_width，那么它的值会和--input_height 的值相同；同样，如果不指定--output_width，那么它的值会和--output_height 相同。即 main.py 中的：

```
if FLAGS.input_width is None:
  FLAGS.input_width = FLAGS.input_height
if FLAGS.output_width is None:
  FLAGS.output_width = FLAGS.output_height
```

读入的图片文件名首先经过以下操作（该部分代码在 main.py 中）：

```
# mnist 单独操作
if config.dataset == 'mnist':
  batch_images = self.data_X[idx*config.batch_size:(idx+1)*config.
batch_size]
  batch_labels = self.data_y[idx*config.batch_size:(idx+1)*config.
batch_size]
else:
  # self.data 是所有图像文件名，batch_files 是取出一个 batch_size 文件的文件名
  batch_files = self.data[idx*config.batch_size:(idx+1)*config.
batch_size]
  # 调用 get_image 函数对每一个图像进行处理
  batch = [
      get_image(batch_file,
              input_height=self.input_height,
              input_width=self.input_width,
              resize_height=self.output_height,
              resize_width=self.output_width,
              crop=self.crop,
              grayscale=self.grayscale) for batch_file in batch_files]
```

```
# 区分灰度和彩色图
if self.grayscale:
  batch_images = np.array(batch).astype(np.float32)[:, :, :, None]
else:
  batch_images = np.array(batch).astype(np.float32)
```

self.data 是之前说的存放所有图像文件路径的列表，每次都从该列表中取出 batch_size 大小的子集 batch_files，对于 batch_files 中的每一个文件路径，调用 get_image 函数进行处理。

get_image 函数在 utils.py 中，在此直接列出所有用到的函数：

```
# get_image 函数。实际是读入图像后直接使用 transform 函数。
def get_image(image_path, input_height, input_width,
          resize_height=64, resize_width=64,
          crop=True, grayscale=False):
  image = imread(image_path, grayscale)
  return transform(image, input_height, input_width,
              resize_height, resize_width, crop)

# transform 函数
def transform(image, input_height, input_width,
          resize_height=64, resize_width=64, crop=True):
  if crop:
    # 中心 crop 之后 resize
    cropped_image = center_crop(
      image, input_height, input_width,
      resize_height, resize_width)
  else:
    # 直接 resize
    cropped_image = scipy.misc.imresize(image, [resize_height, resize_
width])
  # 标准化处理
  return np.array(cropped_image)/127.5 - 1.


# 中心 crop，再进行缩放
def center_crop(x, crop_h, crop_w,
            resize_h=64, resize_w=64):
  if crop_w is None:
    crop_w = crop_h
  h, w = x.shape[:2]
  j = int(round((h - crop_h)/2.))
```

```
 i = int(round((w - crop_w)/2.))
 return scipy.misc.imresize(
    x[j:j+crop_h, i:i+crop_w], [resize_h, resize_w])
```

get_image 函数实际调用了 transform 函数。transform 函数又使用了 center_crop 函数。而 center_crop 函数的功能是：在图片中心截取高为 crop_h 像素，宽为 crop_w 像素的图片，再缩放为 resize_h 乘 resize_w 的大小。

再看 transform 函数，对输入图像的处理有两种方法。当指定--crop 后，会调用 center_crop 函数。根据调用关系，这里的 input_height 和 input_width 是输入的--input_height 和--input_width 参数，而 resize_height 和 resize_width 是输入的--output_height 和--output_width 参数。因此，实际是在图像中心截取高为 input_height 乘以 input_width 的小块，并放缩到 output_height 乘以 output_width 的大小。此外，如果不指定参数--crop，不去截取图像，而是直接缩放到 output_height 乘 output_width。

这样的话，之前的执行指令非常好理解了。下面的命令：

```
python main.py --input_height 96 --input_width 96\
    --output_height 48 --output_width 48\
    --dataset anime --crop --train --epoch 300 --input_fname_pattern
"*.jpg"
```

对应的含义是：

- 找出 data/anime/下所有 jpg 格式的图像。
- 将这些图像中心截取 96×96 的小块，并缩放到 48×48 像素。
- 因为有--train 参数，所以执行训练。

最后还有一个参数--epoch 没有解释，这个参数含义很好理解，代表执行的 epoch 数目。

8.3.4 程序结构分析：可视化方法

在训练好模型或者载入已有模型后，都会调用 visualize 方法进行可视化，即 main.py 中的如下代码：

```
OPTION = 0
visualize(sess, dcgan, FLAGS, OPTION)
```

visualize 函数在 utils.py 中。简单查看后可以发现该函数的输入参数 option 支持 0、1、2、3、4 一共 5 个值。在 main.py 中直接更改 OPTION 的值可以使用不同的可视化方法。这里以 option=0 和 option=1 为例进行介绍。

option=0 的可视化方法：

```
# image_frame_dim是batch_size开方之后向上取整的值
image_frame_dim = int(math.ceil(config.batch_size**.5))

if option == 0:
   # 生成batch_size个z噪声
   z_sample = np.random.uniform(-0.5, 0.5, size=(config.batch_size,
dcgan.z_dim))
   # 根据batch_size个z噪声生成batch_size张图片
   samples = sess.run(dcgan.sampler, feed_dict={dcgan.z: z_sample})
   # 将所有图片拼合成一张图片
   # 这一张图片的格式为image_frame_dim乘以image_frame_dim
   save_images(samples, [image_frame_dim, image_frame_dim], './samples/
test_%s.png' % strftime("%Y%m%d%H%M%S", gmtime()))
```

程序首先根据 batch_size 的值计算出一个 image_frame_dim。这个值实际上是 batch_size 开方后再向上取整的结果。如默认的 batch_size 为 64，那么对应的 image_frame_dim 值是 8。

接着随机生成一些噪声 z 并保存为变量 z_sample，它的形状为(batch_size, z_dim)，后者 z_dim 是单个噪声本身具有的维度，默认为 100，这也和原始论文中的网络结构保持一致。在默认情况下，将生成一个形状为(64, 100)的 z_sample，z_sample 中的每个值都在-0.5~0.5 之间。将它送入网络中，可以得到 64 张图像并放在 samples 中，最后调用 save_images 函数将 64 张图像组合为一张 8×8 的图像，如图 8-9 所示。

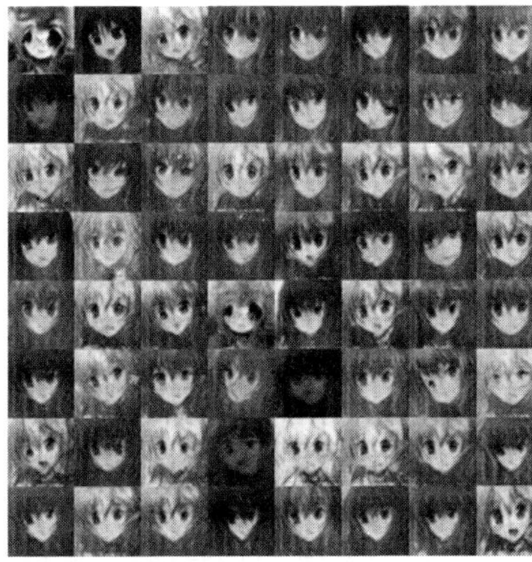

图 8-9　使用 option=0 的可视化方法产生的图片

再看 option=1 的可视化方法：

```
elif option == 1:
  # values 是和batch_size 等长的向量，从 0~1 递增
  values = np.arange(0, 1, 1./config.batch_size)
  # 会生成 100 张图片
  for idx in xrange(100):
    print(" [*] %d" % idx)
    # 这里的 z_sample 大多数值都是 0
    z_sample = np.zeros([config.batch_size, dcgan.z_dim])
    # 实际上是把 z_sample 的第 idx 列变成 values
    for kdx, z in enumerate(z_sample):
      z[idx] = values[kdx]

    if config.dataset == "mnist":
      # 对 mnist 分开处理
      y = np.random.choice(10, config.batch_size)
      y_one_hot = np.zeros((config.batch_size, 10))
      y_one_hot[np.arange(config.batch_size), y] = 1
      samples = sess.run(dcgan.sampler,
          feed_dict={dcgan.z: z_sample, dcgan.y: y_one_hot})
    else:
      samples = sess.run(dcgan.sampler, feed_dict={dcgan.z: z_sample})

    save_images(samples,
      [image_frame_dim, image_frame_dim], './samples/test_arange_%s. png' %
(idx))
```

option=1 的可视化方法会生成 100 张和 option=0 中差不多的图片。每个 z_sample 中的数字大多数都是 0，其中第 idx（idx 从 0~99）列变成一个事先定义好的向量 values。因此每个 z_sample 中各个图片对应的改变很小。图 8-10 展示了使用 option=1 进行可视化生成的图片（变化比较细微）。

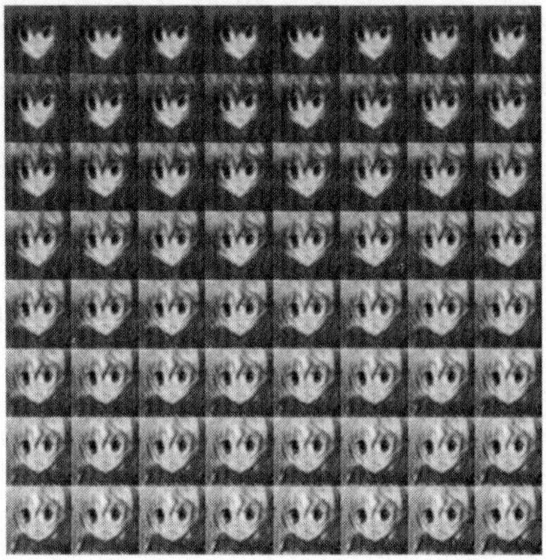

图 8-10　GAN 模型隐空间中的插值可视化（详见彩插）

剩下的几种可视化方法读者可以自行参阅源码进行分析。注意 option=2、3、4 的几种方法都依赖一个名为 moviepy 的库。可以使用 pip install moviepy 安装，并保证 import moviepy.editor as mpy 不会出错。

8.4　总结

本章首先讲解了 GAN 和 DCGAN 的原理，接着介绍了一个非常有趣的项目：在 TensorFlow 中利用 DCGAN 生成图片。最后，以输入图像和可视化方法两部分为例，分析了 DCGAN 项目的源码。希望读者能够通过本章的介绍，掌握 GAN 的思想以及 DCGAN 的使用方法。

拓展阅读

- 本章只讲了 GAN 结构和训练方法，在提出 GAN 的原始论文 *Generative Adversarial Networks* 中，还有关于 GAN 收敛性的理论证明以及更多实验细节，读者可以阅读来深入理解 GAN 的思想。
- 有关 DCGAN 的更多细节，可以阅读其论文 *Unsupervised Representation Learning with Deep Convolutional Generative Adversarial Networks*。
- 除了本章所讲的 GAN 和 DCGAN 外，还有研究者对原始 GAN 的损失函数做了改进，改进后的模型可以在某些数据集上获得更稳定的生成效果，相关的论文有：*Wasserstein GAN*、*Least Squares Generative Adversarial Networks*。
- 相比一般的神经网络，训练 GAN 往往会更加困难。Github 用户 Soumith Chintala 收集了一份训练 GAN 的技巧清单：https://github.com/soumith/ganhacks，在实践中很有帮助。

第 9 章 pix2pix 模型与自动上色技术

前一章介绍了 GAN 的基本原理以及如何使用 GAN 来生成样本，还有用于生成图像样本的一种特殊的 GAN 结构——DCGAN。本章会介绍 cGAN，与原始 GAN 使用随机噪声生成样本不同，cGAN 可以根据指定标签生成样本。接着会介绍 pix2pix 模型，它可以看作是 cGAN 的一种特殊形式。最后会做一个实验：在 TensorFlow 中使用 pix2pix 模型对灰度图像自动上色。

9.1 cGAN 的原理

使用 GAN 可以对样本进行无监督学习，然后生成全新的样本。但是这里还有一个问题：**虽然能生成新的样本，但是却无法确切控制新样本的类型**。如使用 GAN 生成 MNIST 数字，虽然可以生成数字，但生成的结果是随机的（因为是根据输入的随机噪声生成图片），没有办法控制模型生成的具体数字。

如果希望控制生成的结果，例如给生成器输入数字 1，那么它只会生成数字为 1 的图像，应该怎么办呢？这实际上是 cGAN 可以解决的问题。

先来回忆 GAN 的输入和输出：

- 生成器 G，输入为一个噪声 $\boldsymbol{z}$，输出一个图像 $G(\boldsymbol{z})$。
- 判别器 D，输入为一个图像 $\boldsymbol{x}$，输出该图像为真实的概率 $D(\boldsymbol{x})$。

cGAN 的全称为 Conditional Generative Adversarial Networks，即条件对抗生成网络，它为生成器、判别器都额外加入了一个条件 y，这个条件实际是希望生成的标签。生成器 G 必须要生成和条件 y 匹配的样本，判别器不仅要判别图像是否真实，还要判别图像和条件 y 是否匹配。cGAN 的输入输出为：

- 生成器 G，输入一个噪声 $\boldsymbol{z}$，一个条件 y，输出符合该条件的图像 $G(\boldsymbol{z}|y)$。
- 判别器 D，输入一张图像 $\boldsymbol{x}$，一个条件 y，输出该图像在该条件下的真实概率 $D(\boldsymbol{x}|y)$。

cGAN 的基本结构如图 9-1 所示。

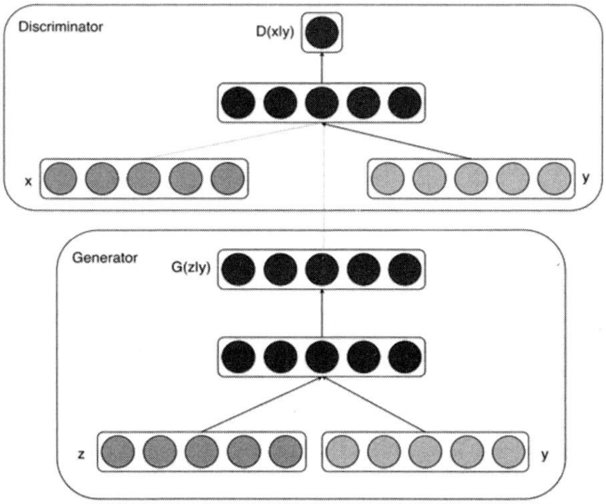

图 9-1　cGAN 的基本结构

在原始的 GAN 中，优化目标为：

$$V(D,G)=E_{x\sim p_{\text{data}}}[\log D(\boldsymbol{x})]+E_{\boldsymbol{z}\sim p_{\boldsymbol{z}}(\boldsymbol{z})}[\ln(1-D(G(\boldsymbol{z})))]$$

在 cGAN 中，只需要做简单的修改，向优化目标中加入条件 y 即可：

$$V(D,G)=E_{x\sim p_{\text{data}}}[\ln D(\boldsymbol{x}|y)]+E_{\boldsymbol{z}\sim p_{\boldsymbol{z}}(\boldsymbol{z})}[\ln(1-D(G(\boldsymbol{z}|y)))]$$

以 MNIST 为例，生成器 G 和判别器 D 的输入输出是

- G 输入一个噪声 z，一个数字标签 y(y 的取值范围是 0~9)，输出和数字标签相符合的图像 $G(z|y)$。
- D 输入一个图像 $\boldsymbol{x}$，一个数字标签 y，输出图像和数字符合的概率 $D(\boldsymbol{x}|y)$。

显然，在训练完成后，向 G 输入某个数字标签和噪声，可以生成对应数字的图像。

9.2 pix2pix 模型的原理

都知道所谓的“机器翻译”，比如将一段中文翻译成英文。在图像领域，也有类似的“图像翻译”(Image-to-Image Translation)问题，如图 9-2 所示。

图 9-2　“图像翻译”问题的输入和输出

- 将街景的标注图像变为真实照片。
- 将建筑标注图像转换为照片。
- 将卫星图像转换为地图。
- 将白天的图片转换为夜晚的图片。
- 将边缘轮廓线转换为真实物体。

使用传统的方法很难解决这类图像翻译问题。而这个小节要介绍的 pix2pix 模型使用了 cGAN，可以用同样的网络结构处理这类问题。

pix2pix 模型的结构如图 9-3 所示。

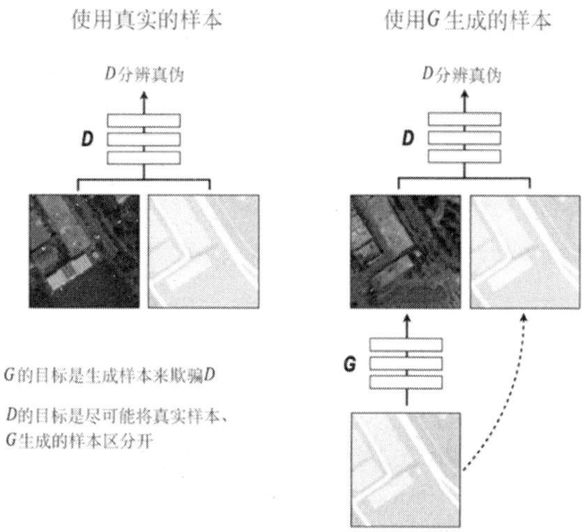

图 9-3　pix2pix 模型的结构

它和 cGAN 的结构类似，同样是由生成器 G、判别器 D 两个网络组成。设要将 Y 类型的图像转换为 X 类型的图像，G、D 的任务分别为：

- G 的输入是一个 Y 类图像 y（这个 y 实际上等同于上一节所讲的 cGAN 的 y），输出为生成图像 $G(y)$。
- D 的输入为一个 X 类图像 x，一个 Y 类图像 y。D 需要判断 x 图像是否是真正的 y 对应的图像，并输出一个概率。

这个框架和 cGAN 只有一点不同，是 G 缺少一个噪声 z 的输入。因为在实验中发现，即便给 G 输入一个噪声 z，G 也只是学会将其忽略并生成图像，噪声 z 对输出结果的影响微乎其微。所以，为了模型的简洁性，可以把噪声 z 去掉。

有了 D 和 G 后，可以定义一个和 cGAN 一模一样的损失 L_{cGAN}。在实验中发现，除了使用 L_{cGAN} 外，还可以在生成图像和真实图像之间加上 L_1 或者

L_2 损失，这可以加快模型收敛并提高生成图像的精度。设(x,y)是一个真实的图片对，G 生成的图像是 $G(y)$，那么 $G(y)$应该接近真实的图像 $\boldsymbol{x}$，因此，可以在 $G(y)$和 $\boldsymbol{x}$ 之间定义下面的 L_1 损失

$$L_1 = ||\boldsymbol{x} - G(y)||_1$$

图 9-4 展示了使用不同损失训练产生的图片。最左边一列是输入 G 的图像，左边第二列为真实图像，接着依次是使用 L_1 损失、cGAN 损失以及 cGAN+L_1 损失训练的模型自动生成的图像。可以发现，如果不使用 cGAN 的损失，那么生成的图像会很模糊，使用 cGAN 的损失可以大大改进这一点。使用 L_1+cGAN 损失的效果比只使用 cGAN 损失的略好。

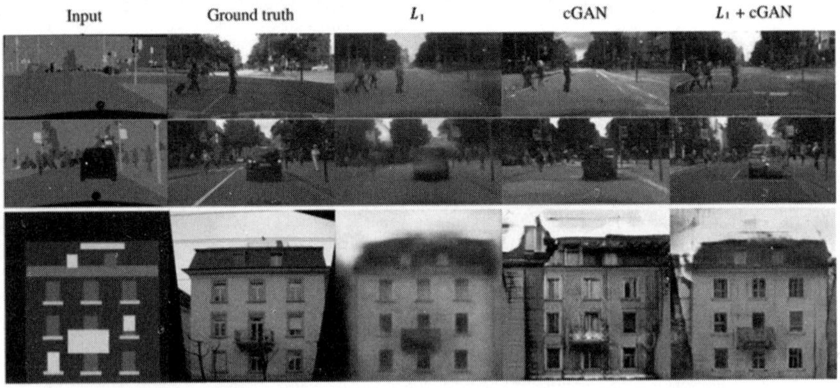

图 9-4　真实图片、使用 L_1 损失、cGAN 损失、L+cGAN 损失训练生成的图像对比

除了损失外，pix2pix 模型还对判别器的结构做了一定的小改动。之前都是对整张图片输出一个是否真实的概率。pix2pix 模型提出了一种 PatchGAN 的概念。PatchGAN 对图片中每个 N×N 的小块(Patch)计算概率，然后再将这些概率求平均值作为整体的输出。这样做可以加快计算速度以及加快收敛。

图 9-5 比较了 PatchGAN 和对整张图片进行计算的效果。最左边的一张图是不使用 GAN 而使用 L_1 损失，往右依次是使用 1×1、16×16、70×70、256×256 的 PatchGAN。由于图片的尺寸是 256，因此 256×256 的 PatchGAN 等价于原来对图像整体计算概率。从图中可以看出，使用 1×1 和 16×16 的

Patch GAN 产生的图片效果不算很好，原因在于 Patch 取得太小了。但 70×70 的 PatchGAN 产生的图片已经和图像整体计算并没有太大差别了。

图 9-5　使用不同尺寸的 PatchGAN 生成的图像

以上是 pix2pix 模型的基本原理，它本质上还是一个 cGAN，只是针对图片翻译问题，对 G 和 D 的某些细节做了调整。

9.3　TensorFlow 中的 pix2pix 模型[1]

9.3.1　执行已有的数据集

提供的代码结构比较简单，接下来会用到几个代码文件，见表 9-1。

表 9-1　几个代码文件

文　件	作　用
pix2pix.py	项目的入口文件。训练模型和执行已有模型都要通过这个文件进行
tools/download-dataset.py	下载已有的几个数据集
tools/process.py	用于创建自己的数据集，将图片整理为给定格式
tools/split.py	将数据集随机分割为训练集和验证集

首先，通过 Facades 数据集感受这个项目。Facades 数据集包含了建筑的外观图像和建筑的标注。建筑的标注同样是图像形式，用不同颜色的色块表示不同的类别。Facades 数据集将建筑外观分为墙壁、窗户、门、檐口等 12 个类别。在项目根目录下运行下面的命令可以下载已经整理格式的

1 本节参考了项目 https://github.com/affinelayer/pix2pix-tensorflow。

Facades 数据集：

```
python tools/download-dataset.py facades
```

下载的文件存放在当前目录的 facades 文件夹下，一共分为 train、val、test 三个部分。图 9-6 展示了该数据集的一个训练样本。

图 9-6　Facades 数据集的训练图片示例

在这个 TensorFlow pix2pix 项目中，所有的样本图像都将两张图像并列放在一起。左边的称为 A 类图像，右边的称为 B 类图像，如图 9-7 所示。当训练模型时，可以指定是将 A 类图像“翻译”为 B 类图像，还是将 B 类图像“翻译”为 A 类图像。

图 9-7　单张图像样本的格式

在 Facades 数据集中，希望程序能从图像的标注出发，生成真实的建筑图像。因此，根据图像的排列顺序，应该指定将 B 类图像转换成 A 类图像，在项目根目录中运行下面的命令可以训练一个这样的模型：

```
python pix2pix.py \
  --mode train \
  --output_dir facades_train \
```

```
--max_epochs 200 \
--input_dir facades/train \
--which_direction BtoA
```

参数的含义为：

- --mode train：表示要从头训练模型。后面还会指定--mode test，表示使用已有模型进行测试。
- --output_dir facades_train：在训练过程中，会把模型自动保存到这个 output_dir 中，此外还会保存 events 日志。因此如果要启动 TensorBoard 观察训练情况，应该指定 TensorBoard 的 logdir 为 facades_train。即运行指令 tensorboard --logdir facades_train
- --max_epochs 200：这个参数很好理解，是执行的 epoch 数。因为 Facades 数据集图片较少，所以这里执行的 epoch 比较多。
- --input_dir facades/train：表示使用的训练数据。读者可以打开 facades/train 文件夹进行查看，应该会发现这些训练数据说的都是 A、B 类图像并排的形式。
- --which_direction BtoA：表示应该将 B 类图像转换为 A 类图像。也可以指定--which_direction AtoB，会训练将 A 类图像转换为 B 类图像的模型。

在训练过程中，或者等待训练完成后，都可以执行测试，对应的命令为：

```
python pix2pix.py \
  --mode test \
  --output_dir facades_test \
  --input_dir facades/val \
  --checkpoint facades_train
```

此时参数的含义：

- --mode test：之前是指定--mode train 进行训练。这里是进行测试。
- --output_dir facades_test：测试的 output_dir 会保存测试集中所有图片的结果。以及一个可视化的 html 文件。
- --input_dir facades/val：执行测试的文件。这个文件夹中有许多和 facades/train 目录下类似的图像样本，会使用已经训练好的模型对这些图像样本进行转换。

- --checkpoint facades_train：因为之前将模型保存到了 facades_train 文件夹中，所以在测试时同样指定 facades_train 文件夹恢复已保存的模型。

执行测试后，在 facades_test 文件夹下，会产生一个 index.html 文件。打开它后，可以看到一个可视化展示生成结果的网页，如图 9-8 所示。

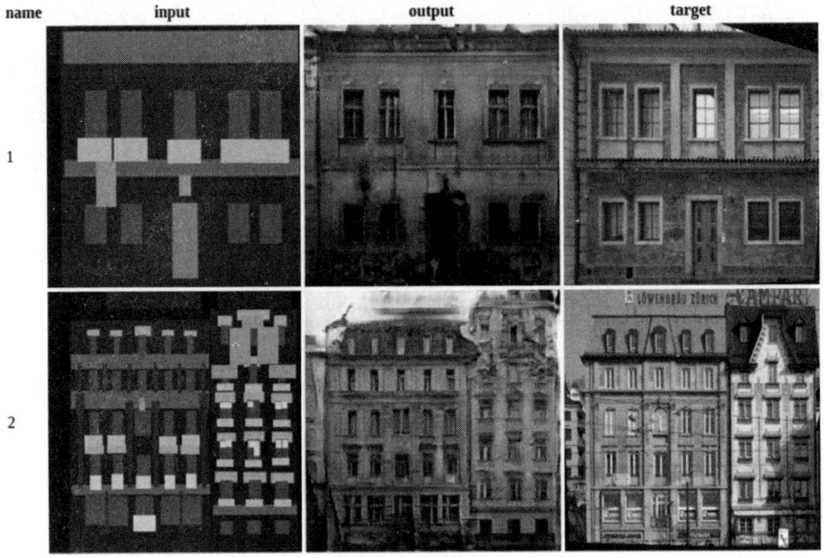

图 9-8　训练好的模型的生成效果

图 9-8 的第一列是输入模型的建筑标签，第二列是模型根据标签自动生成的图像，第三列是第一列的标签对应的真实图像。训练结果说明，此模型确实可以将建筑的标签自动“翻译”为真实的建筑，十分神奇。

此外，不仅可以通过 index.html 来查看结果，还可以在 facades_test/images 文件夹下直接找到所有输入、输出和真实图像。

除了使用 Facades 数据集外，原项目还提供了几个已经整理好的数据集。给出了这些数据集的下载方式、大小以及示例，读者可以仿照 Facades 数据集的训练方式自行尝试，见表 9-2。

表 9-2　项目预设的几个数据集

说　明	下载指令	示　例
Facades 数据集中的 400 张图片。大小为 31MB	python tools/download-dataset.py facades	
Cityscapes 训练数据集中的 2975 张图片。包含了街景图片和对应的标签。大小为 113MB	python tools/download-dataset.py cityscapes	
谷歌地图中的 1000 多张图片。包含了卫星图像和对应的地图。大小为 246MB	python tools/download-dataset.py maps	
UT Zappos50K 中的 5 万张图片。大小为 2.2GB	python tools/download-dataset.py edges2shoes	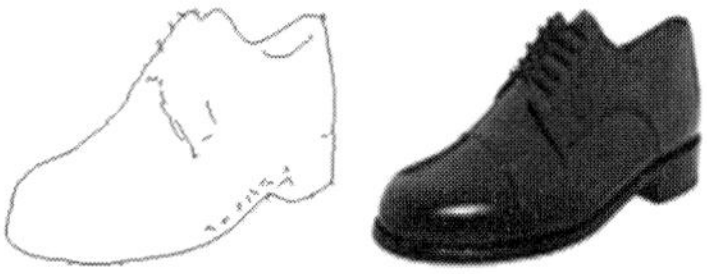
iGAN 项目中的 13 万张图片。大小为 8.6GB	python tools/download-dataset.py edges2handbags	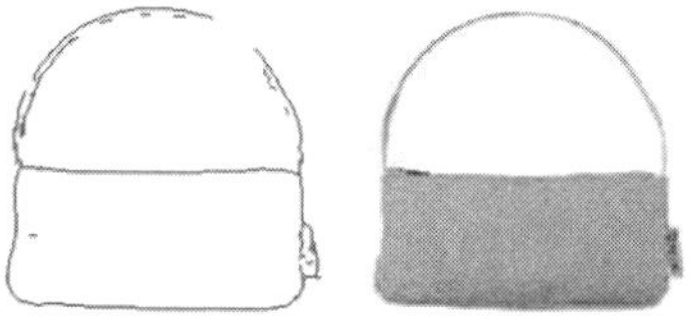

9.3.2　创建自己的数据集

如何使用自己的数据集进行训练呢？其实，只需要通过程序，将训练数据也整理为之前所说的 A、B 图像并列排列的形式，然后使用第 9.3.1 节中对应的指令进行训练和测试就可以了。

在 pix2pix 项目中，提供了几个脚本来帮助创建自己的数据集，其中包含了一些常用的转换操作，现在来看下如何使用这些脚本。

1. 将图片缩放到同样的大小

原始的图片可能尺寸不一，但该项目要求所有训练的 A 类和 B 类图片都具有相同的宽和高，因此首先要对图片进行缩放。使用下面的命令可以将图片缩放到相同的大小：

```
python tools/process.py \
  --input_dir photos/original \
  --operation resize \
  --output_dir photos/resized
```

其中，--input_dir 指定了原始图片保存的位置。所有缩放处理后的图片将保存在--output_dir 参数指定的文件夹下。

2. 转换图像并合并

希望可以对 A 类图像做某种操作以生成对应的 B 类图像，如图 9-9 所示，将 A 类图像的中间挖去了一部分像素，生成对应的 B 类图像。

图 9-9　A 类图像将挖去中心像素后得到 B 类图像

可以使用提供的脚本来完成这种转换，并将转换后的图像合起来变成一个训练样本。对应的命令是：

```
python tools/process.py \
  --input_dir photos/resized \
```

```
  --operation blank \
  --output_dir photos/blank

python tools/process.py \
  --input_dir photos/resized \
  --b_dir photos/blank \
  --operation combine \
  --output_dir photos/combined
```

参数的含义应该都比较好理解。先指定了--operation blank，即在图片中央挖去一部分像素，并将生成的图片保存在 photos/blank 目录下。接着使用--operation combine 将 A 类和 B 类图像结合起来，结合后的样本保存在 photos/combined 下。

图像处理的整个过程如图 9-10 所示。

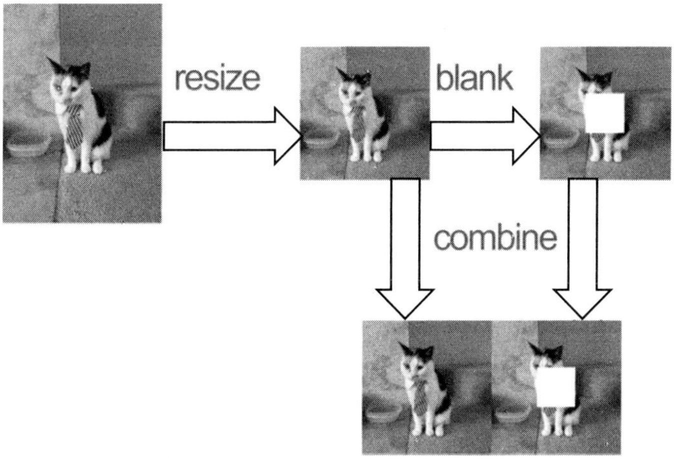

图 9-10　生成并列图像样本的全过程

3. 分割数据集

最后，还可能想把数据集分割为训练集和验证集，对应的命令为：

```
python tools/split.py \
  --dir photos/combined
```

执行命令之后，在 photos/combined 目录下又会生成两个新的文件夹：train 和 val。分别存放训练和验证数据。

9.4 使用 TensorFlow 为灰度图像自动上色

在 pix2pix 项目中，已为“灰度图像上色”这一特殊的图像翻译问题做了特别的处理。不需要将图像存放成 A、B 并列的形式，只需要将彩色图像保存成统一的大小就可以进行训练了。在训练时，代码会自动将图片转换为灰度图，并将灰度图作为 A 类图片，对应的彩色图作为 B 类图片，训练一个从 A 转换到 B 的模型。

在 chapter_9_data/中提供了两个已经整理好的数据集，分别保存为 food_resized.zip 和 anime_resized.zip。前者为一系列食物的图像，后者为动漫图像。它们都已经缩放到统一的大小，并使用第 9.3.2 节中的脚本划分好训练和测试集。

9.4.1 为食物图片上色

先来训练一个可以为灰度的食物图片进行自动上色的模型。将提供的 food_resized.zip 文件解压到目录~/datasets/colorlization/下，最终形成的文件夹结构应该是：

```
~/datasets
   colorlization/
      food_resized/
          train/
          val/
```

train/文件夹下保存了用于训练的图像，val/文件夹下保存了用于验证的图像，所有的图像大小都是统一的。读者可以不必和此处的路径~/datasets/colorlization/保持一致，使用不同路径的话，只需要改变下面运行指令的对应部分即可。

执行训练的命令为：

```
python pix2pix.py \
  --mode train \
  --output_dir colorlization_food \
```

```
  --max_epochs 70 \
  --input_dir ~/datasets/colorlization/food_resized/train \
  --lab_colorization
```

和第 9.3.1 节中的训练指令唯一有区别的地方是，这里指定了--lab_colorization，这样不需要将样本保存成 A、B 图像并列的形式，指定这个标签后会自动训练为灰度图像上色的模型。训练的模型和日志都保存在 colorlization_food 文件夹下。

执行验证的命令为：

```
python pix2pix.py \
  --mode test \
  --output_dir colorlization_food_test \
  --input_dir ~/datasets/colorlization/food_resized/val \
  --checkpoint colorlization_food
```

打开文件夹 colorlization_food_test，可以利用其中的 index.html 查看测试的结果。此时因为图片非常多，可能会发生浏览器崩溃而无法查看的情况，此时不用担心，可以直接打开 images 文件夹查看结果。其中名字带有“inputs”的图像是输入模型得到灰度图，名字带有“outputs”的图像是自动上色后的图像，而名字带有“targets”的图像是真实的图像。

部分结果如图 9-11 所示，从左到右依次为灰度图、自动上色的图像、真实图像。

图 9-11　为黑白食物图像自动上色

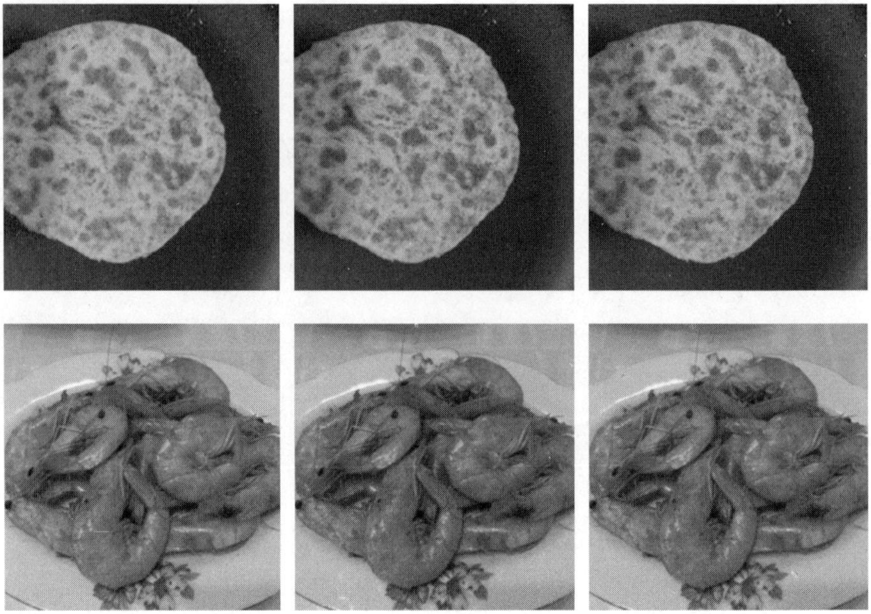

图 9-11　为黑白食物图像自动上色（续，详见彩插）

9.4.2　为动漫图片上色

仿照第 9.4.1 节中的步骤，将动漫图像数据集 anime_reized.zip 解压到 ~/datasets/colorlization/目录下，形成的文件夹结构为：

```
~/datasets
   colorlization/
      anime_resized/
          train/
          val/
```

训练的对应指令为：

```
python pix2pix.py \
  --mode train \
  --output_dir colorlization_anime \
  --max_epochs 5 \
  --input_dir ~/datasets/colorlization/anime_resized/train \
  --lab_colorization
```

验证模型的对应指令为：

```
python pix2pix.py \
  --mode test \
  --output_dir colorlization_anime_test \
  --input_dir ~/datasets/colorlization/anime_resized/val \
  --checkpoint colorlization_anime
```

部分验证结果如图 9-12 所示，从左到右依次为灰度图、自动上色的图像、原图。

图 9-12　为动漫图像自动上色（详见彩插）

读者还可以使用自己的图片直接进行测试。只需将命令中的--input_dir 指定为图片所在的文件夹，并且重新指定一个--output_dir 保存结果即可。

9.5 总结

本章的出发点是 cGAN，它是 GAN 的一个变体。cGAN 可以在某种条件下生成样本，因此可以根据标签生成数据。接着介绍了 pix2pix 模型，它是一种特殊的 cGAN，可以较好解决一类“图像翻译”问题。最后，介绍了一个 TensorFlow 中的 pix2pix 项目，并使用它对灰度图进行自动上色。

拓展阅读

- 本章主要讲了 cGAN 和 pix2pix 两个模型。读者可以参考它们的原始论文 *Conditional Generative Adversarial Nets* 和 *Image-to-Image Translation with Conditional Adversarial Networks* 学习更多细节。
- 针对 pix2pix 模型，这里有一个在线演示 Demo，已经预训练好了多种模型，可以在浏览器中直接体验 pix2pix 模型的效果：https://affinelayer.com/pixsrv/。

第 10 章 超分辨率：如何让图像变得更清晰

所谓超分辨率，就是指用某种方法提高图像的分辨率，从而让图像变得更加清晰。本章会使用上一章的 pix2pix 项目代码实现简单的 4 倍超分辨率重建，此外还会深入讲解 pix2pix 的代码实现。

10.1 数据预处理与训练

本章的目标是训练一个 pix2pix 模型，它可以将模糊的图片转换成清晰的图片。为此，首先要准备好“图片对”数据，一个图片对包含两张图片，一张是清晰的图片，一张是模糊的图片。

10.1.1 去除错误图片

首先需要准备一些原始图片，此处以 COCO 数据集为例。先下载 COCO

2014 数据集[1]，解压后会得到一个 train2014 文件夹，文件夹中包含很多图片。读者可以选用其他图片数据集或自己的图像数据，只需要将下面指令中的文件夹目录进行修改即可。

在原始的图像数据中，可能存在一些格式错误的文件，这些文件在训练时会导致程序异常退出。另外，在训练 pix2pix 模型时，必须使用三通道图像。有时图像中会包含一些单通道灰度图像（上述的 COCO 数据集就有一些），这些图像会影响到模型的训练，必须要进行删除。

这里给大家写好了一个脚本 delete_broken_img.py，使用该脚本可以去除图像中的异常或单通道图像：

```
import tensorflow as tf
from glob import glob
import os
import argparse
import logging
from PIL import Image
import traceback

# 递归取出 dir_path 下所有 jpg 文件
def glob_all(dir_path):
    pic_list = glob(os.path.join(dir_path, '*.jpg'))
    inside = os.listdir(dir_path)
    for dir_name in inside:
        if os.path.isdir(os.path.join(dir_path, dir_name)):
            pic_list.extend(glob_all(os.path.join(dir_path, dir_name)))
    return pic_list


def parse_args():
    parser = argparse.ArgumentParser()
    parser.add_argument('-p', '--dir-path', default='data/')
    return parser.parse_args()

if __name__ == '__main__':
    logging.basicConfig(level=logging.INFO)
    args = parse_args()
```

1 下载地址为 http://msvocds.blob.core.windows.net/coco2014/train2014.zip。

```
all_pic_list = glob_all(args.dir_path)
for i, img_path in enumerate(all_pic_list):
    try:
        sess = tf.Session()
        with open(img_path, 'rb') as f:
            img_byte = f.read()
            # 判断图像是否损坏，如果损坏就会抛出异常
            img = tf.image.decode_jpeg(img_byte)
            data = sess.run(img)
            # 判断图像是否拥有三个通道，如果通道数不为 3，就抛出异常
            if data.shape[2] != 3:
                print(data.shape)
                raise Exception
        tf.reset_default_graph()
        img = Image.open(img_path)
    except Exception:
        # 检测到异常就删掉图片
        logging.warning('%s has broken. Delete it.' % img_path)
        os.remove(img_path)
    if (i + 1) % 1000 == 0:
        logging.info('Processing %d / %d.' % (i + 1, len(all_pic_ list)))
```

该脚本的使用方法是指定一个-p 参数，该参数为图像的目录路径，脚本会递归地取出该目录下所有 jpg 格式的图像进行检查（即子目录下也会检查），一旦检查到图像有损坏或者并非是 3 通道，就会将其删除。如将 COCO 数据集放在了目录~/datasets/super-resolution/mscoco 下，就可以使用下面的命令去除其中的错误图像和单通道图像：

```
python delete_broken_img.py -p ~/datasets/super-resolution/mscoco/
```

注意：因为涉及删除操作，如果读者初次使用时对脚本的功能还不熟悉，请务必对图像数据进行备份。

另外，该脚本针对的是最常用的 jpg 格式。如果图像数据为 png 格式，可以将 glob(os.path.join(dir_path, '*.jpg'))中的*.jpg 修改为*.png；另外，将 tf.image.decode_jpeg(img_byte)中的 decode_jpeg 改为 decode_png 就可以了。

10.1.2 将图像裁剪到统一大小

在删除掉损坏的图片后，我们就可以使用上一章中讲过的处理脚本，将图像缩放到统一大小了，对应的命令为：

```
python tools/process.py \
  --input_dir ~/datasets/super-resolution/mscoco/ \
  --operation resize \
  --output_dir ~/datasets/super-resolution/mscoco/resized
```

10.1.3 为代码添加新的操作

下面，应该使用 tools/process.py 对图片进行转换，并将转换后的图片合并为训练样本。但是，原始的 tools/process.py 只定义了"grayscale" "blank" "edges""resize" "combine"几类操作，分别将图像灰度化、中间留白、检测边缘、缩放到统一大小、结合图片，并没有我们所需要的“超分辨率”操作。因此，要向 tools/process.py 中添加新的操作。本小节会先介绍 tools/process.py 以及 tools/tfimage.py 的结构，再介绍如何在 tools/process.py 中添加新操作。

1. tools/tfimage.py 的代码结构

tools/process.py 调用了 tools/tfimage.py 进行图片处理。先来看 tools/tfimage.py 的功能，该文件中有一个比较重要的函数 create_op：

```
def create_op(func, **placeholders):
    op = func(**placeholders)

    def f(**kwargs):
        feed_dict = {}
        for argname, argvalue in kwargs.items():
            placeholder = placeholders[argname]
            feed_dict[placeholder] = argvalue
        return tf.get_default_session().run(op, feed_dict=feed_dict)

    return f
```

该函数的主要功能是将 TensorFlow 中的函数变成普通的函数。TensorFlow 中的函数大多数是对 Tensor 进行操作，即输入的是 Tenosr，返回的值也是 Tensor，我们不能直接从 Tensor 中读取值，而必须要在一个 Session 中使用 Session.run()方法取得 Tensor 的值。此处的 create_op 就调用了 tf.get_default_session().run()方法，可以将对 Tensor 操作的函数转变为对 Numpy 数组操作的函数，转换后的函数输出为 Numpy 的数组，而不是 Tensor。例如，下面的 decode_jpeg 和 decode_png：

```
decode_jpeg = create_op(
    func=tf.image.decode_jpeg,
    contents=tf.placeholder(tf.string),
)

decode_png = create_op(
    func=tf.image.decode_png,
    contents=tf.placeholder(tf.string),
)
```

在 TensorFlow 中，tf.image.decode_jpeg 和 tf.image.decode_png 输出的是 Tensor。此处使用 create_op 进行转换后，得到的 decode_jpeg 和 decode_png 的输出是 numpy.ndarray 形式的数据了。tools/tfimage.py 里使用 decode_jpeg 和 decode_png 定义了一个 load 函数：

```
def load(path):
    with open(path, "rb") as f:
        contents = f.read()

    _, ext = os.path.splitext(path.lower())

    if ext == ".jpg":
        image = decode_jpeg(contents=contents)
    elif ext == ".png":
        image = decode_png(contents=contents)
    else:
        raise Exception("invalid image suffix")

    return to_float32(image=image)
```

load 函数的输入是一个图片文件路径，返回的是 numpy.ndarray 形式的图像数据。

tools/tfimage.py 中还利用 create_op 定义了若干函数，如：

```
rgb_to_grayscale = create_op(
    func=tf.image.rgb_to_grayscale,
    images=tf.placeholder(tf.float32),
)

crop = create_op(
    func=tf.image.crop_to_bounding_box,
    image=tf.placeholder(tf.float32),
    offset_height=tf.placeholder(tf.int32, []),
    offset_width=tf.placeholder(tf.int32, []),
    target_height=tf.placeholder(tf.int32, []),
    target_width=tf.placeholder(tf.int32, []),
)

pad = create_op(
    func=tf.image.pad_to_bounding_box,
    image=tf.placeholder(tf.float32),
    offset_height=tf.placeholder(tf.int32, []),
    offset_width=tf.placeholder(tf.int32, []),
    target_height=tf.placeholder(tf.int32, []),
    target_width=tf.placeholder(tf.int32, []),
)
```

tf/process.py 里的操作就是用这里的 rgb_to_grayscale，crop，pad 等函数定义的，读者可以参考源代码自行进行阅读，这里不再一一介绍。

2．为 tools/process.py 添加一个新的操作

tools/process.py 的主处理函数 process 使用了上述 load 函数读入图片，接着做了一些处理后保存。对应的代码为：

```
def process(src_path, dst_path):
    src = im.load(src_path)

    if a.operation == "grayscale":
        dst = grayscale(src)
    elif a.operation == "resize":
        dst = resize(src)
    elif a.operation == "blank":
        dst = blank(src)
    elif a.operation == "combine":
        dst = combine(src, src_path)
    elif a.operation == "edges":
```

```
        dst = edges(src)
    else:
        raise Exception("invalid operation")

    im.save(dst, dst_path)
```

此处的 src 为读入的图像数据（numpy.ndarray 格式），经过对应函数处理后得到 dst，dst 同样是 numpy.ndarray 格式的图像数据。可以仿照此处的写法，添加一个新的函数：

```
def blur(src, scale=4):
    height, width, _ = src.shape
    height_down = height // scale
    width_down = width // scale
    dst = im.downscale(images=src, size=[height_down, width_down])
    dst = im.upscale(images=dst, size=[height, width])
    return dst
```

默认的 scale=4，即实现一个 4 倍的超分辨率。这里首先使用 tools/tfimage.py 中的 downscale 将图像变为原尺寸的 1/4，这样，原来的图像信息就被压缩成只有 1/4，接着将图像的尺寸放大回来，整个图像就会变模糊。将模糊的图片和原来清晰的图片构成一个图片对。最后再训练 pix2pix 模型，将模糊的图片转换成清晰的图片，就相当于实现了一个 4 倍的超分辨率。

光添加一个函数还不够，还要在其他两处添加注册 blur 操作，才能完成对 tools/process.py 的修改。首先是修改 process 函数，添加一个 blur 操作即可：

```
def process(src_path, dst_path):
    src = im.load(src_path)

    if a.operation == "grayscale":
        dst = grayscale(src)
    elif a.operation == "resize":
        dst = resize(src)
    elif a.operation == "blank":
        dst = blank(src)
    elif a.operation == "combine":
        dst = combine(src, src_path)
```

```
    elif a.operation == "edges":
        dst = edges(src)
    elif a.operation == "blur":
        dst = blur(src)
    else:
        raise Exception("invalid operation")

    im.save(dst, dst_path)
```

另外，需要在定义参数时加上 blur 的选项：

```
parser.add_argument("--operation", required=True, choices=["grayscale",
"resize", "blank", "combine", "edges", "blur"])
```

这样就可以了。接下来使用修改后的 tools/process.py 对样本进行操作：

```
python tools/process.py --operation blur \
    --input_dir ~/datasets/super-resolution/mscoco_resized/ \
    --output_dir ~/datasets/super-resolution/mscoco_blur/
```

此时在~/datasets/super-resolution/mscoco_blur/目录下就会生成好模糊处理后的图片，最后使用 combine 操作将原始图片和模糊后的图片合并起来：

```
python tools/process.py \
  --input_dir ~/datasets/super-resolution/mscoco_resized/ \
  --b_dir ~/datasets/super-resolution/mscoco_blur/ \
  --operation combine \
  --output_dir ~/datasets/super-resolution/mscoco_combined/
```

合并后，可以进一步将其划分为训练集和测试集：

```
python tools/split.py \
  --dir ~/datasets/super-resolution/mscoco_combined/
```

命令完成后，在~/datasets/super-resolution/mscoco_combined/train 目录下保存了所有训练数据集，如图 10-1 所示。

根据上一节所讲，在图 10-1 中，左边的图像为 A 类图像，右边的图像为 B 类图像，因此在执行训练时应该指定 BtoA，即将 B 类模糊的图像转换为 A 类，对应的命令如下：

图 10-1 训练数据集示例

```
python pix2pix.py  --mode train \
   --output_dir super_resolution \
   --max_epochs 20 \
   --input_dir ~/datasets/super-resolution/mscoco_combined/train \
   --which_direction BtoA
```

命令中指定了--output_dir 为 super_resolution，因此模型和日志会保存在 super_resolution 文件夹中。执行模型测试的对应命令为：

```
python pix2pix.py --mode test \
   --output_dir super_resolution_test \
   --input_dir ~/datasets/super-resolution/mscoco_combined/val \
   --checkpoint super_resolution/
```

该命令会利用~/datasets/super-resolution/mscoco_combined/val 中的验证集数据和 super_resolution 目录下的模型进行验证。生成的图片还会保存在 super_resolution_test 文件夹中。

图 10-2 展示了部分验证图片的结果。最左侧是模糊的图像（可以看作只有原图 1/4 大小的图像，此处只是做了简单的缩放，所以很模糊），中间是模型超分辨率生成的图像，最右侧为原图。

虽然无法真实地还原所有细节，但很明显，模型还是抓住了图像中的一些信息对图像进行了重建，比直接对图像进行缩放的效果要清晰很多。

图 10-2　图像的超分辨率（详见彩插）

10.2 总结

本章使用的模型依旧是 pix2pix 模型，和上一章不同的是，这次使用 pix2pix 来处理一个超分辨率问题。为此，分析了图像处理代码的结构，并在代码中添加了新的操作。最后训练出来的模型确实能对图像进行超分辨率重建。

第 11 章 CycleGAN 与非配对图像转换

前面已经介绍过了 cGAN 和对应的 pix2pix 模型，它们能够解决一类“图像翻译”问题。但是 pix2pix 模型要求训练样本必须是“严格成对”的，这种样本往往比较难以获得。本章会介绍 CycleGAN，CycleGAN 不必使用成对样本也可以进行“图像翻译”。还会介绍 TensorFlow 中 CycleGAN 的实现。

11.1 CycleGAN 的原理

图像翻译问题可以理解为学习一个映射，这个映射可以将源空间 X 中的图片转换成目标空间 Y 空间中的图片。

使用 pix2pix 可以处理图像翻译问题，但它要求训练数据必须在 X 空间和 Y 空间中严格成对。如图 11-1 所示，左侧是训练 pix2pix 必须要求的成对数据。x_i 为 X 空间中的图片，y_i 为 Y 空间中的图片。要求x_i和y_i必须是一一对应的。现实中这种成对数据往往很难找到，更常见的是不成对数据。如在图 11-1 右侧，X 代表的是照片，Y 代表的是油画，无法为每张照片都画一张油画，也无法事先把油画还原为对应的照片。

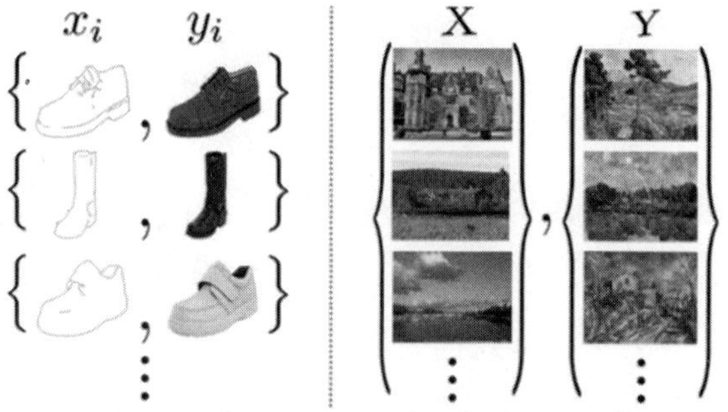

图 11-1　成对（Paired）数据与不成对（Unpaired）数据

CycleGAN 与 pix2pix 的不同点在于，它可以利用不成对数据训练出从 X 空间到 Y 空间的映射。例如，只要搜集了大量照片以及大量油画图片，可以学习到如何把照片转换成油画！

下面阐述 CycleGAN 的详细原理：算法的目标是学习从空间 X 到空间 Y 的映射，设这个映射为 F。它对应着 GAN 中的生成器，F 可以将 X 中的图片 x 转换为 Y 中的图片 $F(x)$。对于生成的图片，还需要 GAN 中的判别器来判别它是否为真实图片，由此构成对抗生成网络。设这个判别器为D_Y。根据生成器和判别器可以构造 GAN 的损失了，该损失和原始 GAN 中的损失的形式是相同的

$$L_{\text{GAN}}(F,D_Y,X,Y)=E_{y\sim p_{\text{data}}(y)}[\ln D_Y(y)]+E_{x\sim p_{\text{data}}(x)}[\ln(1-D_Y(F(x)))]$$

但只使用这一个损失是无法进行训练的。原因在于没有成对数据，映射 F 可以将所有 x 都映射为 Y 空间中的同一张图片，使损失无效化。对此，作者又提出了所谓的“循环一致性损失”（cycle consistency loss）。让再假设一个映射 G，它可以将 Y 空间中的图片 y 转换为 X 中的图片 $G(y)$。CycleGAN 同时学习 F 和 G 两个映射，并要求 $F(G(y))\approx y$，以及$G(F(x))\approx x$。**也是说，将 X 的图片转换到 Y 空间后，应该还可以转换回来。**这样可以杜绝模型把所有 X 的图片都转换为 Y 空间中的同一张图片。根据 $F(G(y))\approx y$ 和 $G(F(x))\approx x$ ，循环一致性损失定义为

$$L_{\text{cyc}}(F,G,X,Y)=E_{x\sim p_{\text{data}}(x)}[||G(F(x))-x||_1]+E_{y\sim p_{\text{data}}(y)}[||F(G(y))-y||_1]$$

同时，为 G 也引入一个判别器D_X，由此可以同样定义一个 GAN 损失$L_{\text{GAN}}(G, D_X, X, Y)$，最终的损失由三部分组成

$$L = L_{\text{GAN}}(F, D_Y, X, Y) + L_{\text{GAN}}(G, D_X, X, Y) + \lambda L_{\text{cyc}}(F, G, X, Y)$$

CycleGAN 的主要想法是上述的“循环一致性损失”，利用这个损失，可以巧妙地处理 X 空间和 Y 空间训练样本不一一配对的问题。下面，一起来看 TensorFlow 中的 CycleGAN 实现。

11.2 在 TensorFlow 中用训练 CycleGAN 模型

本节会介绍如何在 TensorFlow 中使用 CycleGAN 训练图像转换模型，CycleGAN 代码的分析会在第 11.3 节中进行讲解[1]。

11.2.1 下载数据集并训练

作为快速示例，首先来使用一些已经事先准备好的数据集进行训练。

使用下列命令可以下载 apple2orange 数据集，该数据集包含了苹果和橘子的图像：

```
bash download_dataset.sh apple2orange
```

执行命令后，会生成 data/apple2orange 目录。其中 trainA、testA 中保存了苹果的图像，trainB、testB 中保存了橘子的图像，如图 11-2 所示。

将训练一个将苹果转换成橘子的模型，以及一个将橘子转换成苹果的模型。由于该项目使用 tfrecords 读取数据，因此，还要再将图片转换成 tfrecords 格式，对应的指令为：

1 本节参考了项目 https://github.com/vanhuyz/CycleGAN-TensorFlow，并做了细微修改。

图 11-2　训练数据集中的苹果图像与橘子图像示例

```
python build_data.py \
    --X_input_dir data/apple2orange/trainA    \
    --Y_input_dir data/apple2orange/trainB \
    --X_output_file data/tfrecords/apple.tfrecords \
    --Y_output_file data/tfrecords/orange.tfrecords
```

这里的参数是比较好理解的。程序会读入--X_input_dir 指定目录下的所有图像，转换为 tfrecords 并保存成--X_output_file 指定的文件。读入--Y_input_dir 下的所有图像，转换成 tfrecords 并保存为--Y_output_file 指定的文件。运行指令后会得到两个 tfrecords 文件，一个是 data/tfrecords/apple.tfrecords，另一个是 data/tfrecords/orange.tfrecords。下面会使用这两个文件进行训练。

训练模型对应的命令为：

```
python train.py \
    --X data/tfrecords/apple.tfrecords \
    --Y data/tfrecords/orange.tfrecords \
    --image_size 256
```

训练的参数也很好理解。顾名思义，--X 指定了 X 空间中数据对应的 tfrecords 文件，而--Y 指定了 Y 空间中数据对应的 tfrecords 文件。训练的模型既包含将 X 转换为 Y 的函数，也包含将 Y 转换为 X 的函数。最后一个参数--image_size 指定了图像的大小。

训练开始后，程序会在 checkpoints 文件夹中建立一个以当前时间命名的目录，如“checkpoints/20170715-1622”，训练时的日志和模型都会保存在该文件夹中。此外，每隔 100 步，程序还会在屏幕上打出当前步数和损失，可以通过它们来监控模型的训练。更方便的做法是使用 TensorBoard，即运行：

```
tensorboard --logdir checkpoints/20170715-1622
```

请读者注意，在运行上述命令时，需要将 --logdir checkpoints/20170715-1622 中的目录替换为自己机器中的对应目录。

使用 TensorBoard 可以方便地观察各个损失的变化情况，如图 11-3 所示。

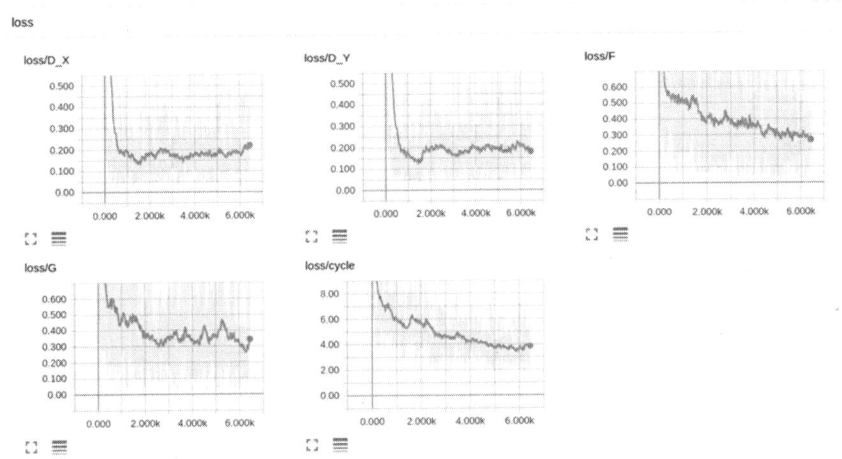

图 11-3　在 TensorBoard 中观察各个损失的变化情况

其中，loss/cycle 是所说的“循环一致性损失”，而 D_X 和 D_Y 是判别器的损失。*F* 和 *G* 是两个转换函数的损失。在下一节中再详细说明如何在 TensorFlow 中定义这些损失。

在 TensorBoard 的 Images 选项卡中，可以观察到当前模型转换图片的情况。如图 11-4 所示，最左侧是原始的苹果图像，中间为模型将苹果转换成橘子的图像，右侧是将橘子再次进行还原的图像。

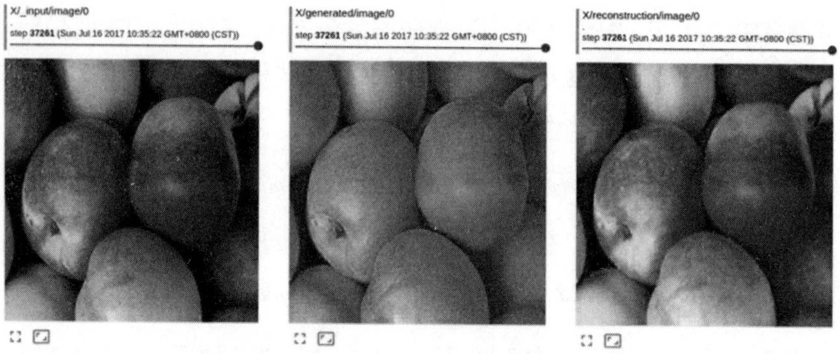

图 11-4　在 TensorBoard 中观察模型的生成效果

注意，由于 GAN 的训练本身带有一定随机性，如果发现在 TensorBoard 中发现生成的图片出现了反色（如本来是浅色的背景变成了深色，或者深色的背景变成了浅色），必须停止，并从头开始重新训练。另外，训练程序不会自动结束，因此当训练得差不多时，需要手动使用 Ctrl + C 结束程序。

如何使用 checkpoints 目录下的模型进行测试呢？首先要将模型导出为 pb 文件：

```
python export_graph.py \
    --checkpoint_dir checkpoints/20170715-1622 \
    --XtoY_model apple2orange.pb \
    --YtoX_model orange2apple.pb  \
    --image_size 256
```

同样要注意将 20170715-1622 替换为自己机器中的对应目录。运行该指令后会生成两个 pb 文件：apple2orange.pb 和 orange2apple.pb，前者可以将苹果图片转换为橘子图片，而后者可以将橘子图片转换为苹果图片。如使用测试集中的图片进行测试：

```
python inference.py \
    --model pretrained/apple2orange.pb  \
    --input data/apple2orange/testA/n07740461_1661.jpg  \
    --output data/apple2orange/output_sample.jpg \
    --image_size 256
```

运行上面的命令会使用模型 pretrained/apple2orange.pb，对测试图片 data/apple2orange/ testA/n07740461_1661.jpg 进行转换，转换生成的图片保存

为 data/apple2orange/output_sample. jpg。

除了 apple2orange 数据外，原项目中还提供了几个数据可以进行实验。如 summer2winter _yosemite(冬夏转换)、horse2zebra(斑马和普通马转换)、monet2photo（照片与莫奈的油画转换）等。读者同样可以利用这些数据进行实验。所有提供的图像数据可以在脚本 download_dataset.sh 中找到对应的名称。

11.2.2 使用自己的数据进行训练

在本节中，会介绍如何使用自己的图像数据进行训练。只需要准备两个文件夹，一个文件夹中存放 X 空间内的图片，另一个文件夹中存放 Y 空间中的文件。

在 chapter_11_data/中，事先提供了一个数据集 man2woman.zip，该数据集是一个人脸数据集，解压后共包含两个文件夹：a_resized 和 b_resized，其中 a_resized 中保存的是男性的人脸图片，而 b_resized 中保存的是女性的人脸图片。将用 CycleGAN 做一个非常有意思的实验：将男性变成女性，以及将女性变换成男性。

man2woman 数据集是从 CelebA 数据集中整理得到的，后者是一个大型的人脸数据集，拥有 20 万张人脸图片，如图 11-5 所示。

已将 CelebA 数据集中的数据做了以下处理：

- 选取前 2 万张图片，并根据已经标注好的属性将男性和女性对应的图片分开。
- 将图片统一裁剪并缩放到 256×256 像素，得到 a_resized 和 b_resized。

这里直接提供了处理之后的 a_resized 和 b_resized。

图 11-5　CelebA 数据集图像示例

为了训练 CycleGAN，需要先将图片转换成 tfrecords 形式：

```
python build_data.py \
    --X_input_dir ~/datasets/man2woman/a_resized/ \
    --Y_input_dir ~/datasets/man2woman/b_resized/ \
    --X_output_file ~/datasets/man2woman/man.tfrecords \
    --Y_output_file ~/datasets/man2woman/woman.tfrecords
```

读者在运行此命令时，需要将目录~/datasets/man2woman 更改为自己机器中对应的存放数据集的目录。运行命令后，得到了两个 tfrecords 文件。直接利用这两个文件进行训练即可：

```
python train.py \
    --X ~/datasets/man2woman/man.tfrecords \
    --Y ~/datasets/man2woman/woman.tfrecords \
    --image_size 256
```

训练的过程比较漫长，和第 11.2.1 节中一样，最好都打开 TensorBoard 观察训练的 Loss 和图像生成情况。

如果训练的过程发生了中断，可以不从头开始训练，指定--load_model 参数，可以从之前保存的模型中恢复并继续训练，如下面的代码会自动读取 checkpoints/201716-1332 目录下的模型继续训练：

```
python train.py \
    --X ~/datasets/man2woman/man.tfrecords \
    --Y ~/datasets/man2woman/woman.tfrecords  \
    --image_size 256 \
    --load_model 20170716-1332
```

使用训练好的模型推导单张图片的方法和第 11.2.1 节中完全一样，都是先导出模型再进行推导，此处不再赘述。

最终训练男性图片变为女性图片的效果，如图 11-6 所示，左侧为原图，右侧为模型自动转换的图。

图 11-6　训练 Cycle GAN 模型将男性图片变为女性图片（详见彩插）

训练模型将女性图片转换为男性图片的效果如图 11-7 所示。

图 11-7　训练 Cycle GAN 模型将女性图片变为男性图片（详见彩插）

11.3　程序结构分析

下面以 CycleGAN 模型的定义和损失的定义为例，简要分析程序的结构。

CycleGAN 模型定义的语句在 model.py 中，具体的语句为：

```
# X_reader和Y_reader分别负责读入X空间和Y空间的数据
X_reader = Reader(self.X_train_file, name='X',
   image_size=self.image_size, batch_size=self.batch_size)
Y_reader = Reader(self.Y_train_file, name='Y',
   image_size=self.image_size, batch_size=self.batch_size)

# 读入的数据保存在x和y中
x = X_reader.feed()
y = Y_reader.feed()

# self.G将X空间中的数据映射到Y空间
# self.F将Y空间中的数据映射到X空间
# 根据self.G、self.F、x、y定义循环一致性损失 cycle_loss
cycle_loss = self.cycle_consistency_loss(self.G, self.F, x, y)

# X -> Y
```

```
fake_y = self.G(x)
# 用self.generator_loss 定义 self.G 生成图片的 loss
G_gan_loss = self.generator_loss(self.D_Y, fake_y, use_lsgan=self.
use_lsgan)
G_loss = G_gan_loss + cycle_loss
# 用self.discriminator_loss 定义 Y 空间上判别器部分的损失
D_Y_loss = self.discriminator_loss(self.D_Y, y, self.fake_y, use_lsgan=
self.use _lsgan)

# Y -> X
fake_x = self.F(y)
# 用self.generator_loss 定义了 self.F 生成图片的 loss
F_gan_loss = self.generator_loss(self.D_X, fake_x, use_lsgan=self.
use_lsgan)
F_loss = F_gan_loss + cycle_loss
# 用self.discriminator_loss 定义了 Y 空间上的损失
D_X_loss = self.discriminator_loss(self.D_X, x, self.fake_x,
use_lsgan=self.use_lsgan)
```

要理解这段变量的功能，首先要熟悉几个变量的含义。x 是 X 空间中的数据，y 是 Y 空间中的数据，是程序中定义的函数，对应着 CycleGAN 的生成器，它将 X 中的数据转换为 Y 中的数据，同理，self.F 也是一个生成器，将 Y 中的数据转换成 X 中的数据。X、Y 两个空间还有两个判别器，分别是 D_X 和 D_Y，它们分别负责判断 X 和 Y 空间中数据的真伪。

首先，程序用 cycle_loss = self.cycle_consistency_loss(self.G, self.F, x, y) 定义了在第 11.1 节中提到的“循环一致性损失”。对应的函数 self.cycle_consistency_loss 为：

```
def cycle_consistency_loss(self, G, F, x, y):
  """ cycle consistency loss (L1 norm)
  """
  forward_loss = tf.reduce_mean(tf.abs(F(G(x))-x))
  backward_loss = tf.reduce_mean(tf.abs(G(F(y))-y))
  loss = self.lambda1*forward_loss + self.lambda2*backward_loss
return loss
```

$G(F(x))$应该和 x 比较接近，据此直接定义 L_1 损失 tf.reduce_mean(tf.abs(F(G(x))-x))。$G(F(y))$同理。

再来看一下生成器的损失和判别器的损失，它们分别对应函数 self.generator_loss 和 self.discriminator_loss。self.generator_loss 的定义为：

```
def generator_loss(self, D, fake_y, use_lsgan=True):
  """  fool discriminator into believing that G(x) is real
  """
  if use_lsgan:
    # use mean squared error
    loss = tf.reduce_mean(tf.squared_difference(D(fake_y), REAL_LABEL))
  else:
    # heuristic, non-saturating loss
    loss = -tf.reduce_mean(ops.safe_log(D(fake_y))) / 2
  return loss
```

fake_y 是生成器生成的样本，而 D 为判别器。use_lsgan 指定了是否用 LSGAN 对应的损失函数。LSGAN 是 GAN 的一种变体，损失函数略有不同，这里只关注 use_lsgan=False 时的情况：D(fake_y)是一个概率，表示判别器认为 fake_y 是真实的概率，显然，D(fake_y)越大，说明生成器的性能越好。因此，再取损失时又加上了负号，即 loss = -tf.reduce_mean(ops.safe_log(D(fake_y))) / 2。这样新定义的 loss 越小，说明生成器的性能越好。加负号的原因是 TensorFlow 中的优化器都默认损失越小越好，因此这样定义的 loss 可以直接传入优化器中。

说完了 self.generator_loss，再来看 self.discriminator_loss：

```
def discriminator_loss(self, D, y, fake_y, use_lsgan=True):
  if use_lsgan:
    # use mean squared error
    error_real = tf.reduce_mean(tf.squared_difference(D(y), REAL_ LABEL))
    error_fake = tf.reduce_mean(tf.square(D(fake_y)))
  else:
    # use cross entropy
    error_real = -tf.reduce_mean(ops.safe_log(D(y)))
    error_fake = -tf.reduce_mean(ops.safe_log(1-D(fake_y)))
  loss = (error_real + error_fake) / 2
  return loss
```

同样关注 use_lsgan=False 的情况。*D* 是判别器，输入的 *y* 是真实数据，因此 *D*(*y*)是判别器判断真实数据的对应概率，该值越大，说明判别器的性能越好。因此，同样对其取负号，即程序中的 error_real = -tf.reduce_mean (ops.safe_log(D(y)))。对于 D(fake_y)，是判别器判断生成数据的对应概率，对照 GAN 的原始定义，要先用 1 减去它，即 1 - D(fake_y)，再使用交叉熵损失并取负值得到 error_fake。不管是 error_real 还是 error_fake，都是越小则判别器性能越好，符合损失的定义。最后将它们加起来得到损失 loss。

利用 self.generator_loss、self.discriminator_loss 以及之前定义好的 cycle_loss，最终定义出四个损失：G_loss、F_loss、D_Y_loss、D_X_loss。其中，G_loss 和 F_loss 是生成器损失（在实现时，cycle_loss 已经包含在 G_loss 和 F_loss 中的），这两个损失降低则意味着生成器的性能提高。D_Y_loss 和 D_X_loss 是判别器，这两个损失的降低意味着判别器性能提高。在优化时，对四个损失同时优化即可，对应的代码为：

```
G_optimizer = make_optimizer(G_loss, self.G.variables, name='Adam_G')
D_Y_optimizer = make_optimizer(D_Y_loss, self.D_Y.variables, name=
'Adam_D_Y')
F_optimizer = make_optimizer(F_loss, self.F.variables, name='Adam_ F')
D_X_optimizer = make_optimizer(D_X_loss, self.D_X.variables, name=
'Adam_D_X')

with tf.control_dependencies([G_optimizer, D_Y_optimizer, F_optimizer,
D_X_optimizer]):
  return tf.no_op(name='optimizers')
```

这里先为四个损失分别定义了优化操作。然后使用 tf.control_dependencies 函数，使得只有执行完 G_optimizer, D_Y_optimizer, F_optimizer, D_X_optimizer 四个操作，才能最终执行在 with 中的 tf.no_op。最终得到 tf.no_op，直接对它进行执行即可同时对四个损失进行优化。

11.4 总结

本节主要关注的是 CycleGAN。首先介绍了 CycleGAN 的数学原理，接着在 TensorFlow 中使用 CycleGAN 训练了两个模型，一个模型可以实现苹果和橘子的相互转换，另一个模型可以实现男性图片和女性图片的相互转换。

最后，介绍了 CycleGAN 项目的模型和损失的定义细节，有助于读者进一步了解其原理。

拓展阅读

- 本章主要讲了模型 CycleGAN，读者可以参考论文 *Unpaired Image-to-Image Translation using Cycle-Consistent Adversarial Networks* 了解更多细节。
- CycleGAN 不需要成对数据就可以训练，具有较强的通用性，由此产生了大量有创意的应用，例如男女互换（即本章所介绍的）、猫狗互换、利用手绘地图还原古代城市等。可以参考 https://zhuanlan.zhihu.com/p/28342644 以及 https://junyanz.github.io/CycleGAN/了解这些有趣的实验。
- CycleGAN 可以将某一类图片转换成另外一类图片。如果想要把一张图片转换为另外 K 类图片，就需要训练 K 个 CycleGAN，这是比较麻烦的。对此，一种名为 StarGAN 的方法改进了 CycleGAN，可以只用一个模型完成 K 类图片的转换，有兴趣的读者可以参阅其论文 *StarGAN: Unified Generative Adversarial Networks for Multi-Domain Image-to-Image Translation*。
- 如果读者还想学习更多和 GAN 相关的模型，可以参考 https://github.com/hindupuravinash/the-gan-zoo 。这里列举了迄今几乎所有的名字中带有“GAN”的模型和相应的论文。

第 12 章 RNN 基本结构与 Char RNN 文本生成

从本章起，将开始学习循环神经网络（RNN）以及相关的项目。这一章首先会向大家介绍 RNN 经典的结构，以及它的几个变体。接着将在 TensorFlow 中使用经典的 RNN 结构实现一个有趣的项目：Char RNN。Char RNN 可以对文本的字符级概率进行建模，从而生成各种类型的文本。

12.1 RNN 的原理

12.1.1 经典 RNN 的结构

RNN 的英文全称是 Recurrent Neural Networks，即循环神经网络，它是一种对序列型数据进行建模的深度模型。在学习 RNN 之前，先来复习基本的单层神经网络，如图 12-1 所示。

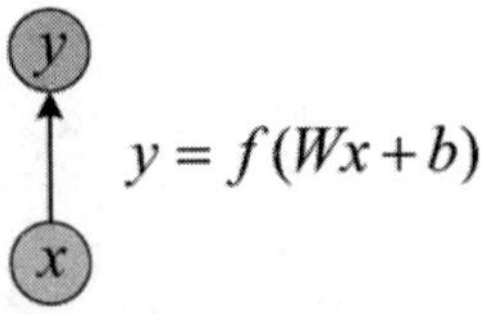

图 12-1　单层神经网络的图示

单层网络的输入是 $\boldsymbol{x}$，经过变换 $\boldsymbol{Wx}+\boldsymbol{b}$ 和激活函数 f 得到输出 $\boldsymbol{y}$。

在实际应用中，还会遇到很多序列形的数据，如图 12-2 所示。

图 12-2　序列型数据

例如：

- 自然语言处理问题。$\boldsymbol{x}_1$ 可以看作是第一个单词，$\boldsymbol{x}_2$ 可以看作是第二个单词，依次类推。
- 语音处理。此时，$\boldsymbol{x}_1$、$\boldsymbol{x}_2$、$\boldsymbol{x}_3$……是每帧的声音信号。
- 时间序列问题。例如每天的股票价格等。

序列形的数据不太好用原始的神经网络处理。为了处理建模序列问题，RNN 引入了隐状态 $\boldsymbol{h}$（hidden state）的概念，$\boldsymbol{h}$ 可以对序列形的数据提取特征，接着再转换为输出。如图 12-3 所示，先从 $\boldsymbol{h}_1$ 的计算开始看。

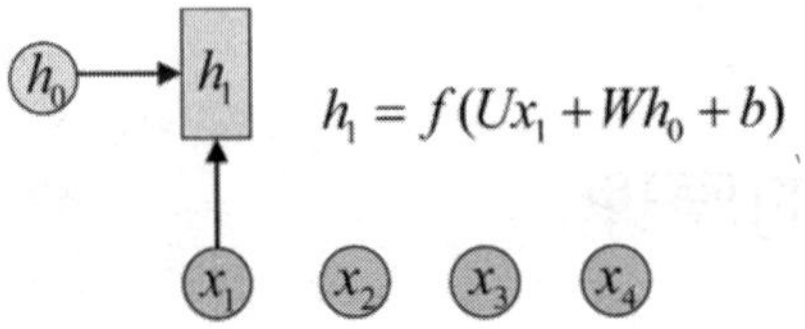

图 12-3　$\boldsymbol{h}_1$ 的计算

图 12-3 中记号的含义是：

- 圆圈或方块表示向量。
- 一个箭头表示对该向量做一次变换。如图 12-3 中 $\boldsymbol{h}_0$ 和 $\boldsymbol{x}_1$ 分别有一个箭头连接 $\boldsymbol{h}_1$，表示对 $\boldsymbol{h}_0$ 和 $\boldsymbol{x}_1$ 各做了一次变换。图中的 $\boldsymbol{U}$、$\boldsymbol{W}$ 是参数矩阵，

b 是偏置项参数。*f* 是激活函数，在经典的 RNN 结构中，通常使用 tanh 作为激活函数。

在很多论文中也会出现类似的记号，初学的时候很容易混，但只要把握住以上两点，可以比较轻松地理解图示背后的含义。

如图 12-4 所示，$\boldsymbol{h}_2$ 的计算和 $\boldsymbol{h}_1$ 类似。要注意的是，**在计算时，每一步使用的参数 *U*、*W*、*b* 都是一样的，即每个步骤的参数都是共享的，这是 RNN 的重要特点，一定要牢记。**

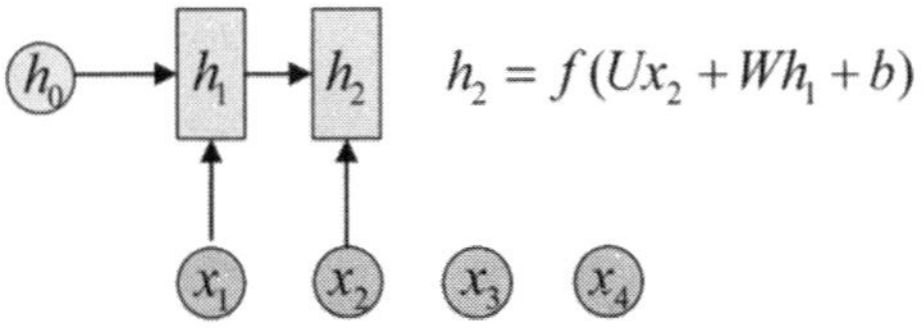

图 12-4 $\boldsymbol{h}_2$ 的计算

接下来，如图 12-5 所示，依次计算剩下的 ***h***（使用相同的参数 ***U***、***W***、***b***）。

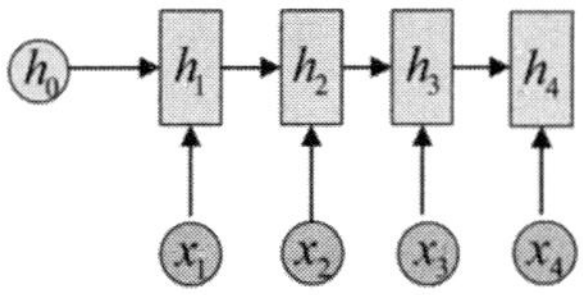

图 12-5 计算出所有 ***h***

本书为了方便讲解起见，只画出序列长度为 4 的情况，实际上，这个计算过程可以无限地持续下去。

目前的 RNN 还没有输出，得到输出值的方法是直接通过 ***h*** 进行计算，如图 12-6 所示。

此时使用的 ***V*** 和 ***c*** 是新的参数。通常处理的是分类问题（即输出 $\boldsymbol{y}_1$、$\boldsymbol{y}_2$……均表示类别），因此使用 Softmax 函数将输出转换成各个类别的概率。**另外，正如前文所说，一个箭头表示对相应的向量做一次类似于 $f(W\mathrm{x}+b)$ 的变换，此处的箭头表示对 $\boldsymbol{h}_1$ 进行一次变换，得到输出 $\boldsymbol{y}_1$。**

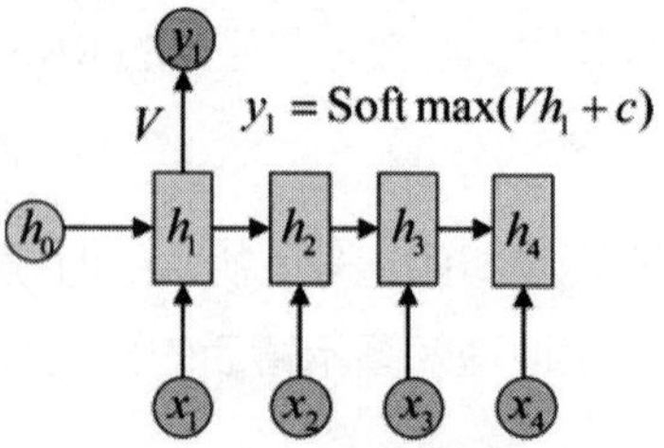

图 12-6　$\boldsymbol{y}_1$ 的计算

如图 12-7 所示，剩下输出的计算类似进行（使用和计算 $\boldsymbol{y}_1$ 时同样的参数 $\boldsymbol{V}$ 和 $\boldsymbol{c}$）。

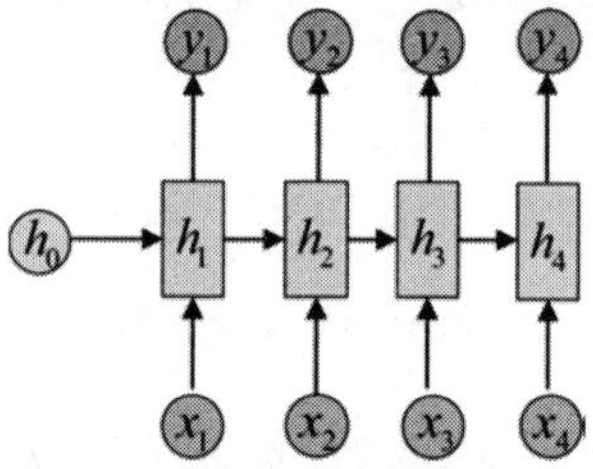

图 12-7　计算所有输出 $\boldsymbol{y}$

大功告成！这是最经典的 RNN 结构，像搭积木一样把它搭好了。它的输入是 $\boldsymbol{x}_1, \boldsymbol{x}_2, \cdots, \boldsymbol{x}_n$，输出为 $\boldsymbol{y}_1, \boldsymbol{y}_2, \cdots, \boldsymbol{y}_n$，也是说，**输入和输出序列必须是要等长的。**

由于这个限制的存在，经典 RNN 的适用范围比较小，但也有一些问题适合用经典的 RNN 结构建模，如：

- 计算视频中每一帧的分类标签。因为要对每一帧进行计算，因此输入和输出序列等长。
- 输入为字符，输出为下一个字符的概率。这是著名的 Char RNN。在本章中，将会在 TensorFlow 中实现 Char RNN 并生成文本。

最后，给出经典 RNN 结构的严格数学定义，读者可以对照上面的图片进行理解。设输入为 $\boldsymbol{x}_1, \boldsymbol{x}_2, \cdots, \boldsymbol{x}_t, \cdots, \boldsymbol{x}_T$，对应的隐状态为 $\boldsymbol{h}_1, \boldsymbol{h}_2, \cdots, \boldsymbol{h}_t, \cdots, \boldsymbol{h}_T$，输出为 $\boldsymbol{y}_1, \boldsymbol{y}_2, \cdots, \boldsymbol{y}_t, \cdots, \boldsymbol{y}_T$，则经典 RNN 的运算过程可以表示为

$$\boldsymbol{h}_t = f(\boldsymbol{U}\boldsymbol{x}_t + \boldsymbol{W}\boldsymbol{h}_{t-1} + \boldsymbol{b})$$
$$\boldsymbol{y}_t = \text{Softmax}(\boldsymbol{V}\boldsymbol{h}_t + \boldsymbol{c})$$

其中，$\boldsymbol{U},\boldsymbol{V},\boldsymbol{W},\boldsymbol{b},\boldsymbol{c}$ 均为参数，而 f 表示激活函数，一般为 tanh 函数。

12.1.2 N VS 1 RNN 的结构

有的时候，问题的输入是一个序列，输出是一个单独的值而不是序列，此时应该如何建模呢？实际上，只在最后一个 $\boldsymbol{h}$ 上进行输出变换可以了，如图 12-8 所示。

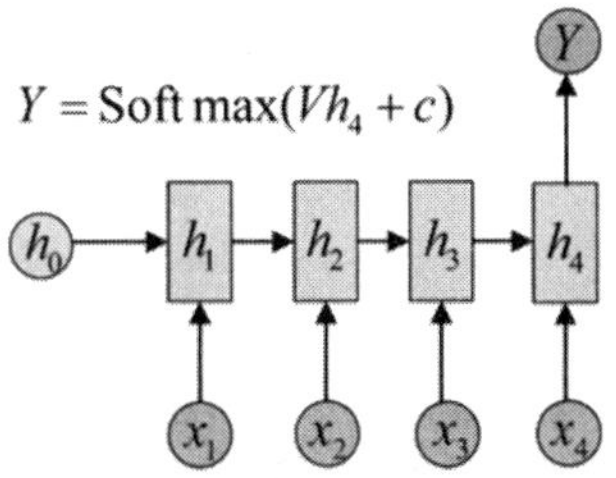

图 12-8 “N VS 1”的 RNN 结构

这种结构通常用来处理序列分类问题。如输入一段文字判别它所属的类别，输入一个句子判断其情感倾向，输入一段视频并判断它的类别等等。

同样给出该结构的数学表示。设输入为 $\boldsymbol{x}_1,\boldsymbol{x}_2,\cdots,\boldsymbol{x}_t,\cdots,\boldsymbol{x}_T$，对应的隐状态为 $\boldsymbol{h}_1,\boldsymbol{h}_2,\cdots,\boldsymbol{h}_t,\cdots,\boldsymbol{h}_T$，输出为 $\boldsymbol{Y}$，那么运算过程为

$$\boldsymbol{h}_t = f(\boldsymbol{U}\boldsymbol{x}_t + \boldsymbol{W}\boldsymbol{h}_{t-1} + \boldsymbol{b})$$

输出时对最后一个隐状态做运算即可

$$\boldsymbol{Y} = \text{Soft max}(\boldsymbol{V}\boldsymbol{h}_T + \boldsymbol{c})$$

12.1.3 1 VS N RNN 的结构

输入不是序列而输出为序列的情况怎么处理？可以只在序列开始进行

输入计算，如图 12-9 所示。

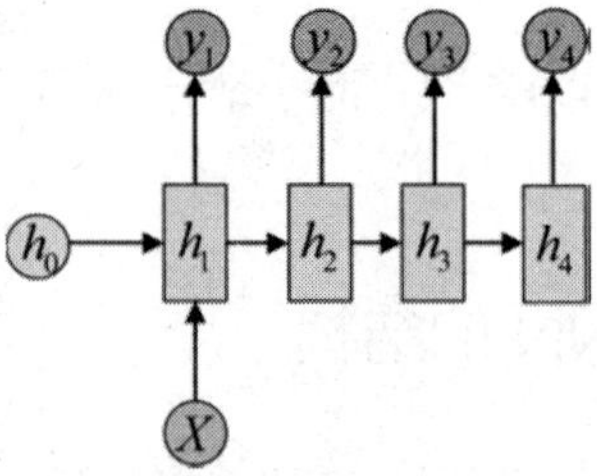

图 12-9 “1 VS N”的 RNN 结构

还有一种结构是把输入信息 $\boldsymbol{X}$ 作为每个阶段的输入，如图 12-10 所示。

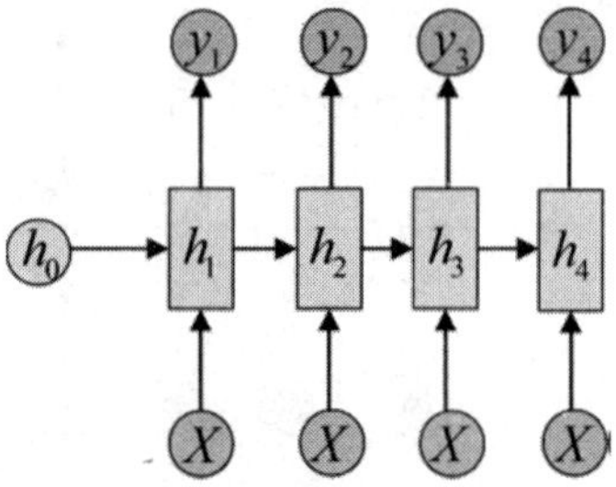

图 12-10 另一种“1 VS N”的 RNN 结构

图 12-11 省略了一些 $\boldsymbol{X}$ 的圆圈，是图 12-10 的等价表示。

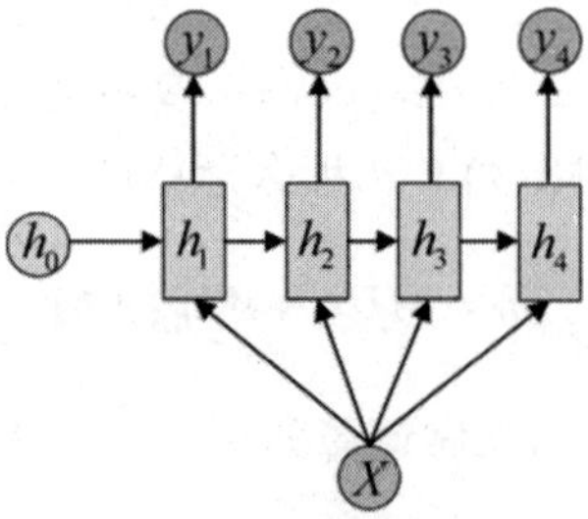

图 12-11 省略一些记号的等价表示

该表示的公式表达为

$$\boldsymbol{h}_t = f(\boldsymbol{U}\boldsymbol{X} + \boldsymbol{W}\boldsymbol{h}_{t-1} + \boldsymbol{b})$$
$$\boldsymbol{y}_t = \text{Softmax}(\boldsymbol{V}\boldsymbol{h}_t + \boldsymbol{c})$$

这种 1 VS N 的结构可以处理的问题有：

- 从图像生成文字（image caption），此时输入的 $\boldsymbol{X}$ 是图像的特征，而输出的 $\boldsymbol{y}$ 序列是一段句子。
- 从类别生成语音或音乐等。

12.2 LSTM 的原理

前一节介绍了 RNN 和它的几种变体结构，本节介绍 RNN 的改进版：LSTM（Long Short-Term Memory，长短期记忆网络）。一个 RNN 单元的输入由两部分组成，即前一步 RNN 单元的隐状态和当前这一步的外部输入，此外还有一个输出。从外部结构看，LSTM 和 RNN 的输入输出一模一样，同样是在每一步接受外部输入和前一阶段的隐状态，并输出一个值。**因此，可以把第 12.1 节中的每一种结构都无缝切换到 LSTM，而不会产生任何问题。**本节主要关注的是 LSTM 的内部结构以及它相对于 RNN 的优点。

回顾 RNN 的公式 $\boldsymbol{h}_t = \boldsymbol{f}(\boldsymbol{Ux}_t + \boldsymbol{Wh}_{t-1} + \boldsymbol{b})$。从这个式子中可以看出，RNN 每一层的隐状态都由前一层的隐状态经过变换和激活函数得到，反向传播求导时最终得到的导数会包含每一步梯度的连乘，这会引起梯度爆炸或梯度消失，所以 RNN 很难处理“长程依赖”问题，即无法学到序列中蕴含的间隔时间较长的规律。LSTM 在隐状态计算时以加法代替了这里的迭代变换，可以避免梯度消失的问题，使网络学到长程的规律。

可以用图 12-12 来表示 RNN[1]。

从图 12-12 中的箭头可以看到，$\boldsymbol{h}_{t-1}$ 和 $\boldsymbol{x}_t$ 合到一起，经过了 tanh 函数，得到了 $\boldsymbol{h}_t$，$\boldsymbol{h}_t$ 还会被传到下一步的 RNN 单元中。这对应了公式 $\boldsymbol{h}_t = f(\boldsymbol{Ux}_t + \boldsymbol{Wh}_{t-1} + \boldsymbol{b})$。在图中，激活函数 f 采用 tanh 函数。

图 12-13 是用同样的方式画出的 LSTM 的示意图。

---

1 图片来自 http://colah.github.io/posts/2015-08-Understanding-LSTMs/。

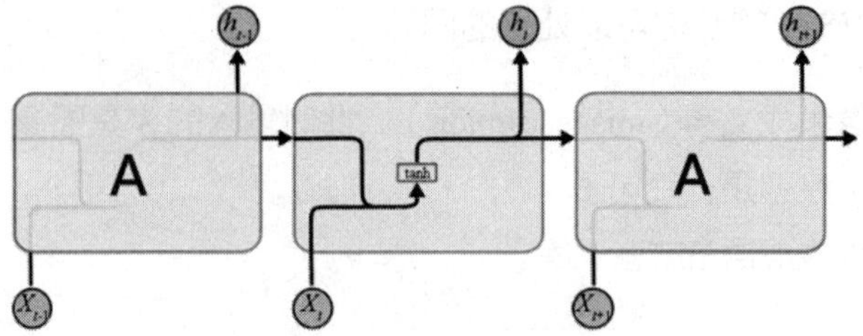

图 12-12 RNN 的图示

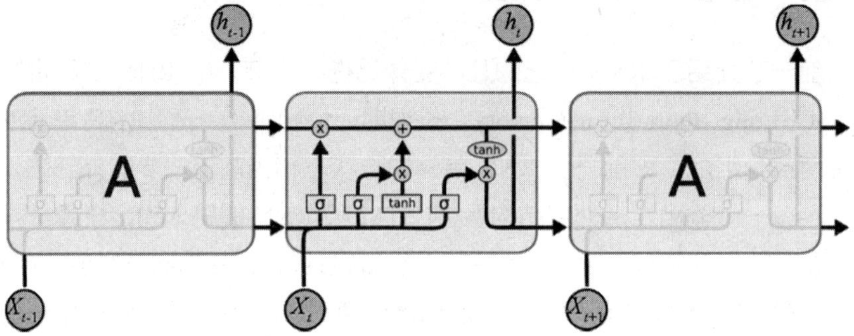

图 12-13 LSTM 的图示

这里的符号比较复杂，不用担心，下面会分拆开来进行讲解。在讲解之前，先给出图 12-13 中各个记号的含义。长方形表示对输入的数据做变换或激活函数，圆形表示逐点运算。所谓逐点运算，是指将两个形状完全相同的矩形的对应位置进行相加、相乘或其他运算。箭头表示向量会在哪里进行运算。

和 RNN 有所不同，LSTM 的隐状态有两部分，一部分是 $\boldsymbol{h}_t$，一部分是 $\boldsymbol{C}_t$。$\boldsymbol{C}_t$ 是在各个步骤间传递的主要信息，而图 12-14 中的水平线可以看作是 LSTM 的“主干道”。通过加法，$\boldsymbol{C}_t$ 可以无障碍地在这条主干道上传递，因此较远的梯度也可以在长程上传播。这是 LSTM 的核心思想。

不过，每一步的信息 $\boldsymbol{C}_t$ 并不是完全照搬前一步的 $\boldsymbol{C}_{t-1}$，而是在 $\boldsymbol{C}_{t-1}$ 的基础上“遗忘”掉一些内容，以及“记住”一些新内容。

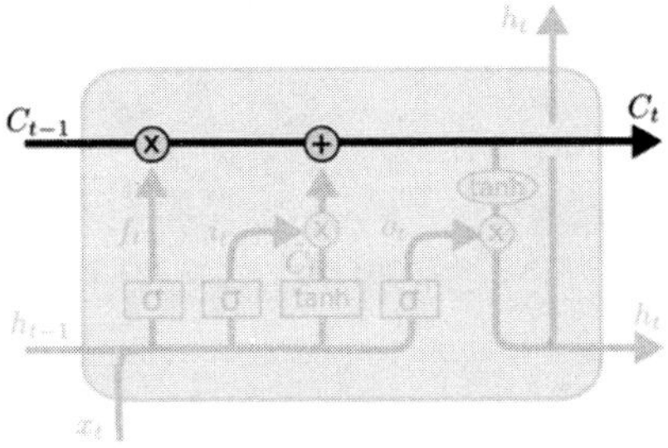

图 12-14　LSTM 中 C_t 的传播

LSTM 的每一个单元中都有一个“遗忘门”，用来控制遗忘掉 $\boldsymbol{C}_{t\text{-}1}$ 的那些部分。遗忘门的结构如图 12-15 所示。σ 是 Sigmoid 激活函数，它的输出在 0~1 之间。最终遗忘门的输出是和 $\boldsymbol{C}_{t\text{-}1}$ 相同形状的矩阵，这个矩阵会和 $\boldsymbol{C}_{t\text{-}1}$ 逐点相乘，决定要遗忘哪些东西。显然，遗忘门输出接近 0 的位置的内容是要遗忘的，而接近 1 的部分是要保留的。遗忘门的输入是 $\boldsymbol{x}_t$ 和 $\boldsymbol{h}_{t\text{-}1}$， $\boldsymbol{x}_t$ 是当前时刻的输入，而 $\boldsymbol{h}_{t\text{-}1}$ 为上一个时刻的隐状态。

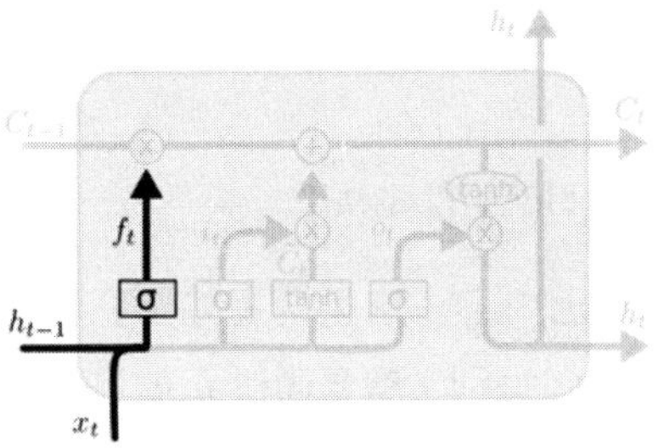

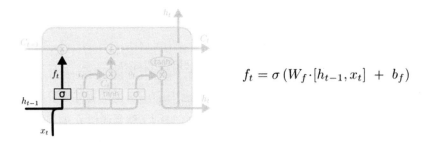

$$f_t = \sigma\left(W_f \cdot [h_{t-1}, x_t] \ + \ b_f\right)$$

图 12-15　LSTM 中的遗忘门

光遗忘肯定不行，LSTM 单元还得记住新东西，所以又有如图 12-16 所示的“记忆门”。记忆门的输入同样是 $\boldsymbol{x}_t$ 和 $\boldsymbol{h}_{t\text{-}1}$，它的输出有两项，一项是 $\boldsymbol{i}_t$，$\boldsymbol{i}_t$ 同样经过 Sigmoid 函数运算得到，因此值都在 0~1 之间，还有一项是 $\tilde{\boldsymbol{C}}_t$，最终要“记住”的内容是 $\tilde{\boldsymbol{C}}_t$ 和 $\boldsymbol{i}_t$ 逐点相乘。

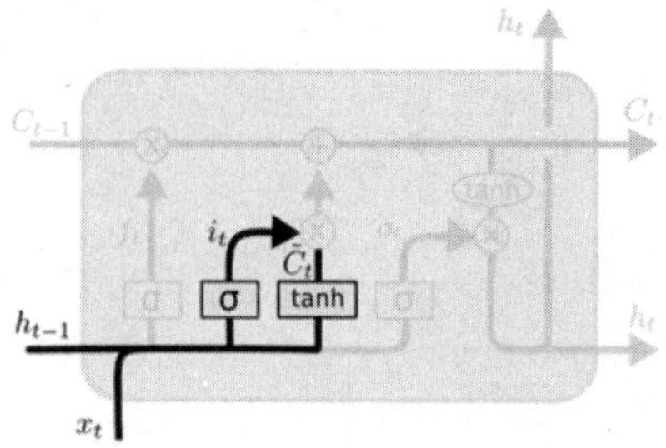

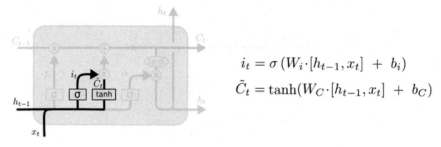

$$i_t = \sigma\left(W_i \cdot [h_{t-1}, x_t] \ + \ b_i\right)$$
$$\tilde{C}_t = \tanh(W_C \cdot [h_{t-1}, x_t] \ + \ b_C)$$

图 12-16 LSTM 中的记忆门

“遗忘”“记忆”的过程如图 12-17 所示，f_t 是遗忘门的输出（0~1 之间），而 $\tilde{\boldsymbol{C}}_t * \boldsymbol{i}_t$ 是要记住的新东西。

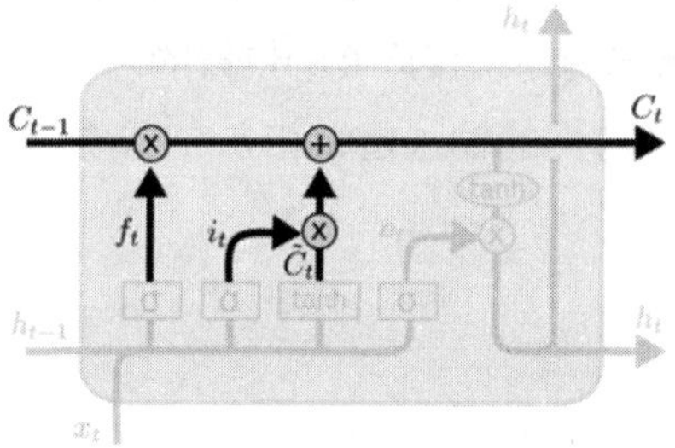

$$C_t = f_t * C_{t-1} + i_t * \tilde{C}_t$$

图 12-17 如何应用“遗忘门”“记忆门”的结果

最后，还需要一个“输出门”，用于输出内容。这里说是输出，其实是去计算另一个隐状态 $\boldsymbol{h}_t$ 的值，真正的输出（如类别）需要通过 $\boldsymbol{h}_t$ 做进一步运算得到。输出门的结构如图 12-18 所示。同样是根据 $\boldsymbol{x}_t$ 和 $\boldsymbol{h}_{t-1}$ 计算，$\boldsymbol{o}_t$ 中每一个数值在 0~1 之间，$\boldsymbol{h}_t$ 通过 $\boldsymbol{o}_t * \tanh(\boldsymbol{C}_t)$ 得到。

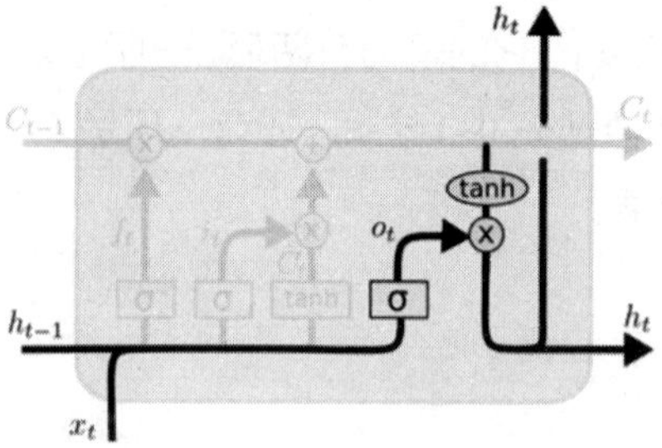

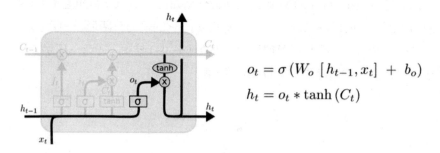

$$o_t = \sigma\left(W_o \ [h_{t-1}, x_t] \ + \ b_o\right)$$
$$h_t = o_t * \tanh\left(C_t\right)$$

图 12-18 LSTM 中的输出门

总结一下，LSTM 每一步的输入是 $\boldsymbol{x}_t$，隐状态是 $\boldsymbol{h}_t$ 和 $\boldsymbol{C}_t$，最终的输出通过 $\boldsymbol{h}_t$ 进一步变换得到。在大多数情况下，RNN 和 LSTM 都是可以相互替换的，因此在很多论文以及文档中都会看到类似于“RNN（LSTM）”这样的表述，意思是两者可以相互替换。

12.3 Char RNN 的原理

Char RNN 是用于学习 RNN 的一个非常好的例子。它使用的是 RNN 最经典的 N VS N 的模型，即输入是长度为 N 的序列，输出是与之长度相等的序列。Char RNN 可以用来生成文章、诗歌甚至是代码。在学习 Char RNN 之前先来看下“N VS N”的经典 RNN 的结构，如图 12-19 所示。

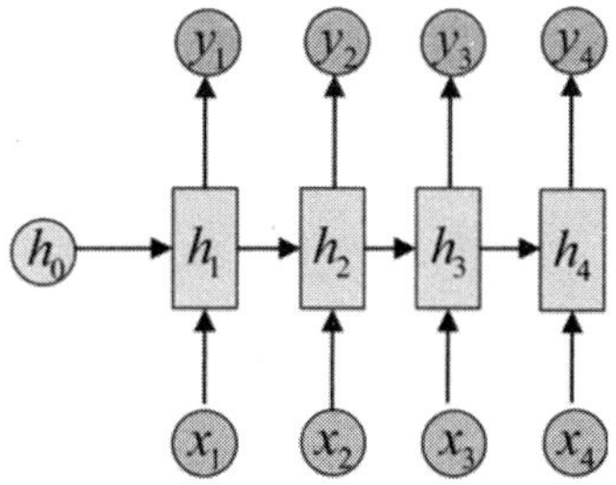

图 12-19 “N VS N”的经典 RNN 结构

对于 Char RNN，输入序列是句子中的字母，输出依次是该输入的**下一个字母**，换句话说，是用已经输入的字母去预测下一个字母的概率。如一个简单的英文句子 Hello! 输入序列是{H, e, l, l, o}，输出序列依次是{e, l, l, o, !}。注意到这两个序列是等长的，因此可以用 N VS N RNN 来建模，如图 12-20 所示。

在测试时，应该怎样生成序列呢？方法是首先选择一个 $\boldsymbol{x}_1$ 当作起始字符，使用训练好的模型得到对应的下一个字符的概率。根据这个概率，选择一个字符输出，并将该字符当作下一步的 $\boldsymbol{x}_2$ 输入模型，再生成下一个字符。依次类推，可以生成任意长度的文字。

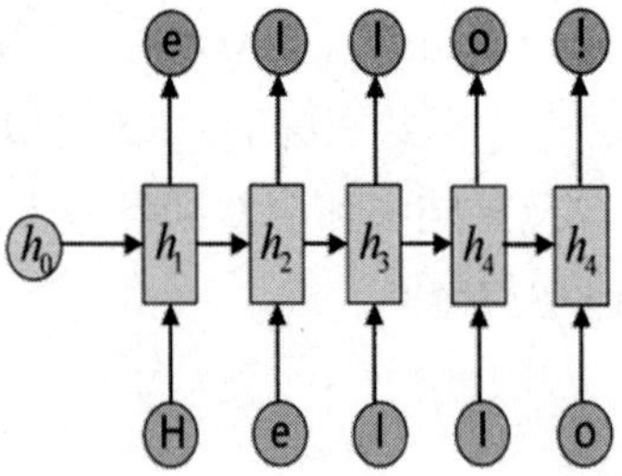

图 12-20　Char RNN 利用已经输入的字母来预测下一个字母

使用独热向量来表示字母，然后依次输入网络。假设一共有 26 个字母，那么字母 a 的表示为第一位为 1，其他 25 位都是 0，即(1, 0, 0, 0,···, 0)，字母 b 的表示是第二位为 1，其他 25 位都是 0，即(0, 1, 0, 0,···, 0)。输出相当于一个 26 类分类问题，因此每一步输出的向量也是 26 维，每一维代表对应字母的概率，最后的损失使用交叉熵可以直接得到。在实际模型中，由于字母有大小写之分以及其他标点符号，因此总共的类别数会比 26 多。

最后，在对中文进行建模时，为了简单起见，每一步输入模型的是一个汉字。相对于字母来说，汉字的种类比较多，可能会导致模型过大，对此有以下两种优化方法：

- 取最常用的 N 个汉字。将剩下的汉字变成单独一类，并用一个特殊的字符<unk>进行标注。
- 在输入时，可以加入一层 embedding 层[1]，这个 embedding 层可以将汉字转换为较为稠密的表示，它可以代替稀疏的独热表示，取得更好的效果。之所以对字母不使用 embedding，是因为单个字母不具备任何含义，只需要使用独热表示即可。而单个汉字还是具有一定实际意义的，因此可以使用 embedding 将其映射到一个较为稠密的空间。embedding 的参数可以直接从数据中学到，具体的实现方法可以参考下面小节中处理输入数据部分的代码。

1　此处提到的 embedding 层会在第 14 章进行详细介绍。除了原理之外，在第 14.4 节中还有和此处方法的详细比较。

中文汉字的输出层和之前处理英文字母时是一样的，都相当于 N 类分类问题。

12.4 TensorFlow 中的 RNN 实现方式

在本小节中，讲述在 TensorFlow 中实现 RNN 的主要方法，帮助大家循序渐进地梳理其中最重要的几个概念。首先是使用 RNNCell 对 RNN 模型进行单步建模。RNNCell 可以处理时间上的“一步”，即输入上一步的隐层状态和这一步的数据，计算这一步的输出和隐层状态。接着，TensorFlow 使用 tf.nn.dynamic_rnn 方法在时间维度上多次运行 RNNCell。最后还需要对输出结果建立损失。

12.4.1 实现 RNN 的基本单元：RNNCell

RNNCell 是 TensorFlow 中的 RNN 基本单元。它本身是一个抽象类，在本节中学习它两个可以直接使用的子类，一个是 BasicRNNCell，还有一个是 BasicLSTMCell，前者对应基本的 RNN，后者是基本的 LSTM。[1]

学习 RNNCell 要重点关注三个地方：

- 类方法 call。
- 类属性 state_size。
- 类属性 output_size。

先来说下 call 方法。所有 RNNCell 的子类都会实现一个 call 函数。利用 call 函数可以实现 RNN 的单步计算，它的调用形式为(output, next_state) = call(input, state)。例如，对于一个已经实例化好的基本单元 cell（再次强调，RNNCell 是抽象类不能进行实例化，可以使用它的子类 BasicRNNCell 或

1 源码地址为 https://github.com/tensorflow/tensorflow/blob/master/tensorflow/python/ops/rnn_cell_impl.py。

BasicLSTMCell 进行实例化，得到 cell），初始的输入为 x1，而初始的隐层状态为 h0，可以调用(output1, h1) = cell.call(x1, h0)得到当前的隐层状态 h1。接着调用(output2, h2) = cell.call(x2, h1)可以得到 h2，依此类推。

RNNCell 的类属性 state_size 和 output_size 分别规定了隐层的大小和输出向量的大小。通常是以 batch 形式输入数据，即 input 的形状为(batch_size, input_size)，调用 call 函数时对应的隐层的形状是(batch_size, state_size)，输出的形状是(batch_size, output_size)。

在 TensorFlow 中定义一个基本 RNN 单元的方法为：

```
import tensorflow as tf
rnn_cell = tf.nn.rnn_cell.BasicRNNCell(num_units=128)
print(rnn_cell.state_size) # 打出state_size看一下，此处应有state_size = 128
```

在 TensorFlow 中定义一个 LSTM 基本单元的方法为：

```
import tensorflow as tf
lstm_cell = tf.nn.rnn_cell.BasicLSTMCell(num_units=128)
print(lstm_cell.state_size) # state_size = LSTMStateTuple(c=128, h=128)
```

正如第 12.2 节中所说，LSTM 可以看作有 h 和 C 两个隐层。在 TensorFlow 中，LSTM 基本单元的 state_size 由两部分组成，一部分是 c，另一部分是 h。在具体使用时，可以通过 state.h 以及 state.c 进行访问，下面是一个示例代码：

```
import tensorflow as tf
import numpy as np
lstm_cell = tf.nn.rnn_cell.BasicLSTMCell(num_units=128)
inputs = tf.placeholder(np.float32, shape=(32, 100)) # 32 是 batch_size
h0 = lstm_cell.zero_state(32, np.float32) # 通过 zero_state 得到一个全 0 的初始状态
output, h1 = lstm_cell.call(inputs, h0)

print(h1.h)  # shape=(32, 128)
print(h1.c)  # shape=(32, 128)
```

12.4.2 对 RNN 进行堆叠：MultiRNNCell

很多时候，单层 RNN 的能力有限，需要多层的 RNN。将 ***x*** 输入第一层 RNN 后得到隐层状态 ***h***，这个隐层状态相当于第二层 RNN 的输入，第二层 RNN 的隐层状态又相当于第三层 RNN 的输入，依此类推。在 TensorFlow 中，可以使用 tf.nn.rnn_cell.MultiRNNCell 函数对 RNN 进行堆叠，相应的示例程序如下：

```
import tensorflow as tf
import numpy as np

# 每调用一次这个函数返回一个BasicRNNCell
def get_a_cell():
  return tf.nn.rnn_cell.BasicRNNCell(num_units=128)
# 用tf.nn.rnn_cell MultiRNNCell创建3层RNN
cell = tf.nn.rnn_cell.MultiRNNCell([get_a_cell() for _ in range(3)]) # 3
层RNN
# 得到的cell实际也是RNNCell的子类
# 它的state_size是(128, 128, 128)
# (128, 128, 128)并不是128×128×128的意思，而是表示共有3个隐层状态，每个隐层状态的
大小为128
print(cell.state_size) # (128, 128, 128)
# 使用对应的call函数
inputs = tf.placeholder(np.float32, shape=(32, 100)) # 32是batch_ size
h0 = cell.zero_state(32, np.float32) # 通过zero_state得到一个全0的初始状态
output, h1 = cell.call(inputs, h0)
print(h1) # tuple中含有3个32×128的向量
```

堆叠 RNN 后，得到的 cell 也是 RNNCell 的子类，因此同样也有在第 12.4.1 节中所说的 call 方法、state_size 属性和 output_size 属性。

12.4.3 BasicRNNCell 和 BasicLSTMCell 的 output

在第 12.4.1 和 12.4.2 节中，有意省略了调用 call 函数后得到 output 的介绍。先通过图 12-19 回忆 RNN 的基本结构。

将图 12-19 与 TensorFlow 的 BasicRNNCell 对照来看，***h*** 对应了

BasicRNNCell 的 state_size。那么，$\boldsymbol{y}$ 是不是对应了 BasicRNNCell 的 output_size 呢？**答案是否定的。**

找到源码中 BasicRNNCell 的 call 函数实现：

```
def call(self, inputs, state):
   """Most basic RNN: output = new_state = act(W * input + U * state + B)."""
   output = self._activation(_linear([inputs, state], self._num_units,
True))
   return output, output
```

通过"return output, output"，可以看出在 BasicRNNCell 中，output 其实和隐状态的值是一样的。因此，还需要额外对输出定义新的变换，才能得到图中真正的输出 $\boldsymbol{y}$。由于 output 和隐状态是一回事，所以在 BasicRNNCell 中，state_size 永远等于 output_size。TensorFlow 是出于尽量精简的目的来定义 BasicRNNCell 的，所以省略了输出参数，这里一定要弄清楚它和图中原始 RNN 定义的联系与区别。

再来看 BasicLSTMCell 的 call 函数定义（函数的最后几行）：

```
new_c = (
   c * sigmoid(f + self._forget_bias) + sigmoid(i) * self._activation (j))
new_h = self._activation(new_c) * sigmoid(o)

if self._state_is_tuple:
  new_state = LSTMStateTuple(new_c, new_h)
else:
  new_state = array_ops.concat([new_c, new_h], 1)
return new_h, new_state
```

只需要关注 self._state_is_tuple == True 的情况，因为 self._state_is_tuple == False 的情况将在未来被弃用。返回的隐状态是 new_c 和 new_h 的组合，而 output 是单独的 new_h。如果处理的是分类问题，那么还需要对 new_h 添加单独的 Softmax 层才能得到最后的分类概率输出。

12.4.4 使用 tf.nn.dynamic_rnn 展开时间维度

对于单个的 RNNCell，使用它的 call 函数进行运算时，只是在序列时间上前进了一步。如使用 $\boldsymbol{x}_1$、$\boldsymbol{h}_0$ 得到 $\boldsymbol{h}_1$，通过 $\boldsymbol{x}_2$、$\boldsymbol{h}_1$ 得到 $\boldsymbol{h}_2$ 等。如果序列长

度为 n，要调用 n 次 call 函数，比较麻烦。对此，TensorFlow 提供了一个 tf.nn.dynamic_rnn 函数，使用该函数相当于调用了 n 次 call 函数。即通过$\{\boldsymbol{h}_0, \boldsymbol{x}_1, \boldsymbol{x}_2, \cdots, \boldsymbol{x}_n\}$直接得到$\{\boldsymbol{h}_1, \boldsymbol{h}_2, \cdots, \boldsymbol{h}_n\}$。

具体来说，设输入数据的格式为(batch_size, time_steps, input_size)，其中 batch_size 表示 batch 的大小，即一个 batch 中序列的个数。time_steps 表示序列本身的长度，如在 Char RNN 中，长度为 10 的句子对应的 time_steps 等于 10。最后的 input_size 表示输入数据单个序列单个时间维度上固有的长度。假设已经定义好了一个 RNNCell，如果要调用 time_steps 该 RNNCell 的 call 函数次，对应的代码是：

```
# inputs: shape = (batch_size, time_steps, input_size)
# cell: RNNCell
# initial_state: shape = (batch_size, cell.state_size)。初始状态。一般可以取
零矩阵
outputs, state = tf.nn.dynamic_rnn(cell, inputs, initial_state=initial_
state)
```

此时，得到的 outputs 是 time_steps 步里所有的输出。它的形状为(batch_size, time_steps, cell.output_size)。state 是最后一步的隐状态，它的形状为(batch_size, cell.state_size)。

另外，如果输入数据形状的格式为(time_steps, batch_size , input_size)，那么可以在调用 tf.nn.dynamic_rnn 函数中设定参数 time_major=True（默认情况是 False），此时得到的 outputs 形状变成(time_steps, batch_size, cell.output_size)，而 state 的形状不变。

至此，再对每一步的输出进行变换，可以得到损失并训练模型了。具体的代码组合方式可以参考下一节的代码。

12.5 使用 TensorFlow 实现 Char RNN

给出了一个 Char RNN 的 TensorFlow 实现。该实现需要的运行环境为 Python 2.7, TensorFlow 1.2 及以上。会先结合第 12.3、12.4 节中的内容讲解

定义 RNN 模型的方法，最后会给出一些生成例子。

12.5.1 定义输入数据

模型定义主要放在了 model.py 文件中，从头开始，先来看下输入数据的定义。

```
def build_inputs(self):
   with tf.name_scope('inputs'):
      self.inputs = tf.placeholder(tf.int32, shape=(
         self.num_seqs, self.num_steps), name='inputs')
      self.targets = tf.placeholder(tf.int32, shape=(
         self.num_seqs, self.num_steps), name='targets')
      self.keep_prob = tf.placeholder(tf.float32, name='keep_prob')

      # 对于中文，需要使用 embedding 层
      # 英文字母没有必要用 embedding 层
      if self.use_embedding is False:
         self.lstm_inputs = tf.one_hot(self.inputs, self.num_classes)
      else:
         with tf.device("/cpu:0"):
            embedding = \
               tf.get_variable('embedding',\
                  [self.num_classes, self.embedding_size]
                  )
            self.lstm_inputs = tf.nn.embedding_lookup(embedding,
self.inputs)
```

self.inputs 是外部传入的一个 batch 内的输入数据，它的形状为 (self.num_seqs, self.num_steps)，self.num_seqs 是一个 batch 内句子的个数（相当于 batch_size），而 self.num_steps 表示每个句子的长度。

self.targets 是 self.inputs 对应的训练目标，它的形状和 self.inputs 相同，内容是 self.inputs 每个字母对应的下一个字母。它的详细含义可以参考第 12.3 节进行理解。

除了 self.inputs 和 self.targets 外，还定义了一个输入 self.keep_prob，因为在后面的模型中有 Dropout 层，这里的 self.keep_prob 控制了 Dropout 层所

需要的概率。在训练时，使用 self.keep_prob=0.5，在测试时，使用 self.keep_prob=1.0。

正如第 12.3 节中所说，对于单个的英文字母，一般不使用 embedding 层，而对于汉字生成，使用 embedding 层会取得更好的效果。程序中用 self.use_embedding 参数控制是否使用 embedding。当不使用 embedding 时，会直接对 self.inputs 做独热编码得到 self.lstm_inputs；当使用 embedding 时，会先定义一个 embedding 变量，接着使用 tf.nn.embedding_lookup 查找 embedding。请注意 embedding 变量也是可以训练的，因此是通过训练得到 embedding 的具体数值。self.lstm_inputs 是直接输入 LSTM 的数据。

12.5.2 定义多层 LSTM 模型

下面的函数定义了多层的 N VS N LSTM 模型：

```
def build_lstm(self):
   # 创建单个 cell 并堆叠多层
   def get_a_cell(lstm_size, keep_prob):
      lstm = tf.nn.rnn_cell.BasicLSTMCell(lstm_size)
      drop = tf.nn.rnn_cell.DropoutWrapper(lstm, output_keep_prob=
keep_prob)
      return drop

   with tf.name_scope('lstm'):
      cell = tf.nn.rnn_cell.MultiRNNCell(
         [get_a_cell(self.lstm_size, self.keep_prob)\
         for _ in range(self.num_layers)]
      )
      self.initial_state = cell.zero_state(self.num_seqs, tf.float32)

      # 通过 dynamic_rnn 对 cell 展开时间维度
      self.lstm_outputs, self.final_state = tf.nn.dynamic_rnn(\
      cell, self.lstm_inputs, initial_state=self.initial_state)

      # 通过 lstm_outputs 得到概率
      seq_output = tf.concat(self.lstm_outputs, 1)
      x = tf.reshape(seq_output, [-1, self.lstm_size])
```

```
    with tf.variable_scope('softmax'):
        softmax_w = tf.Variable(tf.truncated_normal(\
        [self.lstm_size, self.num_classes], stddev=0.1))
        softmax_b = tf.Variable(tf.zeros(self.num_classes))

    self.logits = tf.matmul(x, softmax_w) + softmax_b
    self.proba_prediction = tf.nn.softmax(self.logits, name=
'predictions')
```

在这段代码中，首先仿照第 12.4.2 节中的代码，定义了一个多层的 BasicLSTMCell。唯一的区别在于，在这里对每个 BasicLSTMCell 使用了 tf.nn.rnn_cell.DropoutWrapper 函数，即加入了一层 Dropout，以减少过拟合。

定义了 cell 后，如第 12.4.4 节中所说，使用 tf.nn.dynamic_rnn 函数展开了时间维度。tf.nn.dynamic_rnn 的输入为 cell、self.lstm_inputs、self.initial_state。其中 cell 已经解释过了，self.inputs 是在第 12.5.1 节中的输出层定义的，self.initial_state 是通过调用 cell.zero_state 得到的一个全 0 的 Tensor，表示初始的隐层状态。

tf.nn.dynamic_rnn 的输出为 self.outputs 和 self.final_state。这里又需要对照第 12.4.3 节中的内容。self.outputs 是多层 LSTM 的隐层 $\boldsymbol{h}$，因此需要得到最后的分类概率，还需要再定义一层 Softmax 层才可以。这里经过一次类似于 $\boldsymbol{Wx}+\boldsymbol{b}$ 的变换后得到 self.logits，再做 Softmax 处理，输出为 self.proba_prediction。

12.5.3 定义损失

得到 self.proba_prediction 后，可以使用它和 self.targets 的独热编码做交叉熵得到损失。另外，也可以使用 tf.nn.softmax_cross_entropy_with_logits 函数，通过 self.logits 直接定义损失，对应的代码如下：

```
def build_loss(self):
    with tf.name_scope('loss'):
        y_one_hot = tf.one_hot(self.targets, self.num_classes)
        y_reshaped = tf.reshape(y_one_hot, self.logits.get_shape())
        loss = tf.nn.softmax_cross_entropy_with_logits(\
```

```
            logits=self.logits, labels=y_reshaped)
    self.loss = tf.reduce_mean(loss)
```

以上是模型从输入到损失的全过程。

12.5.4 训练模型与生成文字

在本节中，将讲解如何使用定义好的模型训练并生成文字。

1. 生成英文

首先来看较为简单的生成英文的例子。将使用的训练文件 shakespeare.txt 保存在项目的 data/文件夹下，对应的训练的命令为：

```
python train.py \
  --input_file data/shakespeare.txt \
  --name shakespeare \
  --num_steps 50 \
  --num_seqs 32 \
  --learning_rate 0.01 \
  --max_steps 20000
```

此处参数的含义为：

- --input_file：用于训练的文本数据。**程序要求训练的文本必须为使用 utf-8 编码的文件。**
- --name：指定模型的名称，该名称决定了模型的保存位置。如这里指定模型的名称为 shakespeare，那么训练中模型的保存位置是在 model/shakespeare 目录下。
- --num_steps、--num_seqs：这两个参数决定了一个 batch 内序列的个数（相当于 batch_size）和单个序列的长度。其中--num_steps 对应序列长度，--num_seqs 对应序列个数。
- --learning_rate：训练时使用的学习率。
- --max_steps：一个 step 是运行一个 batch，--max_steps 固定了最大的运行步数。

运行后，模型会被保存在 model/shakespeare 目录下。使用下面的命令可以执行测试：

```
python sample.py \
   --converter_path model/shakespeare/converter.pkl \
   --checkpoint_path model/shakespeare/ \
   --max_length 1000
```

对应参数的含义为：

- --converter_path：其实神经网络生成的是字母类别 id，并不是字母。这些类别 id 在输入模型时是通过一个 converter 转换的，程序会自动把 converter 保存在 model/shakespeare 目录下。在输出时需要使用 converter 将类别 id 转换回字母。
- --checkpoint_path：模型的保存路径。
- --max_length：生成的序列长度。

最终生成的结果大致为：

```
As then an if thou she may they stay and more,
If the substance at that shine, sir?

PROTEUS:
He should not hear and hath seal,
Art the such stone and the stite, which worthy himself.

DESDEMONA:
Who't when this is a fear trets, with this shame,
The soul and so thou they the fent than heard in a breath.

LADY GORNINBELIN:
Why, what will what any mans, wealed her.

SALANIUS:
That see the more some days, and how will you.
```

可见的模型确实抓住了原始文本的某些分布特点。

2. 用机器来写诗

本书还准备了一个 data/poetry.txt，该文件中存放了大量唐诗中的五言诗歌。用下面的命令来进行训练：

```
python train.py \
  --use_embedding \
  --input_file data/poetry.txt \
  --name poetry \
  --learning_rate 0.005 \
  --num_steps 26 \
  --num_seqs 32 \
  --max_steps 10000
```

这里出现了一个新的参数--use_embedding。在第 12.3 节和第 12.5.1 节中都提到过它的作用——为输入数据加入一个 embedding 层。默认是使用独热编码而不使用 embedding 的，这里对汉字生成加入 embedding 层，可以获得更好的效果。

测试的命令为：

```
python sample.py \
  --use_embedding \
  --converter_path model/poetry/converter.pkl \
  --checkpoint_path model/poetry/ \
  --max_length 300
```

因为在训练时使用了--use_embedding。所以在测试时也必须使用--use_embedding，这样才能成功载入参数。生成诗歌的效果为：

```
玉殿三江水，清光一叶中。
一生何处见，相待一声飞。
不见青冥去，无因一里归。
自怜江海外，犹是白萍人。
不见江山去，无心在旧乡。
何处无人去，孤灯入水前。
春风生白发，山色入山中。
一日青苔色，应应不得身。
何当一秋月，不见一枝尘。
不见南山去，应逢白发来。
何年不可见，相送有人间。
何事无人处，春风不可归。
```

3. C代码生成

也可以利用Char RNN来生成代码。文件data/linux.txt为Linux源码。使用下面的命令来训练对应的模型：

```
python train.py \
  --input_file data/linux.txt \
  --num_steps 100 \
  --name linux \
  --learning_rate 0.01 \
  --num_seqs 32 \
  --max_steps 20000
```

这里使用了更大的序列长度100（即num_steps参数）。对于代码来说，依赖关系可能在较长的序列中才能体现出来（如函数的大括号等）。代码同样采用单个字母或符号输入，因此没有必要使用embedding层。

对应的测试命令为：

```
python sample.py \
  --converter_path model/linux/converter.pkl \
  --checkpoint_path model/linux \
  --max_length 1000
```

生成的结果为：

```
static int __init calls(struct rq *file)
{
	struct ftrace_event_call *trace_return_rt_seq_task = trace;

	if (!size) {
		trace_relatet = 0;
	}

	return err;
}

static void raw_interruptible(struct page *flags, unsigned int ret) {

	time_proc_state_state(sizeof(struct page *ret);
	copy_read(&clock_tracer_trigger_contexts);
	return 0;
}
```

多次运行测试命令可以生成完全不一样的程序段。

12.5.5 更多参数说明

除了上面提到的几个参数外。程序中还提供了一些参数，用于对模型进行微调，这些参数有：

- --lstm_size：LSTM 隐层的大小。默认为 128。
- --embedding_size：embedding 空间的大小。默认为 128。该参数只有在使用--use_embedding 时才会生效。
- --num_layers：LSTM 的层数。默认为 2。
- --max_vocab：使用的字母（汉字）的最大个数。默认为 3500。程序会自动挑选出使用最多的字，并将剩下的字归为一类，并标记为<unk>。

调整这几个参数就可以调整模型的大小，以获得更好的生成效果。读者可以自己进行尝试。需要注意的是，在 train.py 运行时使用了参数，如--lstm_size 256，那么在运行 sample.py 时也必须使用同样的参数，即加上--lstm_size 256，否则模型将无法正确载入。

最后还剩下两个运行参数，一个是--log_every_n，默认为 10，即每隔 10 步会在屏幕上打出日志。另外一个是--save_every_n，默认为 1000，即每隔 1000 步会将模型保存下来。

12.5.6 运行自己的数据

在运行自己的数据时。需要更改--input_file 和--name，其他的参数仿照设定即可。需要注意的是，使用的文本文件一定要是 utf-8 编码的，不然会出现解码错误。

12.6 总结

在本章中，首先介绍了 RNN 和 LSTM 的基本结构，接着介绍了使用 TensorFlow 实现 RNN（LSTM）的基本步骤，最后通过一个 Char RNN 项目向读者展示了使用经典 RNN 结构的方法。希望读者能够通过本章的介绍，对 TensorFlow 和其中 RNN 的实现有较为详细的了解。

拓展阅读

- 如果读者想要深入了解 RNN 的结构及其训练方法，建议阅读书籍 *Deep Learning*（Ian Goodfellow、Yoshua Bengio 和 Aaron Courville 所著）的第 10 章"Sequence Modeling: Recurrent and Recursive Nets"。此外，http://karpathy.github.io/2015/05/21/rnn-effectiveness/ 中详细地介绍了 RNN 以及 Char RNN 的原理，也是很好的阅读材料。
- 如果读者想要深入了解 LSTM 的结构，推荐阅读 http://colah.github.io/posts/2015-08-Understanding-LSTMs/ 。有网友对这篇博文做了翻译，地址为：http://blog.csdn.net/jerr__y/article/details/58598296。
- 关于 TensorFlow 中的 RNN 实现，有兴趣的读者可以阅读 TensorFlow 源码进行详细了解，地址为：https://github.com/tensorflow/tensorflow/blob/master/ tensorflow/python/ops/rnn_cell_impl.py 。该源码文件中有 BasicRNNCell、BasicLSTMCell、RNNCell、LSTMCell 的实现。

第 13 章 序列分类问题详解

在上一章中，主要介绍了 RNN 的几种结构，并且介绍了如何利用 Char RNN 进行文本生成。Char RNN 对应着 N VS N 的 RNN 结构。在本章中，将专注于另一种 RNN 结构：N VS 1。这种结构的输入为序列，输出为类别，因此可以解决序列分类问题。常见的序列分类问题有文本分类、时间序列分类、音频分类等等。本章会使用 TensorFlow 制作一个最简单的两类序列分类器[1]。

13.1 N VS 1 的 RNN 结构

先来简单地复习 N VS 1 的 RNN 结构，如图 13-1 所示。

$\boldsymbol{x}_1,\boldsymbol{x}_2,\cdots,\boldsymbol{x}_T$ 为输入的数据，$\boldsymbol{Y}$ 为最终的分类。在不同的问题中，输入数据 $\boldsymbol{x}$ 有不同的含义，如：

1 本节的程序参考了：https://github.com/aymericdamien/TensorFlow-Examples/blob/master/examples/3_NeuralNetworks/dynamic_rnn.py 并进行了多处修改。

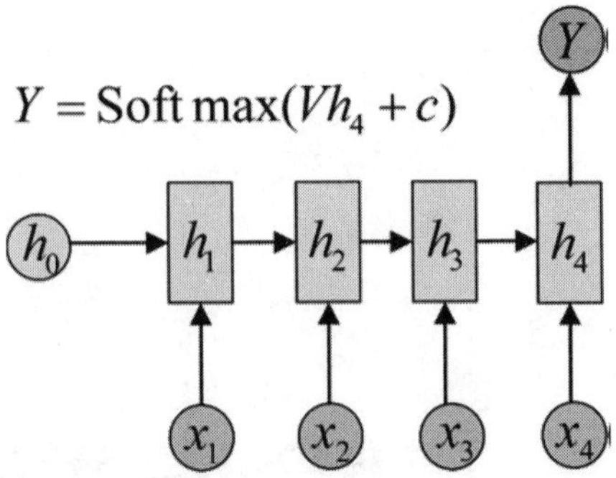

图 13-1 “N VS 1”的 RNN 结构

- 对于文本分类，每一个 $\boldsymbol{x}_t$ 是一个词的向量表示。
- 对于音频分类，每一个 $\boldsymbol{x}_t$ 是一帧采样的数据。
- 对于视频分类，每一个 $\boldsymbol{x}_t$ 是一帧图像（或从单帧图像中提取的特征）。

这种 N VS 1 的 RNN 结构用公式来表达是

$$\boldsymbol{h}_t = f(\boldsymbol{U}\boldsymbol{x}_t + \boldsymbol{W}\boldsymbol{h}_{t-1} + \boldsymbol{b})$$

$$\boldsymbol{Y} = \mathrm{Soft\,max}(\boldsymbol{V}\boldsymbol{h}_T + \boldsymbol{c})$$

每一次只对最后一个隐层状态 $\boldsymbol{h}_T$ 计算类别。请注意，通常输入的序列长度都是不等长的。此时，$\boldsymbol{h}_T$ 取对应序列的长度。如一个长度为 3 的句子，对 $\boldsymbol{h}_3$ 进行计算，一个长度为 5 的句子，对 $\boldsymbol{h}_5$ 进行计算。

13.2 序列分类问题与数据生成

在本章中，会处理一个最简单的序列分类问题：数值序列分类，即数列的分类。假设现在有两类数列，它们分别是：

- 线性数列，如(1, 2, 3, 4, 5⋯)，(0, 5, 10, 15, 20⋯)等。
- 随机数列，如(5, 1, 6, 2, 10⋯)，(8, 3, 1, 9, 7⋯)这种完全没有规律的数列。

希望能训练一个 RNN 分类器，将这两类数列自动分开。有一点要注意的是，**这里数列的长度是不固定的，但它们有一个共同的最大序列长度**，这也和通常要处理的问题类似。

很显然，这种数列分类问题是向量序列分类的最简单形式。它相当于在第 13.1 节的公式中，每一个 $\boldsymbol{x}_t$ 都取一个数字（而不是向量）。在使用 TensorFlow 搭建 RNN 模型之前，先创建下面的类，用于生产数列数据：

```
from __future__ import print_function

import tensorflow as tf
import random
import numpy as np

# 这个类用于产生序列样本
class ToySequenceData(object):
    """ 生成序列数据。每个数量可能具有不同的长度
    一共生成下面两类数据
    - 类别 0: 线性序列 (如 [0, 1, 2, 3…])
    - 类别 1: 完全随机的序列 (i.e. [1, 3, 10, 7…])
    注意:
    max_seq_len 是最大的序列长度。对于长度小于这个数值的序列，将会补 0
    在送入 RNN 计算时，会借助 sequence_length 属性进行相应长度的计算
    """
    def __init__(self, n_samples=1000, max_seq_len=20, min_seq_len=3,
                 max_value=1000):
        self.data = []
        self.labels = []
        self.seqlen = []
        for i in range(n_samples):
            # 序列的长度是随机的，在min_seq_len和max_seq_len之间
            len = random.randint(min_seq_len, max_seq_len)
            # self.seqlen 用于存储所有的序列
            self.seqlen.append(len)
            # 以 50%的概率，随机添加一个线性或随机的训练
            if random.random() < .5:
                # 生成一个线性序列
                rand_start = random.randint(0, max_value - len)
                s = [[float(i)/max_value] for i in
                    range(rand_start, rand_start + len)]
                # 长度不足 max_seq_len 的需要补 0
                s += [[0.] for i in range(max_seq_len - len)]
                self.data.append(s)
                # 线性序列的 label 是[1, 0]（因为一共只有两类）
```

```
                self.labels.append([1., 0.])
            else:
                # 生成一个随机序列
                s = [[float(random.randint(0, max_value))/max_value]
                    for i in range(len)]
                # 长度不足max_seq_len 的需要补 0
                s += [[0.] for i in range(max_seq_len - len)]
                self.data.append(s)
                self.labels.append([0., 1.])
        self.batch_id = 0

    def next(self, batch_size):
        """
        生成batch_size 的样本
        如果使用完了所有样本，会重新从头开始
        """
        if self.batch_id == len(self.data):
            self.batch_id = 0
        batch_data = (self.data[self.batch_id:min(self.batch_id +
                                          batch_size, len(self.data))])
        batch_labels = (self.labels[self.batch_id:min(self.batch_id +
                                          batch_size, len(self.data))])
        batch_seqlen = (self.seqlen[self.batch_id:min(self.batch_id +
                                          batch_size, len(self.data))])
        self.batch_id = min(self.batch_id + batch_size, len(self.data))
        return batch_data, batch_labels, batch_seqlen
```

构造函数中参数的含义为：

- n_samples：数据集中的总样本数。
- max_seq_len：数列的最大长度。
- min_seq_len：数列的最小长度。
- max_value：数列中数的最大值。

这几个参数的含义应该不难理解。唯一需要注意的是此时生成的数列长度是不一致的，最小的长度为 min_seq_len，最大的长度为 max_seq_len。不过，为了方便对数据整体进行处理，**在长度不足 max_seq_len 的数列末尾补 0，将其长度变为 max_seq_len，并用 self.seqlen 记录它的真正长度**。

每次调用 next 方法，都会得到三个变量 batch_data、batch_labels、

batch_seqlen，它们分别表示数列数据、数列的标签、数列的真正长度。读者可以借助下面的实验程序理解这几个变量的含义：

```
# 这一部分只是测试如何使用上面定义的 ToySequenceData
tmp = ToySequenceData()

# 生成样本
batch_data, batch_labels, batch_seqlen = tmp.next(32)

# batch_data 是序列数据，它是一个嵌套的 list，形状为(batch_size, max_seq_len, 1)
print(np.array(batch_data).shape)  # (32, 20, 1)

# 之前调用 tmp.next(32)，因此一共有 32 个序列
# 可以打出第一个序列
print(batch_data[0])

# batch_labels 是 label，它也是一个嵌套的 list，形状为(batch_size, 2)
# (batch_size, 2)中的“2”表示为两类分类
print(np.array(batch_labels).shape)  # (32, 2)

# 可以打出第一个序列的标签
print(batch_labels[0])

# batch_seqlen 一个长度为 batch_size 的 list，表示每个序列的实际长度
print(np.array(batch_seqlen).shape)  # (32,)

# 可以打出第一个序列的长度
print(batch_seqlen[0])
```

打印出的第一个数列的数据、标签、长度分别为（数列是随机产生的，因此读者看到的可能和此处的结果不一致）：

```
[[0.416], [0.417], [0.418], [0.419], [0.42], [0.421], [0.422], [0.423],
[0.424], [0.425], [0.426], [0.427], [0.0], [0.0], [0.0], [0.0], [0.0], [0.0],
[0.0], [0.0]]

[1.0, 0.0]

12
```

显然，此时的第一个数列是一个线性的数列。它的长度为 12，数值为 0.416、0.417、0.418、…、0.427，在数列的最后补 0，使它的长度变成 20

（20 是默认的 max_seq_len）。

读者还可以尝试打印出更多的序列进行观察，这里不再做进一步介绍。

13.3 在 TensorFlow 中定义 RNN 分类模型

13.3.1 定义模型前的准备工作

在正式定义模型前，要做一些准备工作，如给出运行时的一些参数，创建数据集，创建模型中可能用到的变量等，相应的程序如下：

```
# 运行的参数
learning_rate = 0.01
training_iters = 1000000
batch_size = 128
display_step = 10

# 网络定义时的参数
seq_max_len = 20 # 最大的序列长度
n_hidden = 64 # 隐层的 size
n_classes = 2 # 类别数

trainset = ToySequenceData(n_samples=1000, max_seq_len=seq_max_len)
testset = ToySequenceData(n_samples=500, max_seq_len=seq_max_len)

# x 为输入，y 为输出
# None 的位置实际为 batch_size
x = tf.placeholder("float", [None, seq_max_len, 1])
y = tf.placeholder("float", [None, n_classes])
# 这个 placeholder 存储了输入的 x 中每个序列的实际长度
seqlen = tf.placeholder(tf.int32, [None])

# weights 和 bias 在输出时会用到
weights = {
    'out': tf.Variable(tf.random_normal([n_hidden, n_classes]))
}
biases = {
    'out': tf.Variable(tf.random_normal([n_classes]))
}
```

定义的参数含义为：

- learning_rate：学习率。
- training_iters：最大运行的步数。这里定义的最大步数为 1000000，定义成更大的步数可以获得更高的准确率，读者在运行这个程序时可以自行尝试。
- batch_size：每个 batch 中的序列数。
- display_step：每隔多少步在屏幕上打出信息。
- seq_max_len：该参数上面解释过，是序列的最大长度。在定义数据集对象以及定义网络时该参数都会被用到。
- n_hidden：指 RNN 的隐层维度大小。
- n_classes：总类别数。

定义了 3 个占位符，这些占位符用于向模型提供输入输出数据：

- x：输入的数列数据。这个占位符和在第 13.2 节中的变量“batch_data”相对应。它的形状为(batch_size, max_seq_len, 1)。
- y：输入数列的真实类别。这个占位符和在第 13.2 节中的变量“batch_labels”相对应。它的形状为(batch_size, n_classes)。
- seqlen：输入数列的长度。这个占位符和在第 13.2 节中的变量“batch_seqlen”相对应。它的形状为(batch_size,)。

此外，还定义了两个变量 weights 和 biases，这两个变量会在后面定义模型时用到（用 13.3.2 节）。

13.3.2 定义 RNN 分类模型

有了上面的准备工作后，接下来才是真正的重头戏，即定义模型的部分：

```
def dynamicRNN(x, seqlen, weights, biases):

    # 输入x的形状：(batch_size, max_seq_len, n_input)
    # 输入seqlen的形状：(batch_size, )

    # 定义一个lstm_cell，隐层的大小为n_hidden（之前的参数）
```

```
    lstm_cell = tf.nn.rnn_cell.BasicLSTMCell(n_hidden)

    # 使用tf.nn.dynamic_rnn展开时间维度
    # 此外sequence_length=seqlen也很重要，它告诉TensorFlow每一个序列应该运行多少
步
    outputs, states = tf.nn.dynamic_rnn(lstm_cell, x, dtype=tf.float32,
                                sequence_length=seqlen)

    # outputs的形状为(batch_size, max_seq_len, n_hidden)
    # 如果有疑问可以参考上一章内容

    # 此处希望的是取出与序列长度相对应的输出。如一个序列长度为10，应该取出第10个输出
    # 但是TensorFlow不支持直接对outputs进行索引，因此用下面的方法来做:

    batch_size = tf.shape(outputs)[0]
    # 得到每一个序列真正的index
    index = tf.range(0, batch_size) * seq_max_len + (seqlen - 1)
    outputs = tf.gather(tf.reshape(outputs, [-1, n_hidden]), index)

    # 给最后的输出
    return tf.matmul(outputs, weights['out']) + biases['out']
```

先熟悉输入的序列数据 x，它的形状为(batch_size, max_seq_len, n_input)，接着定义了一个 BasicLSTMCell，然后使用 tf.nn.dynamic_rnn 运行这个 cell，这相当于调用了 max_seq_len 次该 cell 的 call 函数，得到的 outputs 的形状为(batch_size, max_seq_len, n_hidden)。这里的定义 cell、使用 tf.nn.dynamic_rnn 都是标准做法，在上一章中已经详细地讲解过了，此处不再展开描述。**唯一与之前不同的是，多传入了一个参数 sequence_length=seqlen**。

为什么要使用 sequence_length 参数？原因在于序列是不等长的，每一个 batch 中，各个序列的长度都记录在 seqlen 中。在调用 tf.nn.dynamic_rnn 时加入参数 sequence_length=seqlen，TensorFlow 会知道每个序列的具体长度，在 RNN 执行到对应长度后不再进行运行，可以节省运行时间。

此外，对于输出 outputs 的处理也和之前不同。此时定义的是 N VS 1 的 RNN 结构，因此必须要获得每个序列对应位置的输出值。如对于长度为 10 的数列，应该使用第 10 个隐层的输出计算分类概率。这应该怎么操作呢？由于在 TensorFlow 中，不能直接使用 seqlen 取出对应位置的 outputs，因此

又多定义了一个 index 变量，借助它和 tf.gather 函数来实现取出对应位置输出值的功能。

最后，使用之前定义的 weights 和 bias 对输出值做一次变换，得到了分类使用的 logits，它的形状为(batch_size, 2)，它是该函数的返回值。

13.3.3 定义损失并进行训练

得到 logits 后，可以利用它和标签 y 直接定义损失并训练了，此处的代码比较简单：

```
# 这里的pred是logits而不是概率
pred = dynamicRNN(x, seqlen, weights, biases)

# 因为pred是logits，因此用tf.nn.softmax_cross_entropy_with_logits来定义损失
cost = tf.reduce_mean(tf.nn.softmax_cross_entropy_with_logits(logits=pred,
labels=y))
optimizer = tf.train.GradientDescentOptimizer(learning_rate= learning_
rate).minimize(cost)

# 分类准确率
correct_pred = tf.equal(tf.argmax(pred,1), tf.argmax(y,1))
accuracy = tf.reduce_mean(tf.cast(correct_pred, tf.float32))

# 初始化
init = tf.global_variables_initializer()

# 训练
with tf.Session() as sess:
    sess.run(init)
    step = 1
    while step * batch_size < training_iters:
        batch_x, batch_y, batch_seqlen = trainset.next(batch_size)
        # 每run一次会更新一次参数
        sess.run(optimizer, feed_dict={x: batch_x, y: batch_y,
                                       seqlen: batch_seqlen})
        if step % display_step == 0:
            # 在这个batch内计算准确度
            acc = sess.run(accuracy, feed_dict={x: batch_x, y: batch_y,
                                                seqlen: batch_seqlen})
```

```
        # 在这个 batch 内计算损失
        loss = sess.run(cost, feed_dict={x: batch_x, y: batch_y,
                                          seqlen: batch_seqlen})
        print("Iter " + str(step*batch_size) + ", Minibatch Loss= " + \
              "{:.6f}".format(loss) + ", Training Accuracy= " + \
              "{:.5f}".format(acc))
    step += 1
print("Optimization Finished!")

# 最终，在测试集上计算一次准确度
test_data = testset.data
test_label = testset.labels
test_seqlen = testset.seqlen
print("Testing Accuracy:", \
    sess.run(accuracy, feed_dict={x: test_data, y: test_label,
                                  seqlen: test_seqlen}))
```

一共会训练 training_iters 次，它的默认值为 100 万。训练完成后会在测试集上测试分类的准确率。一般来说，训练 100 万次后，得到的准确率在 90%~95%。读者在实验时可以将该训练次数调整得更高，如 500 万次，一般都可以得到大于 99%准确率的模型。

13.4 模型的推广

已经使用 TensorFlow 实现了一个最简单的序列分类：

- 输入序列的每一步只是一个数。
- 输出只有两类。

一般来讲，在处理实际问题时，常常会碰到更复杂的情况，如：

- 输入序列的每一步是一个向量。如在文本分类问题中，输入序列的每一步是单词对应的向量，在视频分类问题中，输入序列的每一步是单帧图片对应的向量。
- 输出不只有两类。

如何修改上面的代码让它可以处理更复杂的情况呢？首先来看输出有

多类时应该怎么处理。之前表示两类时，一类的标签为[1, 0]，另一类的标签为[0, 1]，这实际上是类别的独热表示。因此，当类别数为 3 时，对应的标签应该是[0, 0, 1]，[0, 1, 0]，[0, 0, 1]，以此可以类推到更多的类别。另外，还需要更改参数 n_classes，输出时使用的变量 weights 和 bias 的形状也会发生变化，最后的输出是对应的类别数了。

如果输入序列的一步是一个向量，应该怎么处理呢？实际上，上面的 batch_data 以及 x 的形状为(batch_size, max_seq_len, 1)，只需要将其形状改为(batch_size, max_seq_len, input_size)可以了，其中每个序列每一步的值是一个长度为 input_size 的向量。

13.5 总结

在上一章的基础上，本章进一步介绍了 N VS 1 RNN 结构，并介绍了如何利用它处理序列分类问题。使用 TensorFlow 建立 RNN 模型，解决了一个最基本的序列分类问题。最后，讨论了如何再把该程序用于更复杂的情形。

第 14 章 词的向量表示：word2vec 与词嵌入

本章将暂时放下 RNN 的学习，聊一聊如何在 TensorFlow 中实现词嵌入。所谓词嵌入，通俗来讲，是指将一个词语(word)转换为一个向量(vector)表示，所以词嵌入有时又被叫作“word2vec”[1]。本章会先简单介绍为什么要把词转换为向量，接着会介绍两种词嵌入的方法 CBOW 和 Skip-Gram，最后会以 Skip-Gram 为例，详细介绍怎么在 TensorFlow 中实现它。

14.1 为什么需要做词嵌入

为什么需要做词嵌入？为了回答这个问题，得先回忆一下第 12.3 节中关于 Char RNN 的内容。在 Char RNN 中，输入 RNN 序列数据的每一步是一

1 严格来说，“word2vec”只是实现词嵌入的一些算法的集合，包含了下面会讲到的 CBOW 和 Skip-Gram 方法。不过很多时候，“word2vec”也会代指词嵌入。在本章中，不对这两个概念做特别严格的区分。

个字母。具体来说，先对这些字母使用了独热编码再把它输入到 RNN 中，如字母 a 表示为(1, 0, 0, 0，…，0)，字母 b 表示为(0, 1, 0, 0,…, 0)。如果只考虑小写字母 a~z，那么每一步输入的向量的长度是 26。

在实际应用中，每一步只输入一个**字母**显然是不太合适的，更加高效的方法是每一步输入一个**单词**。但是，问题在于，**应该用什么样的方法来表示单词**？如果还继续使用独热表示，那么每一步输入的向量维数会非常大——比如说使用的单词表的数量为 10000，那么独热表示形成的向量形状是(10000,)。另外一方面，**独热表示实际上完全平等看待了单词表中的所有单词**，忽略了单词之间的联系。如单词 cat 和 dog 关系较大，而 cat 和 computer 关系较小，所以 cat 和 dog 应该拥有相似的表示，而 cat 和 computer 的表示则不会那么相似。但是在独热表示中，所有的单词之间都是平等的，单词间的关系被忽视了。

所谓 word2vec，是指学习一个映射 f，它可以将单词变成向量表示：vec = f(word)。通常向量 vec 的维数会比词汇表少很多，如 256 维或 512 维，这样可以用更加高效的方式表示单词。在 RNN 的每一步输入中，不再用词语的独热表示，而是用映射之后的 vec 输入模型，这样模型不仅会得到更丰富的有关词语的信息，而且输入的维数还下降了，因此性能会大大提高。这是需要 word2vec 方法的原因。此外，除了将 word2vec 用于 RNN 模型，还可以将它直接用于各种文本任务（如文本分类），也可以取得比较好的效果。

14.2 词嵌入的原理

应当如何学习到上述的映射 f？一般来说有两种方法，一种方法是基于“计数”的，即在大型语料库中，计算一个词语和另一个词语同时出现的概率，将经常同时出现的词映射到向量空间的相近位置，另一种方法是基于“预测”的，即从一个词或几个词出发，预测它们可能的相邻词，在预测过程中自然而然地学习到了词嵌入的映射 f。通常使用的是基于预测的方法。具体来讲，又有两种基于预测的方法，分别叫 CBOW 和 Skip-Gram，接下来会分别介绍它们的原理。

14.2.1 CBOW 实现词嵌入的原理

CBOW 的全称为 Continuous Bag of Words，即连续词袋模型，它的核心思想是利用某个词语的上下文预测这个词语。为了理解 CBOW，先来考虑这样一个句子：The man fell in love with the woman。如果只看句子的前半部分，即 The man fell in love with the_____，也可以大概率猜到横线处填的是“woman”。CBOW 方法是要训练一个模型，用上下文（在上面的句子里是“The man fell in love with the”）来预测可能出现的单词（如 woman）。

先来考虑用一个单词来预测另外一个单词的情况，对应的网络结构如图 14-1 所示。

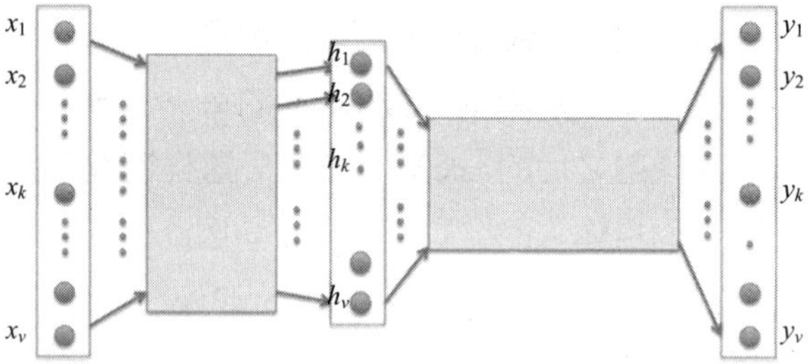

图 14-1　CBOW 模型：用一个单词预测一个单词

在这里，输入的单词还是被独热表示为 $\boldsymbol{x}$，经过一个全连接层得到隐含层 $\boldsymbol{h}$，$\boldsymbol{h}$ 再经过一个全连接层得到输出 $\boldsymbol{y}$。V 是词汇表中单词的数量，因此独热表示的 x 的形状是(V,)。另外输出 $\boldsymbol{y}$ 相当于做 Softmax 操作前的 logits，它的形状也是(V,)，这是用一个单词预测另一个单词。隐层的神经元数量为 N，N 一般设定为小于 V 的值，如 256，512 等。训练完成后，隐层的值被当作是词的嵌入表示，即 word2vec 中的“vec”。

如何用多个词来预测一个词呢？答案很简单，可以先对它们做同样的全连接操作，将得到的值全部加起来得到隐含层的值。对应的结构如图 14-2 所示。

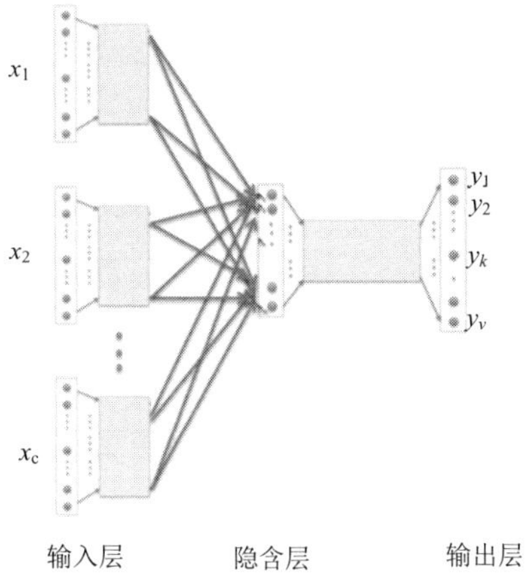

图 14-2　CBOW 模型：用多个单词预测一个单词

图 14-2 中的网络结构也可以用图 14-3 来表示。

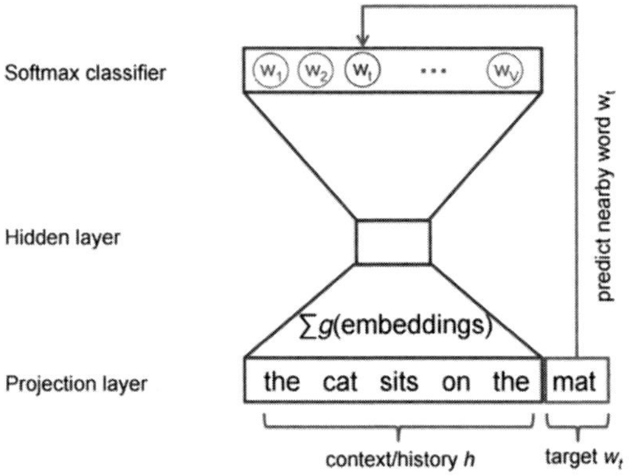

图 14-3　CBOW 模型的另一种图示

在图 14-3 中，上下文是“the cat sits on the”，要预测的单词为“mat”。图中的 $\sum g(embeddings)$ 表示将 the、cat、sits、on、the 这 5 个单词的词嵌入表示加起来（即隐含层的值相加）。

在上述结构中，整个网络相当于是一个 V 类的分类器。V 是单词表中单词的数量，这个值往往非常大，所以比较难以训练，通常会简单修改网络的结构，将 V 类分类变成两类分类。

具体来说，设要预测的目标词汇是“mat”，会在整个单词表中，随机地取出一些词作为“噪声词汇”，如“computer”“boy”“fork”。模型会做一个两类分类：判断一个词汇是否属于“噪声词汇”。一般地，设上下文为 $\boldsymbol{h}$，该上下文对应的真正目标词汇为 $\boldsymbol{w}_t$，噪声词汇为 $\tilde{\boldsymbol{w}}$，优化函数是

$$J=\ln Q_\theta(D=1\,|\,\boldsymbol{w}_t,\boldsymbol{h})+k\underset{\tilde{w}\sim P_{\text{noise}}}{E}[\ln Q_\theta(D=0\,|\,\tilde{\boldsymbol{w}},\boldsymbol{h})]$$

$Q_\theta(D=1\,|\,\boldsymbol{w}_t,\boldsymbol{h})$ 代表的是利用 $\boldsymbol{w}_t$ 和 $\boldsymbol{h}$ 对应的词嵌入向量进行一次 Logistic 回归得到的概率。这样的 Logistic 回归实际可以看作一层神经网络。因为 $\boldsymbol{w}_t$ 为真实的目标单词，所以希望对应的 $D=1$。另外 $\tilde{\boldsymbol{w}}$ 为与句子没关系的词汇，所以希望对应的 $D=0$，即 $\ln Q_\theta(D=0\,|\,\tilde{\boldsymbol{w}},\boldsymbol{h})$。另外，$\underset{\tilde{w}\sim P_{\text{noise}}}{E}$ 表示期望，实际计算的时候不可能精确计算这样一个期望，通常的做法是随机取一些噪声单词去预估这个期望的值。该损失对应的网络结构如图 14-4 所示。

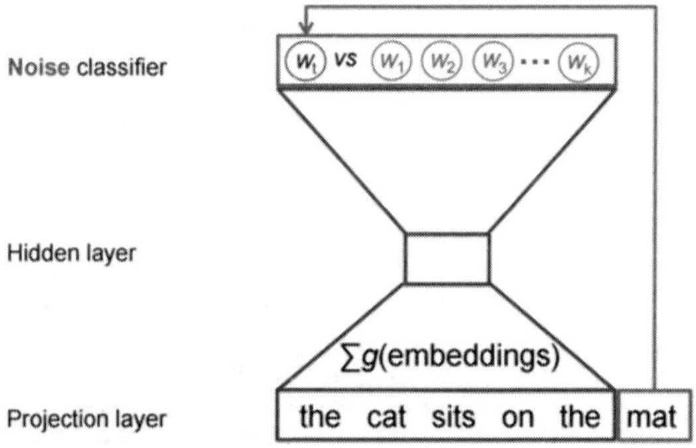

图 14-4　选取噪声词进行两类分类的 CBOW 模型

通过优化二分类损失函数来训练模型后，最后得到的模型中的隐含层可以看作是 word2vec 中的“vec”向量。对于一个单词，先将它独热表示输入模型，隐含层的值是对应的词嵌入表示。另外，在 TensorFlow 中，这里使用的损失被称为 NCE 损失，对应的函数为 tf.nn.nce_loss。

14.2.2 Skip-Gram 实现词嵌入的原理

有了 CBOW 的基础后，Skip-Gram 的原理比较好理解了。在 CBOW 方法中，是使用上下文来预测出现的词，如上下文是："The man fell in love with the"，要预测的词是"woman"。Skip-Gram 方法和 CBOW 方法正好相反：使用"出现的词"来预测它"上下文文中词"。如在之前的句子中，是使用"woman"，来预测"man""fell"等单词。所以，可以把 Skip-Gram 方法看作从一个单词预测另一个单词的问题。

在损失的选择上，和 CBOW 一样，不使用 V 类分类的 Softmax 交叉熵损失，而是取出一些"噪声词"，训练一个两类分类器（即同样使用 NCE 损失）。

14.3 在 TensorFlow 中实现词嵌入

在本节中，以 Skip-Gram 方法为例，介绍如何在 TensorFlow 中训练一个词嵌入模型。使用的示例代码是 TensorFlow 源码中的 wordvec_basic.py[1]。

14.3.1 下载数据集

首先导入一些需要的库：

```
# 导入一些需要的库
from __future__ import absolute_import
from __future__ import division
from __future__ import print_function

import collections
import math
import os
import random
```

1 实际是 TensorFlow 源码中的一个示例程序。地址在：https://github.com/tensorflow/tensorflow/blob/master/ tensorflow/examples/tutorials/word2vec/word2vec_basic.py。

```
import zipfile

import numpy as np
from six.moves import urllib
from six.moves import xrange # pylint: disable=redefined-builtin
import tensorflow as tf
```

为了用 Skip-Gram 方法训练语言模型，需要下载对应语言的语料库。在网站 http://mattmahoney.net/dc/ 上提供了大量英语语料库供下载，为了方便学习，使用一个比较小的语料库 http://mattmahoney.net/dc/text8.zip 作为示例训练模型。程序会自动下载这个文件：

```
# 第一步：在下面这个地址下载语料库
url = 'http://mattmahoney.net/dc/'

def maybe_download(filename, expected_bytes):
  """
  这个函数的功能是：
     如果 filename 不存在，在上面的地址下载它
     如果 filename 存在，跳过下载
     最终会检查文字的字节数是否和 expected_bytes 相同
  """
  if not os.path.exists(filename):
   filename, _ = urllib.request.urlretrieve(url + filename, filename)
  statinfo = os.stat(filename)
  if statinfo.st_size == expected_bytes:
   print('Found and verified', filename)
  else:
   print(statinfo.st_size)
   raise Exception(
      'Failed to verify ' + filename + '. Can you get to it with a
       browser?')
  return filename

# 下载语料库 text8.zip 并验证下载
filename = maybe_download('text8.zip', 31344016)
```

正如注释中所说的，这段程序会从地址 http://mattmahoney.net/dc/text8.zip 下载该语料库，并保存为 text8.zip 文件。如果在当前目录中 text8.zip 已经存在了，则不会去下载。此外，这段程序还会验证 text8.zip 的字节数是否正确。

如果读者运行这段程序后，发现没有办法正常下载文件，可以尝试使用上述的 url 手动下载，并将下载好的文件放在当前目录下。

下载、验证完成后，使用下面的程序将语料库中的数据读出来：

```
# 将语料库解压，并转换成一个 word 的 list
def read_data(filename):
  """
  这个函数的功能是：
     将下载好的 zip 文件解压并读取为 word 的 list
  """
  with zipfile.ZipFile(filename) as f:
    data = tf.compat.as_str(f.read(f.namelist()[0])).split()
  return data

vocabulary = read_data(filename)
print('Data size', len(vocabulary)) # 总长度为 1700 万左右
# 输出前 100 个词
# 词语本来是在连续的句子中的，现在已经被去掉了标点
print(vocabulary[0:100])
```

这段程序会把 text8.zip 解压，并读取为 Python 中的列表，列表中的每一个元素是一个单词，如：

```
['anarchism', 'originated', 'as', 'a', 'term', 'of', 'abuse', 'first', 'used',
'against', 'early', 'working', 'class', 'radicals', 'including', 'the',
'diggers', 'of', 'the', 'english', 'revolution', 'and'......]
```

这个单词列表原本是一些连续的句子，只是在语料库的预处理中被去掉了标点。它是原始的语料库。

14.3.2 制作词表

下载并取出语料库后，来制作一个单词表，它可以将单词映射为一个数字，这个数字是该单词的 id。如原来的数据是 ['anarchism', 'originated', 'as', 'a', 'term', 'of', 'abuse', 'first',.....,]，那么映射之后的数据是[5234, 3081, 12, 6, 195, 2, 3134, 46, ...]，其中 5234 代表单词 anarchism，3081 代表单词 originated，依此类推。

一般来说，因为在语料库中有些词只出现有限的几次，如果单词表中包含了语料库中的所有词，会过于庞大。所以，单词表一般只包含最常用的那些词。对于剩下的不常用的词，会将它替换为一个罕见词标记“UNK”。所有的罕见词都会被映射为同一个单词 id。

制作词表并对之前的语料库进行转换的代码为：

```
# 第二步：制作一个词表，将单词映射为一个 id
# 词表的大小为 5 万（即只考虑最常出现的 5 万个词）
# 将不常见的词变成一个 UNK 标识符，映射到统一的 id
vocabulary_size = 50000

def build_dataset(words, n_words):
  """
  函数功能：将原始的单词表示变成单词索引
  """
  count = [['UNK', -1]]
  count.extend(collections.Counter(words).most_common(n_words - 1))
  dictionary = dict()
  for word, _ in count:
    dictionary[word] = len(dictionary)
  data = list()
  unk_count = 0
  for word in words:
    if word in dictionary:
      index = dictionary[word]
    else:
      index = 0  # UNK 的 index 为 0
      unk_count += 1
    data.append(index)
  count[0][1] = unk_count
  reversed_dictionary = dict(zip(dictionary.values(), dictionary. keys()))
  return data, count, dictionary, reversed_dictionary

data, count, dictionary, reverse_dictionary = build_dataset (vocabulary,
                                                             vocabulary_size)
del vocabulary  # 删除以节省内存
# 输出最常出现的 5 个单词
print('Most common words (+UNK)', count[:5])
# 输出转换后的数据库 data，和原来的单词（前 10 个）
print('Sample data', data[:10], [reverse_dictionary[i] for i in data[:10]])
# 下面使用 data 来制作训练集
```

```
data_index = 0
```

在这里的程序中，单词表中只包含了最常用的 50000 个单词。请注意，在这个实现中，名词的单复数形式（如 boy 和 boys），动词的不同时态（如 make 和 made）都被算作是不同的单词。原来的训练数据 vocabulary 是一个单词的列表，在经过转换后，它变成了一个单词 id 的列表，即程序中的变量 data，它的形式是[5234, 3081, 12, 6, 195, 2, 3134, 46, ...]。

14.3.3 生成每步的训练样本

上一步中得到的变量 data 包含了训练集中所有的数据，现在把它转换成训练时使用的 batch 数据。一个 batch 可以看作是一些“单词对”的集合，如 woman -> man，woman -> fell，箭头左边表示“出现的单词”，右边表示该单词所在的“上下文”中的单词，这是在第 14.2.2 节中所说的 Skip-Gram 方法。

制作训练 batch 的详细程序如下：

```
# 第三步：定义一个函数，用于生成 Skip-Gram 模型用的 batch
def generate_batch(batch_size, num_skips, skip_window):
  # data_index 相当于一个指针，初始为 0
  # 每次生成一个 batch，data_index 会相应地往后推
  global data_index
  assert batch_size % num_skips == 0
  assert num_skips <= 2 * skip_window
  batch = np.ndarray(shape=(batch_size), dtype=np.int32)
  labels = np.ndarray(shape=(batch_size, 1), dtype=np.int32)
  span = 2 * skip_window + 1  # [ skip_window target skip_window ]
  buffer = collections.deque(maxlen=span)
  # data_index 是当前数据开始的位置
  # 产生 batch 后往后推 1 位（产生 batch）
  for _ in range(span):
    buffer.append(data[data_index])
    data_index = (data_index + 1) % len(data)
  for i in range(batch_size // num_skips):
    # 利用 buffer 生成 batch
    # buffer 是一个长度为 2 * skip_window + 1 长度的 word list
    # 一个 buffer 生成 num_skips 个数的样本
```

```
#   print([reverse_dictionary[i] for i in buffer])
  target = skip_window # target label at the center of the buffer
#   targets_to_avoid 保证样本不重复
  targets_to_avoid = [skip_window]
  for j in range(num_skips):
    while target in targets_to_avoid:
      target = random.randint(0, span - 1)
    targets_to_avoid.append(target)
    batch[i * num_skips + j] = buffer[skip_window]
    labels[i * num_skips + j, 0] = buffer[target]
  buffer.append(data[data_index])
  # 每利用buffer生成num_skips个样本，data_index向后推进一位
  data_index = (data_index + 1) % len(data)
 data_index = (data_index + len(data) - span) % len(data)
 return batch, labels

# 默认情况下skip_window=1, num_skips=2
# 此时是从连续的3(3 = skip_window*2 + 1)个词中生成2(num_skips)个样本
# 如连续的三个词['used', 'against', 'early']
# 生成两个样本: against -> used, against -> early
batch, labels = generate_batch(batch_size=8, num_skips=2, skip_window=1)
for i in range(8):
 print(batch[i], reverse_dictionary[batch[i]],
      '->', labels[i, 0], reverse_dictionary[labels[i, 0]])
```

尽管代码中已经给出了注释，但为了便于读者理解，还是对这段代码做进一步详细的说明。这里生成一个 batch 的语句为：batch, labels = generate_batch(batch_size=8, num_skips=2, skip_window=1)，每运行一次 generate_batch 函数，会产生一个 batch 以及对应的标签 labels。注意到该函数有三个参数，batch_size、num_skips 和 skip_window，下面来说明这三个参数的作用。

参数 batch_size 应该是最好理解的，它表示一个 batch 中单词对的个数。generate_batch 返回两个值 batch 和 labels，前者表示 Skip-Gram 方法中“出现的单词”，后者表示“上下文”中的单词，它们的形状分别为(batch_size,)和(batch_size, 1)。

再来看参数 num_skips 和 skip_window。在生成单词对时，会在语料库中先取出一个长度为 skip_window*2 + 1 连续单词列表，这个连续的单词列

表是上面程序中的变量 buffer。buffer 中最中间的那个单词是 Skip-Gram 方法中“出现的单词”，其余 skip_window*2 个单词是它的“上下文”。会在 skip_window*2 个单词中随机选取 num_skips 个单词，放入的标签 labels。

如 skip_window=1 ，num_skips=2 的情况。会首先选取一个长度为 3 的 buffer，假设它是['anarchism', 'originated', 'as']，此时 originated 为中心单词，剩下的两个单词为它的上下文。再在这两个单词中选择 num_skips 形成标签。由于 num_skips = 2，所以实际只能将这两个单词都选上（标签不能重复），最后生成的训练数据为 originated -> anarchism 和 originated -> as。

又如 skip_window=3, num_skips=2，会首先选取一个长度为 7 的 buffer，假设是['anarchism', 'originated', 'as', 'a', 'term', 'of', 'abuse']，此时中心单词为 a，再在剩下的单词中随机选取两个，构成单词对。比如选择 term 和 of，那么训练数据是 a -> term，a-> of。

由于每一次都是在 skip*2 个单词中选择 num_skips 个单词，并且单词不能重复，所以要求 skip_window*2 >= num_skips。这在程序中也有所体现（对应的语句是 assert num_skips <= 2 * skip_window）。

在接下来的训练步骤中，每一步都会调用一次 generate_batch 函数，并用返回的 batch 和 labels 作为训练数据进行训练。

14.3.4 定义模型

此处的模型实际可以抽象为：用一个单词预测另一个单词，在输出时，不使用 Softmax 损失，而使用 NCE 损失，即再选取一些“噪声词”，作为负样本进行两类分类。对应的定义模型代码为：

```
# 第四步：建立模型

batch_size = 128
embedding_size = 128  # 词嵌入空间是128维的。即word2vec中的vec是一个128维的向量
skip_window = 1       # skip_window参数和之前保持一致
```

```
num_skips = 2       # num_skips 参数和之前保持一致

# 在训练过程中，会对模型进行验证
# 验证的方法是找出和某个词最近的词
# 只对前 valid_window 的词进行验证，因为这些词最常出现
valid_size = 16    # 每次验证 16 个词
valid_window = 100  # 这 16 个词是从前 100 个最常见的词中选出来的
valid_examples = np.random.choice(valid_window, valid_size, replace=False)

# 构造损失时选取的噪声词的数量
num_sampled = 64

graph = tf.Graph()

with graph.as_default():

  # 输入的 batch
  train_inputs = tf.placeholder(tf.int32, shape=[batch_size])
  train_labels = tf.placeholder(tf.int32, shape=[batch_size, 1])
  # 用于验证的词
  valid_dataset = tf.constant(valid_examples, dtype=tf.int32)

  # 下面采用的某些函数还没有 GPU 实现，所以只在 CPU 上定义模型
  with tf.device('/cpu:0'):
    # 定义 1 个 embeddings 变量，相当于一行存储一个词的 embedding
    embeddings = tf.Variable(
        tf.random_uniform([vocabulary_size, embedding_size], -1.0, 1.0))
    # 利用 embedding_lookup 可以轻松得到一个 batch 内的所有的词嵌入
    embed = tf.nn.embedding_lookup(embeddings, train_inputs)

    # 创建两个变量用于 NCE Loss（即选取噪声词的二分类损失）
    nce_weights = tf.Variable(
        tf.truncated_normal([vocabulary_size, embedding_size],
                            stddev=1.0 / math.sqrt(embedding_size)))
    nce_biases = tf.Variable(tf.zeros([vocabulary_size]))

  # tf.nn.nce_loss 会自动选取噪声词，并且形成损失
  # 随机选取 num_sampled 个噪声词
  loss = tf.reduce_mean(
      tf.nn.nce_loss(weights=nce_weights,
                     biases=nce_biases,
                     labels=train_labels,
                     inputs=embed,
```

```
                num_sampled=num_sampled,
                num_classes=vocabulary_size))

# 得到 loss 后，可以构造优化器了
optimizer = tf.train.GradientDescentOptimizer(1.0).minimize(loss)

# 对 embedding 层做一次归一化
norm = tf.sqrt(tf.reduce_sum(tf.square(embeddings), 1, keep_dims= True))
normalized_embeddings = embeddings / norm
# 找出和验证词的 embedding 并计算它们和所有单词的相似度（用于验证）
valid_embeddings = tf.nn.embedding_lookup(
   normalized_embeddings, valid_dataset)
similarity = tf.matmul(
   valid_embeddings, normalized_embeddings, transpose_b=True)

# 变量初始化步骤
init = tf.global_variables_initializer()
```

先定义了一个 embeddings 变量，这个变量的形状是(vocabulary_size, embedding_size)，相当于每一行存了一个单词的嵌入向量。例如，单词 id 为 0 的嵌入是 embeddings[0, :]，单词 id 为 1 的嵌入是 embeddings[1, :]，依此类推。对于输入数据 train_inputs，用一个 tf.nn.embedding_lookup 函数，可以根据 embeddings 变量将其转换成对应的词嵌入向量 embed。对比 embed 和输入数据的标签 train_labels，用 tf.nn.nce_loss 函数可以直接定义其 NCE 损失。

另外，在训练模型时，还希望对模型进行验证。此处采取的方法是选出一些“验证单词”，计算在嵌入空间中与其最相近的词。由于直接得到的 embeddings 矩阵可能在各个维度上有不同的大小，为了使计算的相似度更合理，先对其做一次归一化，用归一化后的 normalized_embeddings 计算验证词和其他单词的相似度。

14.3.5 执行训练

完成了模型定义后，就可以进行训练了，对应的代码比较简单：

```
# 第五步：开始训练
```

```
num_steps = 100001

with tf.Session(graph=graph) as session:
  # 初始化变量
  init.run()
  print('Initialized')

  average_loss = 0
  for step in xrange(num_steps):
    batch_inputs, batch_labels = generate_batch(
        batch_size, num_skips, skip_window)
    feed_dict = {train_inputs: batch_inputs, train_labels: batch_labels}

    # 优化一步
    _, loss_val = session.run([optimizer, loss], feed_dict=feed_dict)
    average_loss += loss_val

    if step % 2000 == 0:
      if step > 0:
        average_loss /= 2000
      # 2000 个 batch 的平均损失
      print('Average loss at step ', step, ': ', average_loss)
      average_loss = 0

    # 每 1 万步，进行一次验证
    if step % 10000 == 0:
      # sim 是验证词与所有词之间的相似度
      sim = similarity.eval()
      # 一共有 valid_size 个验证词
      for i in xrange(valid_size):
        valid_word = reverse_dictionary[valid_examples[i]]
        top_k = 8  # 输出最相邻的 8 个词语
        nearest = (-sim[i, :]).argsort()[1:top_k + 1]
        log_str = 'Nearest to %s:' % valid_word
        for k in xrange(top_k):
          close_word = reverse_dictionary[nearest[k]]
          log_str = '%s %s,' % (log_str, close_word)
        print(log_str)
  # final_embeddings 是最后得到的 embedding 向量
  # 它的形状是[vocabulary_size, embedding_size]
  # 每一行代表着对应单词 id 的词嵌入表示
  final_embeddings = normalized_embeddings.eval()
```

每执行 1 万步，会执行一次验证，即选取一些“验证词”，选取在当前的嵌入空间中，与其距离最近的几个词，并将这些词输出。例如，在网络初始化时（step=0），模型的验证输出为：

```
Nearest to that: outspoken, anfield, blitter, lokasenna, hau, affix, explodes,
superscription,
Nearest to many: legendary, codec, brigham, replicating, ananda, cn, anu,
bbs,
Nearest to on: ramesh, newnode, falwell, prester, conjunct, sedition, disarm,
booklets,
Nearest to its: faults, chase, pcc, riflemen, crystallizes, contemptuous,
anathema, unshielded,
Nearest to more: moivre, overrun, trailing, zil, mannerisms, relieved, leary,
goldeneye,
```

可以发现这些输出完全是随机的，并没有特别的意义。

但训练到 10 万步时，验证输出变为：

```
Nearest to that: which, what, however, this, sponsors, but, peacocks,
operatorname,
Nearest to many: some, several, these, all, replicating, various, aba, other,
Nearest to on: in, upon, kapoor, at, through, microcebus, upanija, amoeboid,
Nearest to its: their, his, the, her, thaler, eta, microcebus, some,
Nearest to more: less, very, most, overrun, pillars, leary, rather, radiant,
```

此时，embedding 空间中的向量表示已经具备了一定含义。例如，和单词 that 最相近的是 which，与 many 最相似的为 some，与 its 最相似的是 their 等。这些相似性都是容易理解的。如果增加训练的步数，并且合理调节模型中的参数，还会得到更精确的词嵌入表示。

最终，得到的词嵌入向量为 final_embeddings，它是归一化后的词嵌入向量，形状为(vocabulary_size, embedding_size), final_embeddings[0, :]是 id 为 0 的单词对应的词嵌入表示，final_embeddings[1, :]是 id 为 1 的单词对应的词嵌入表示，依此类推。

14.3.6 可视化

其实，程序得到 final_embeddings 之后就可以结束了，不过可以更进一步，对词的嵌入空间进行可视化表示。由于之前设定的 embedding_size=128，即每个词都被表示为一个 128 维的向量。虽然没有方法把 128 维的空间直接画出来，但下面的程序使用了 t-SNE 方法把 128 维空间映射到了 2 维，并画出最常使用的 500 个词的位置。画出的图片保存为 tsne.png 文件：

```
def plot_with_labels(low_dim_embs, labels, filename='tsne.png'):
  assert low_dim_embs.shape[0] >= len(labels), 'More labels than embeddings'
  plt.figure(figsize=(18, 18))  # in inches
  for i, label in enumerate(labels):
    x, y = low_dim_embs[i, :]
    plt.scatter(x, y)
    plt.annotate(label,
                 xy=(x, y),
                 xytext=(5, 2),
                 textcoords='offset points',
                 ha='right',
                 va='bottom')

  plt.savefig(filename)

try:
  # pylint: disable=g-import-not-at-top
  from sklearn.manifold import TSNE
  import matplotlib.pyplot as plt

  # 因为embedding的大小为128维，没有办法直接可视化
  # 所以用t-SNE方法进行降维
  tsne = TSNE(perplexity=30, n_components=2, init='pca', n_iter=5000)
  # 只画出500个词的位置
  plot_only = 500
  low_dim_embs = tsne.fit_transform(final_embeddings[:plot_only, :])
  labels = [reverse_dictionary[i] for i in xrange(plot_only)]
  plot_with_labels(low_dim_embs, labels)

except ImportError:
  print('Please install sklearn, matplotlib, and scipy to show embeddings.')
```

在运行这段代码时，如果是通过 ssh 连接服务器的方式执行，则可能会

出现类似于“RuntimeError: Invalid DISPLAY variable”之类的错误。此时只需要在语句“import matplotlib.pyplot as plt”之前加上下面两条语句即可成功运行：

```
import matplotlib
matplotlib.use('Agg') # Must be before importing matplotlib.pyplot or pylab!
```

生成的“tsne.jpg”如图 14-5 所示。

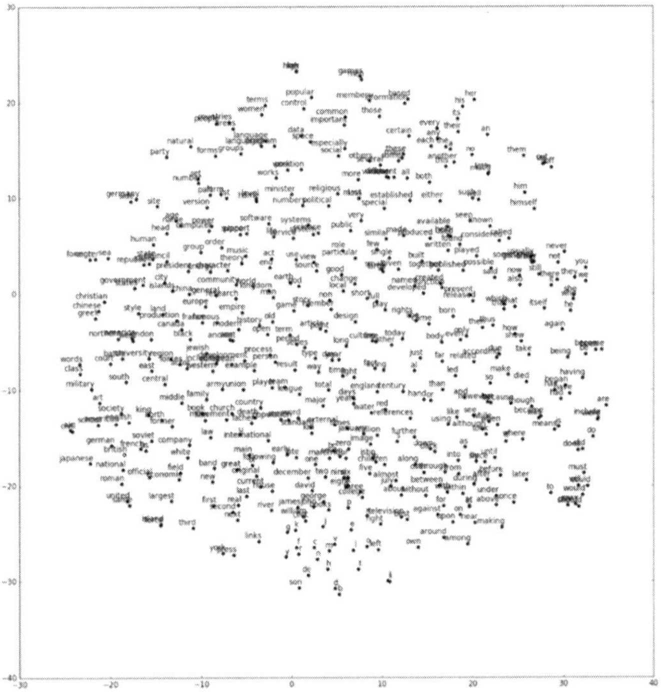

图 14-5　使用 t-SNE 方法可视化词嵌入（详见彩插）

在图 14-5 中，相似词之间的距离比较近。如图 14-6 所示为放大后的部分词嵌入分布。

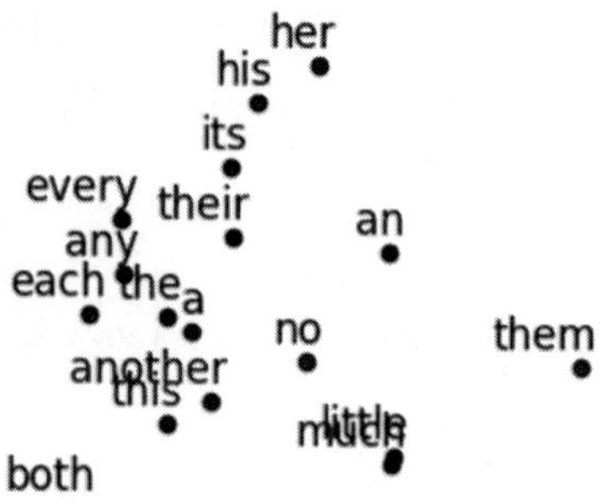

图 14-6　放大后的部分词嵌入分布

很显然，his、her、its、their 几个词性相近的词被排在了一起。

除了相似性之外，嵌入空间中还有一些其他的有趣的性质，如图 14-7 所示，在词嵌入空间中往往可以反映出 man-woman，king-queen 的对应关系，动词形式的对应关系，国家和首都的对应关系等。

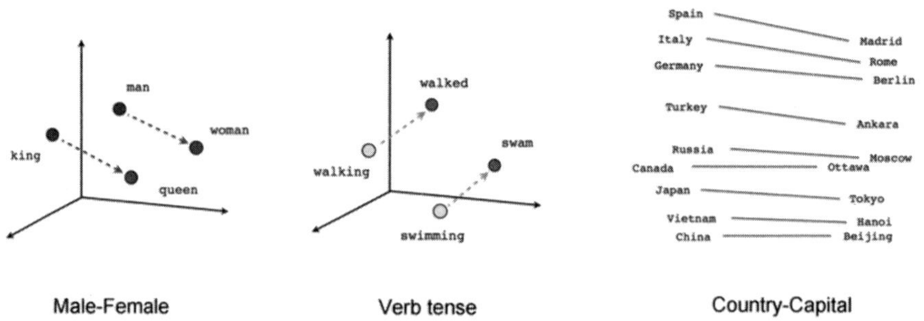

图 14-7　词嵌入空间中的对应关系

在第 12 章训练 Char RNN 时，也曾提到对汉字做“embedding”，那么第 12 章中的 embedding 和本章中的 word2vec 有什么区别呢？事实上，不管是在训练 Char RNN 时，还是在训练 word2vec 模型，都是加入了一个“词嵌入层”，只不过对象有所不同——一个是汉字，一个是英文单词。这个词嵌入层可以把输入的汉字或英文单词嵌入到一个更稠密的空间中，这有助于模型性能的提升。训练它们的方式有所不同，在第 12 章中，是采用 Char RNN 的损失，通过预测下一个时刻的字符来训练模型，“顺带”得到了词嵌入。在本章中，是采用 Skip-Gram 方法，通过预测单词的上下文来训练词嵌入。

最后，如果要训练一个以单词为输入单位的 Char RNN（即模型的每一步的输入都是单词，输入的每一步也是单词，而不是字母），那么可以用本章中训练得到的词嵌入作为要训练的 Char RNN 的词嵌入层的初始值，这样做可以大大提高收敛速度。对于汉字或是汉字词语，也可以采取类似的方法。

14.4 总结

在本章中，首先介绍了一下词嵌入方法提出的动机，接着学习了实现词嵌入的两种方法：CBOW 和 Skip-Gram。最后，以 Skip-Gram 方法为例，讲解了如何在 TensorFlow 中实现词嵌入并进行可视化。得到单词的嵌入向量表示后，可以用它作为输入来提升 RNN 模型的性能，也可以直接将其用于各类文本任务。

拓展阅读

- 本章的程序实际修改自 TensorFlow 的官方教程：https://www.tensorflow.org/tutorials/word2vec ，读者在阅读时可以参考该教程了解更多信息。
- 关于 CBOW 模型和 Skip-Gram 模型的更多细节，可以参考论文 *Efficient Estimation of Word Representations in Vector Space*（第 3.1 节和第 3.2 节）。

第 15 章 在 TensorFlow 中进行时间序列预测

常常会碰到各种各样时间序列预测问题，如商场人流量的预测、商品价格的预测、股价的预测，等等。TensorFlow 1.3 版本新引入了一个 TensorFlow Time Series 库（以下简称为 TFTS），它可以帮助在 TensorFlow 中快速搭建高性能的时间序列预测系统，并提供包括 AR、LSTM 在内的多个模型。本章会通过实例的形式，详细地介绍 TFTS 库的使用方法。

15.1 时间序列问题的一般形式

一般地，时间序列数据抽象为两部分：观察的时间点和观察到的值。以商品价格为例，某年一月的价格为 120 元，二月的价格为 130 元，三月的价格为 135 元，四月的价格为 132 元。那么观察的时间点可以看作是 1,2,3,4，而在各时间点上观察到的数据的值为 120,130,135,132。

观察的时间点可以不连续。比如二月的数据有缺失，那么实际的观察时间点为 1,3,4，对应的数据为 120,135,132。所谓时间序列预测，是指预测某些未来的时间点上（如 5,6）数据的值应该是多少。

TFTS 库正是以按照时间点+观察值的方式对时间序列问题进行抽象包装的。在 TFTS 中，观察的时间点用“times”表示，而对应的值用“values”表示。在训练模型时，输入数据需要同时具有 times 和 values 两个字段；在预测时，需要给定一些初始的数值，以及需要预测的时间点 times。之后会对训练、预测的过程做进一步的介绍。

15.2 用 TFTS 读入时间序列数据

在训练模型之前，需要将时间序列数据读入成 Tensor 的形式。TFTS 库中提供了两个方便的读取器 NumpyReader 和 CSVReader。前者用于从 Numpy 数组中读入数据，后者用于从 CSV 文件中读入数据。下面来分别介绍这两个函数。

15.2.1 从 Numpy 数组中读入时间序列数据

这里提供一个示例文件 test_input_array.py，将演示怎么读入 Numpy 数组中的时间序列数据。

首先导入需要的包及函数（它们的用途会在之后解释）:

```
# coding: utf-8
from __future__ import print_function
import numpy as np
import matplotlib
matplotlib.use('agg')
import matplotlib.pyplot as plt
import tensorflow as tf
from tensorflow.contrib.timeseries.python.timeseries import NumpyReader
```

接着，利用 np.sin 生成一个实验用的时间序列数据。该时间序列数据实际上是在正弦曲线上加入了上升的趋势和一些随机的噪声：

```
x = np.array(range(1000))
noise = np.random.uniform(-0.2, 0.2, 1000)
y = np.sin(np.pi * x / 100) + x / 200. + noise
plt.plot(x, y)
plt.savefig('timeseries_y.jpg')
```

该实验用的时间序列数据的图像被保存为“timeseries_y.jpg”文件，如图 15-1 所示。

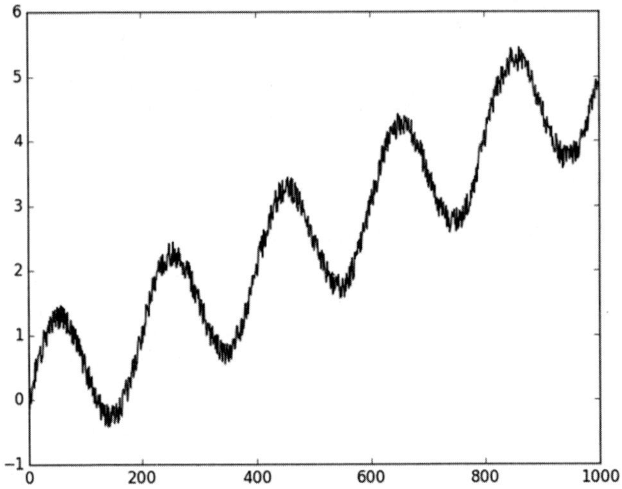

图 15-1　实验用的时间序列数据

横坐标对应变量“x”，纵坐标对应变量“y”，它们分别对应之前提到过的“观察的时间点”和“观察到值”。TFTS 读入 x 和 y 的方式非常简单，请看下面的代码：

```
data = {
   tf.contrib.timeseries.TrainEvalFeatures.TIMES: x,
   tf.contrib.timeseries.TrainEvalFeatures.VALUES: y,
}

reader = NumpyReader(data)
```

首先把 x 和 y 变成 Python 中的词典（变量 data）。变量 data 中的键值 tf.contrib.timeseries.TrainEvalFeatures.TIMES 实际是一个字符串“times”，而

tf.contrib.timeseries.TrainEvalFeatures.VALUES 是字符串“values”。所以，上面的定义直接写成“data = {‘times’:x, ‘values’:y}”也是可以的。写成比较复杂的形式是为了和源码中的写法保持一致。

得到的 reader 有一个 read_full()方法，它的返回值是时间序列对应的 Tensor，可以用下面的代码进行试验：

```
with tf.Session() as sess:
   full_data = reader.read_full()
   # 调用 read_full 方法会生成读取队列
   # 要用 tf.train.start_queue_runners 启动队列才能正常进行读取
   coord = tf.train.Coordinator()
   threads = tf.train.start_queue_runners(sess=sess, coord=coord)
   print(sess.run(full_data))
   coord.request_stop()
```

请注意，不能直接使用 sess.run(reader.read_full())从 reader 中取出所有数据。原因在于 read_full()方法会产生读取队列，而队列的线程此时还没启动，需要使用 tf.train.start_queue_runners 启动队列，才能使用 sess.run()来获取值。

在训练时，通常不会使用整个数据集进行训练，而是采用 batch 的形式。从 reader 出发，建立 batch 数据的方法也很简单：

```
train_input_fn = tf.contrib.timeseries.RandomWindowInputFn(
   reader, batch_size=2, window_size=10)
```

tf.contrib.timeseries.RandomWindowInputFn 会在 reader 的所有数据中，随机选取窗口长度为 window_size 的序列，并包装成 batch_size 大小的 batch 数据。换句话说，一个 batch 内共有 batch_size 个序列，每个序列的长度为 window_size。

以 batch_size=2, window_size=10 为例，可以打印出一个 batch 内的数据：

```
with tf.Session() as sess:
   batch_data = train_input_fn.create_batch()
   coord = tf.train.Coordinator()
   threads = tf.train.start_queue_runners(sess=sess, coord=coord)
   one_batch = sess.run(batch_data[0])
```

```
  coord.request_stop()

print('one_batch_data:', one_batch)
```

同之前一样，需要 tf.train.start_queue_runners 启动内部的队列。打出的一个 batch 的数据为：

```
one_batch_data: {'values': array([[[ 1.28248938],
        [ 1.24613093],
        [ 1.25797368],
        [ 1.08854597],
        [ 1.08495405],
        [ 1.15530444],
        [ 1.20226971],
        [ 1.12346094],
        [ 1.25090237],
        [ 1.40186519]],

       [[ 0.86009011],
        [ 0.68059614],
        [ 0.69943927],
        [ 0.93291794],
        [ 0.72170105],
        [ 0.8288151 ],
        [ 0.69657721],
        [ 0.918777  ],
        [ 0.86060293],
        [ 0.92268669]]]), 'times': array([[42, 43, 44, 45, 46, 47, 48, 49, 50,
51],
       [21, 22, 23, 24, 25, 26, 27, 28, 29, 30]])}
```

原先的数据长度为 1000 的时间序列（x = np.array(range(1000))），使用 tf.contrib.timeseries.RandomWindowInputFn，并指定 window_size=10，batch_size=2 的功能是在这长度为 1000 的时间序列中，随机选取长度为 10 的序列，并在每个 batch 里包含两个这样的序列。这也可以从打印出的数据中看出来。

使用 tf.contrib.timeseries.RandomWindowInputFn 返回的 train_input_fn 可以进行训练了。这是在 TFTS 中读入 Numpy 数组时间序列的基本方式。下面介绍如何读入 CSV 格式的数据。

15.2.2 从 CSV 文件中读入时间序列数据

有时，时间序列数据是存在 CSV 文件中的。当然可以将其先读入为 Numpy 数组，再使用之前的方法处理。更方便的做法是使用 tf.contrib.timeseries.CSVReader 读入。提供了一个 test_input_csv.py 代码，示例如何将文件./data/period_trend.csv 中的时间序列读入。

假设 CSV 文件的时间序列数据的形式为：

```
1,-0.6656603714
2,-0.1164380359
3,0.7398626488
4,0.7368633029
5,0.2289480898
6,2.257073255
7,3.023457405
8,2.481161007
9,3.773638612
10,5.059257738
11,3.553186083
```

CSV 文件的第一列为时间点，第二列为该时间点上观察到的值。将其读入的方法为：

```
# coding: utf-8
from __future__ import print_function
import tensorflow as tf

csv_file_name = './data/period_trend.csv'
reader = tf.contrib.timeseries.CSVReader(csv_file_name)
```

实际读入的代码只有一行，直接使用函数 tf.contrib.timeseries.CSVReader 得到了 reader。将 reader 中所有数据打印出来的方法和之前是一样的：

```
with tf.Session() as sess:
    data = reader.read_full()
    coord = tf.train.Coordinator()
    threads = tf.train.start_queue_runners(sess=sess, coord=coord)
    print(sess.run(data))
    coord.request_stop()
```

从 reader 出发，建立 batch 数据的 train_input_fn 的方法也完全相同：

```
train_input_fn = tf.contrib.timeseries.RandomWindowInputFn(
    reader, batch_size=4, window_size=16)
```

最后，可以打印出两个 batch 的数据进行测试：

```
with tf.Session() as sess:
    data = train_input_fn.create_batch()
    coord = tf.train.Coordinator()
    threads = tf.train.start_queue_runners(sess=sess, coord=coord)
    batch1 = sess.run(data[0])
    batch2 = sess.run(data[0])
    coord.request_stop()

print('batch1:', batch1)
print('batch2:', batch2)
```

以上是 TFTS 库中数据的读取方式。**总的来说，会从 Numpy 数组或者 CSV 文件出发构造一个 reader，再利用 reader 生成 batch 数据。最后得到的 Tensor 为 train_input_fn，这个 train_input_fn 会被当作训练时的输入。**

15.3 使用 AR 模型预测时间序列

15.3.1 AR 模型的训练

自回归模型（Autoregressive model，简称为 AR 模型）是统计学上处理时间序列模型的基本方法之一。TFTS 中已经实现了一个自回归模型，对应的训练、验证并进行时间序列预测的示例程序为 train_array.py。先仿照第 15.2.1 节定义出一个 train_input_fn：

```
x = np.array(range(1000))
noise = np.random.uniform(-0.2, 0.2, 1000)
y = np.sin(np.pi * x / 100) + x / 200. + noise
plt.plot(x, y)
plt.savefig('timeseries_y.jpg')
```

```
data = {
    tf.contrib.timeseries.TrainEvalFeatures.TIMES: x,
    tf.contrib.timeseries.TrainEvalFeatures.VALUES: y,
}

reader = NumpyReader(data)

train_input_fn = tf.contrib.timeseries.RandomWindowInputFn(
    reader, batch_size=16, window_size=40)
```

使用的时间序列数据如图 15-2 所示（会被保存为“timeseries_y.jpg”）。

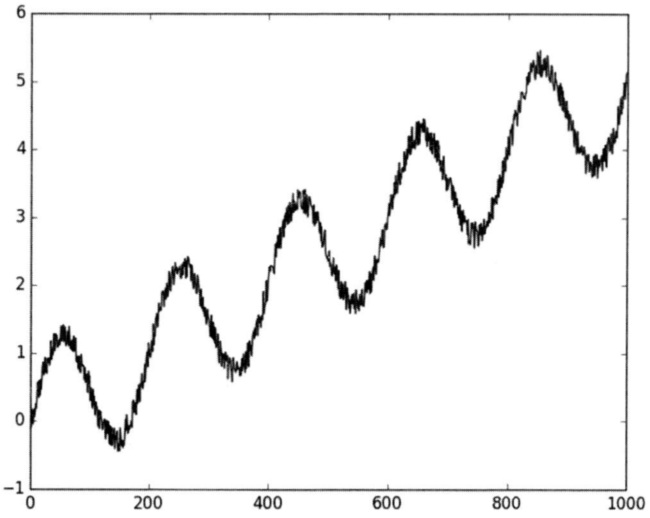

图 15-2　实验用的时间序列数据

针对这个序列，对应的 AR 模型的定义是：

```
ar = tf.contrib.timeseries.ARRegressor(
    periodicities=200, input_window_size=30, output_window_size=10,
    num_features=1,
    loss=tf.contrib.timeseries.ARModel.NORMAL_LIKELIHOOD_LOSS)
```

这里的几个参数比较重要，此处分别给出解释。第一个参数 periodicities 表示序列的规律性周期。在定义数据时使用的语句是“y = np.sin(np.pi * x / 100) + x / 200. + noise”，因此周期为 200。input_window_size 表示模型每次输入的值，output_window_size 表示模型每次输出的值。input_window_size

和 output_window_size 加起来必须等于 train_input_fn 中总的 window_size。在这里，总的 window_size 为 40，input_window_size 为 30，output_window_size 为 10；也是说，一个 batch 内每个序列的长度为 40，其中前 30 个数被当作模型的输入值，后面 10 个数为这些输入对应的目标输出值。最后一个参数 loss 指定采取哪一种损失，一共有两种损失可以选择，分别是 NORMAL_LIKELIHOOD_LOSS 和 SQUARED_LOSS。

num_features 参数表示在一个时间点上观察到的数的维度。这里每一步都是一个单独的值，所以 num_features=1。

除了程序中出现的几个参数外，还有一个比较重要的参数是 model_dir。它表示模型训练好后保存的地址，如果不指定的话，会随机分配一个临时地址。

使用变量 ar 的 train 方法可以直接进行训练：

```
ar.train(input_fn=train_input_fn, steps=6000)
```

15.3.2 AR 模型的验证和预测

TFTS 中验证（evaluation）的含义是：使用训练好的模型在原先的训练集上进行计算，由此可以观察到模型的拟合效果，对应的程序段是：

```
evaluation_input_fn = tf.contrib.timeseries.WholeDatasetInputFn(reader)
# keys of evaluation: ['covariance', 'loss', 'mean', 'observed',
'start_tuple', 'times', 'global_step']
evaluation = ar.evaluate(input_fn=evaluation_input_fn, steps=1)
```

如果想要明白这里的逻辑，首先要理解之前定义的 AR 模型：它每次都接收一个长度为 30 的输入观测序列，并输出长度为 10 的预测序列。整个训练集是一个长度为 1000 的序列，前 30 个数首先被当作“初始观测序列”输入到模型中，由此可以计算出下面 10 步的预测值。接着又会取 30 个数进行预测，这 30 个数中有 10 个数是前一步的预测值，新得到的预测值又会变成下一步的输入，依此类推。

最终得到 970 个预测值（970=1000-30，因为前 30 个数是没办法进行预测的）。970 个预测值被记录在 evaluation['mean']中。evaluation 还有其他几个键值，如 evaluation['loss'] 表示总的损失，evaluation['times'] 表示 evaluation['mean']对应的时间点，等等。

evaluation['start_tuple']会被用于之后的预测中，它相当于最后 30 步的输出值和对应的时间点。以此为起点，可以对 1000 步以后的值进行预测，对应的代码为：

```
(predictions,) = tuple(ar.predict(
   input_fn=tf.contrib.timeseries.predict_continuation_input_fn(
      evaluation, steps=250)))
```

这里的代码在 1000 步之后又向后预测了 250 个时间点。对应的值保存在 predictions['mean']中。可以把观测到的值、模型拟合的值、预测值用下面的代码画出来：

```
plt.figure(figsize=(15, 5))
plt.plot(data['times'].reshape(-1), data['values'].reshape(-1), label=
'origin')
plt.plot(evaluation['times'].reshape(-1), evaluation['mean'].reshape(-1),
label='evaluation')
plt.plot(predictions['times'].reshape(-1),
predictions['mean'].reshape(-1), label='prediction')
plt.xlabel('time_step')
plt.ylabel('values')
plt.legend(loc=4)
plt.savefig('predict_result.jpg')
```

画好的图片会被保存为“predict_result.jpg”，如图 15-3 所示。

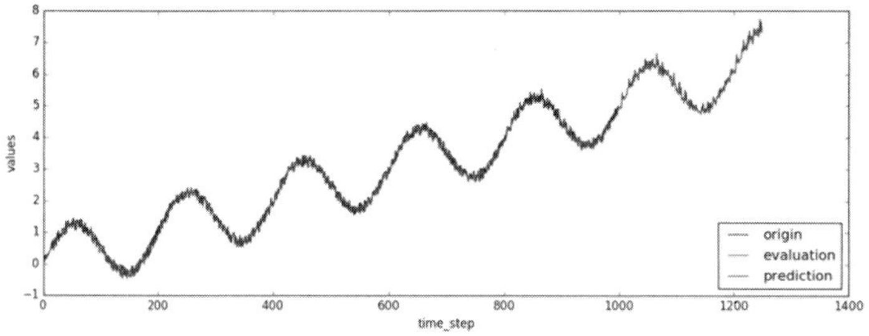

图 15-3　使用 AR 模型预测时间序列（详见彩插）

从图 15-3 中可以看出，前 1000 步模型原始观测值的曲线和模型拟合值非常接近，说明模型拟合得已经比较好了，1000 步之后的预测也合情合理。

15.4 使用 LSTM 模型预测时间序列

给出两个用 LSTM 预测时间序列模型的例子[1]，分别是 train_lstm.py 和 train_lstm_multivariate.py。前者是在 LSTM 中进行单变量的时间序列预测，后者是使用 LSTM 进行多变量时间序列预测。为了使用 LSTM 模型，需要先使用 TFTS 库对其进行定义，定义模型的代码来源于 TFTS 的示例源码[2]，在 train_lstm.py 和 train_lstm_multivariate.py 中分别复制了一份。

15.4.1 LSTM 模型中的单变量时间序列预测

同样，用函数加噪声的方法生成一个模拟的时间序列数据：

```
x = np.array(range(1000))
noise = np.random.uniform(-0.2, 0.2, 1000)
y = np.sin(np.pi * x / 50 ) + np.cos(np.pi * x / 50) + np.sin(np.pi * x /
25) + noise

data = {
   tf.contrib.timeseries.TrainEvalFeatures.TIMES: x,
   tf.contrib.timeseries.TrainEvalFeatures.VALUES: y,
}

reader = NumpyReader(data)

train_input_fn = tf.contrib.timeseries.RandomWindowInputFn(
   reader, batch_size=4, window_size=100)
```

此处 y 对 x 的函数关系比之前复杂，因此更适合用 LSTM 这样的模型找

1 LSTM 模型的例子需要使用 TensorFlow 1.4.0rc0 及以上版本才能成功运行。

2 https://github.com/tensorflow/tensorflow/blob/master/tensorflow/contrib/timeseries/examples/lstm.py。

出其中的规律。得到 y 和 x 后，使用 NumpyReader 读入为 Tensor 形式，接着用 tf.contrib.timeseries.RandomWindowInputFn 将其变为 batch 训练数据。一个 batch 中有 4 个随机选取的序列，每个序列的长度为 100。

接下来定义一个 LSTM 模型：

```
estimator = ts_estimators.TimeSeriesRegressor(
    model=_LSTMModel(num_features=1, num_units=128),
    optimizer=tf.train.AdamOptimizer(0.001))
```

num_features = 1 表示单变量时间序列，即每个时间点上观察到的量只是一个单独的数值，num_units=128 表示使用隐层为 128 大小的 LSTM 模型。

训练、验证和预测的方法都和之前类似。在训练时，在已有的 1000 步的观察量的基础上向后预测 200 步：

```
estimator.train(input_fn=train_input_fn, steps=2000)
evaluation_input_fn = tf.contrib.timeseries.WholeDatasetInputFn(reader)
evaluation = estimator.evaluate(input_fn=evaluation_input_fn, steps=1)
# Predict starting after the evaluation
(predictions,) = tuple(estimator.predict(
    input_fn=tf.contrib.timeseries.predict_continuation_input_fn(
        evaluation, steps=200)))
```

将验证、预测的结果取出并画成示意图，画出的图像会保存成“predict_result.jpg”文件：

```
observed_times = evaluation["times"][0]
observed = evaluation["observed"][0, :, :]
evaluated_times = evaluation["times"][0]
evaluated = evaluation["mean"][0]
predicted_times = predictions['times']
predicted = predictions["mean"]

plt.figure(figsize=(15, 5))
plt.axvline(999, linestyle="dotted", linewidth=4, color='r')
observed_lines = plt.plot(observed_times, observed, label="observation",
color="k")
evaluated_lines = plt.plot(evaluated_times, evaluated, label="evaluation",
color="g")
predicted_lines = plt.plot(predicted_times, predicted, label="prediction",
color="r")
```

```
plt.legend(handles=[observed_lines[0],
      evaluated_lines[0],
      predicted_lines[0]],
      loc="upper left")
plt.savefig('predict_result.jpg')
```

预测效果如图 15-4 所示，横坐标为时间轴，前 1000 步是训练数据，1000~1200 步是模型预测的值。

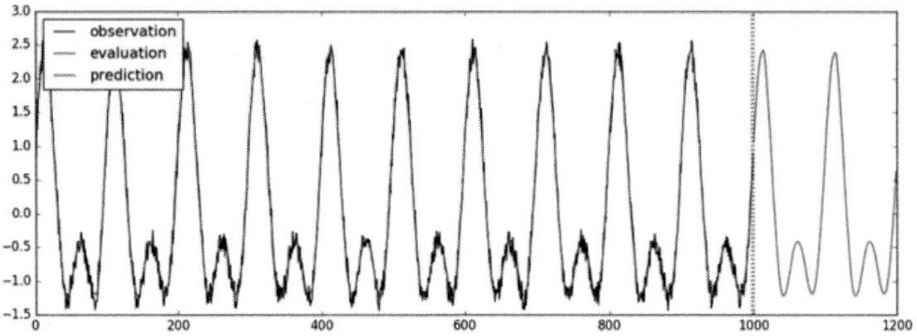

图 15-4　使用 LSTM 预测时间序列的效果

15.4.2　LSTM 模型中的多变量时间序列预测

所谓多变量时间序列，是指在每个时间点上的观测量有多个值。在 data/multivariate_periods.csv 文件中，保存了一个多变量时间序列的数据：

```
0,0.926906299771,1.99107237682,2.56546245685,3.07914768197,4.04839057867
1,0.108010001864,1.41645361423,2.1686839775,2.94963962176,4.1263503303
2,-0.800567600028,1.0172132907,1.96434754116,2.99885333086,4.04300485864
3,0.0607042871898,0.719540073421,1.9765012584,2.89265588817,4.0951014426
4,0.933712200629,0.28052120776,1.41018552514,2.69232603996,4.06481164223
5,-0.171730652974,0.260054421028,1.48770816369,2.62199129293,4.445728078
42
6,-1.00180162933,0.333045158863,1.50006392277,2.88888309683,4.2475586560
6
7,0.0580061875336,0.688929398826,1.56543458772,2.99840358953,4.527268733
47
```

这个 CSV 文件的第一列是观察时间点，除此之外，每一行还有 5 个数，表示在这个时间点上观察到的数据。换句话说，时间序列上每一步都是一个

5 维的向量。

使用 TFTS 读入该 CSV 文件的方法为:

```
csv_file_name = path.join("./data/multivariate_periods.csv")
reader = tf.contrib.timeseries.CSVReader(
   csv_file_name,
   column_names=((tf.contrib.timeseries.TrainEvalFeatures.TIMES,)
              + (tf.contrib.timeseries.TrainEvalFeatures.VALUES,) * 5))
train_input_fn = tf.contrib.timeseries.RandomWindowInputFn(
   reader, batch_size=4, window_size=32)
```

与之前的读入相比，唯一的区别是 column_names 参数。它告诉 TFTS 在 CSV 文件中，哪些列表示时间，哪些列表示观测量。

接下来定义 LSTM 模型:

```
estimator = ts_estimators.TimeSeriesRegressor(
   model=_LSTMModel(num_features=5, num_units=128),
   optimizer=tf.train.AdamOptimizer(0.001))
```

区别在于使用 num_features=5 而不是 1，原因在于每个时间点上的观测量是一个 5 维向量。

训练、验证、预测及画图的代码与之前比较类似，可以参考代码“train_lstm_multivariate.py”，最后的运行结果如图 15-5 所示。

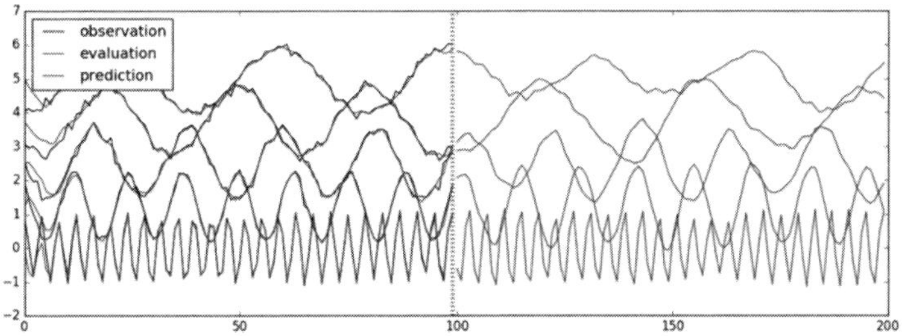

图 15-5　使用 LSTM 预测多变量时间序列（详见彩插）

图 15-5 中前 100 步是训练数据，一条线代表观测量在一个维度上的取值。100 步之后为预测值。

15.5 总结

本章详细介绍了 TensorFlow Time Series（TFTS）库的使用方法，包括如何在 TFTS 中读入时间序列数据，如何使用 AR 模型预测时间序列，如何使用 LSTM 模型预测时间序列。希望读者能够通过本章的内容，掌握 TFTS 的基本使用方法。

拓展阅读

- 本章主要介绍了 TensorFlow 的 Time Series 库，读者可以在官方网站 https://github.com/tensorflow/tensorflow/tree/master/tensorflow/contrib/timeseries 了解更多信息。如在 examples 文件夹下可以找到更多程序实例。

第 16 章 神经网络机器翻译技术

机器翻译是指用机器将一种语言自动翻译成另外一种语言的技术。传统的机器翻译一般采取基于规则或基于词组统计规律的方法。2013 年以来，随着深度学习技术的发展，神经网络机器翻译（Neural Machine Translation）技术开始兴起。与传统方法不同的是，神经网络机器翻译首先将源语言的句子向量化，转化成计算机可以“理解”的形式，再生成另一种语言的译文。这种方法和人类的做法类似，可以产生更贴合原意也更加符合语法规范的翻译。目前，各大商业公司都开始使用神经网络机器翻译代替原来的机器翻译系统。

本章会首先介绍神经网络机器翻译技术的原理，再介绍如何使用 TensorFlow NMT 训练一个中英翻译引擎。

16.1 Encoder-Decoder 模型的原理

Encoder-Decoder 模型是使用神经网络进行机器翻译的基本方法，一般也称作 Seq2Seq 模型。在介绍 Encoder-Decoder 模型之前，先来看图 12-19

中原始的 N VS N RNN 结构，该结构要求输入序列和输出序列等长，然而遇到的大部分问题序列都是不等长的（比如本章的机器翻译问题，源语言和目标语言的句子往往并没有相同的长度）。

Encoder-Decoder 模型可以有效地建模输入序列和输出不等长的问题。具体来说，它会先用一个 Encoder 将输入的序列编码为一个上下文向量 c，再使用 Decoder 对 c 进行解码，将之变为输出序列。对应到机器翻译问题中，输入的句子被 Encoder 编码为向量 c，c 中存储了神经网络对句子的“理解”，再利用 Decoder 解码 c，以生成翻译之后的句子。

如图 16-1 所示，得到上下文向量 c 的方法有很多。最简单的方法是把 Encoder 的最后一个隐状态赋值给 c，还可以对最后的隐状态做一个变换得到 c，也可以对所有的隐状态做变换。

（1）$c = h_4$

（2）$c = q(h_4)$

（3）$c = q(h_1, h_2, h_3, h_4)$

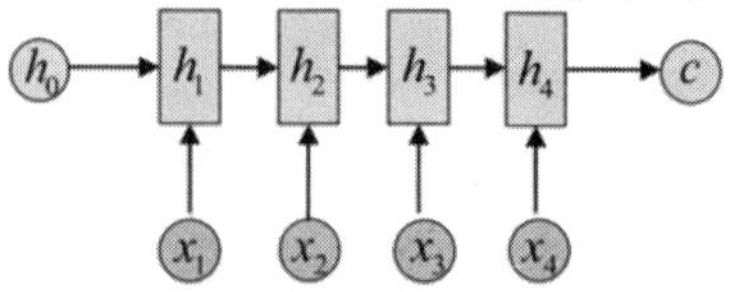

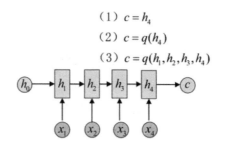

图 16-1　Encoder 计算 c 的几种方式

拿到 c 之后，用另一个 RNN 网络对其进行解码，这部分 RNN 网络被称为 Decoder。具体做法是将 c 当作初始状态 h_0 输入到 Decoder 中，如图 16-2 所示。

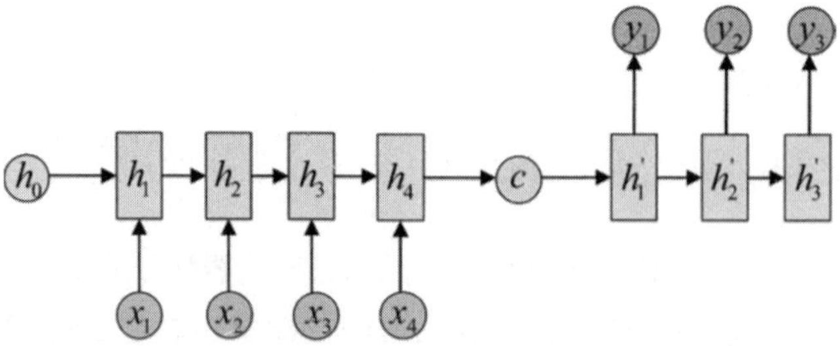

图 16-2　Decoder 将 c 当作初始状态

还有一种做法是将 c 当作每一步的输入，如图 16-3 所示。

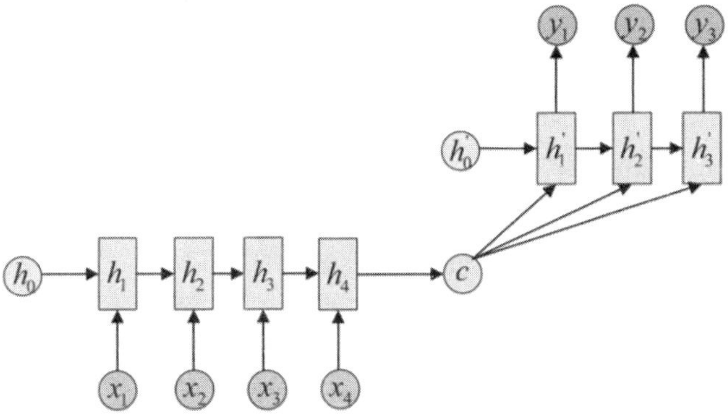

图 16-3　Decoder 将 c 当作每一步的输入

由于这种 Encoder-Decoder 结构输入和输出的序列可以是任意长度，所以应用的范围非常广泛，例如：

- 机器翻译。机器翻译是 Encoder-Decoder 最经典的应用，事实上这一结构是在机器翻译领域最先提出的。
- 文本摘要。输入是一段文本序列，输出是这段文本序列的摘要序列。
- 阅读理解。将输入的文章和问题分别编码，再对其进行解码得到问题的答案。
- 语音识别。输入是语音信号序列，输出是文字序列。

……

在本章中，主要用 Encoder-Decoder 结构解决机器翻译问题。

16.2　注意力机制

在 Encoder-Decoder 结构中，Encoder 把所有的输入序列都编码成一个统一的语义特征 c 再解码，因此，c 中必须包含原始序列中的所有信息，它的长度成了限制模型性能的瓶颈。如在机器翻译问题中，当被翻译的句子较长时，一个 c 可能无法存储如此多的信息，翻译精度会下降。

注意力机制(Attention)通过在每个时间输入不同的 $\boldsymbol{c}$ 来解决这个问题。它最早由 Dzmitry Bahdanau[1]提出，由 Minh-Thang Luong[2]完善。在本节中，会介绍 Dzmitry Bahdanau 提出的最原始的注意力机制。

图 16-4 展示了一个带有注意力机制的 Decoder，它在解码的不同阶段使用不同的上下文向量 $\boldsymbol{c}$。

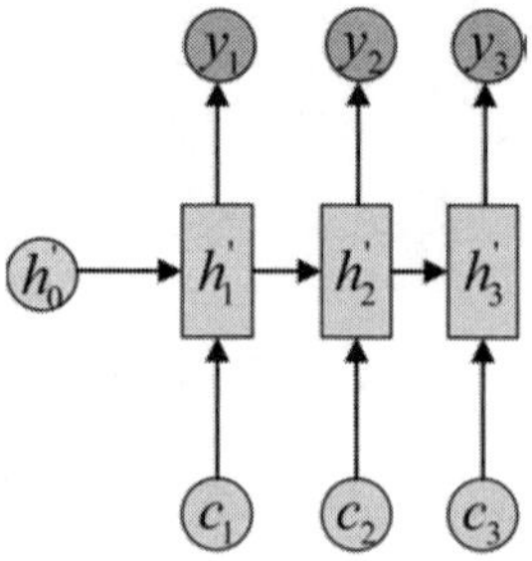

图 16-4　带有注意力机制的 Decoder（在每一步解码时使用不同的 $\boldsymbol{c}$）

使用注意力机制后，每一个 $\boldsymbol{c}$ 会自动选取与当前所要输出的 $\boldsymbol{y}$ 最合适的上下文信息。具体来说，用 a_{ij} 衡量 Encoder 中第 j 阶段的 $\boldsymbol{h}_j$ 和解码时第 i 阶段的相关性，最终 Decoder 中第 i 阶段输入的上下文信息 $\boldsymbol{c}_i$ 来自于所有 $\boldsymbol{h}_j$ 对 a_{ij} 的加权之和。

以机器翻译为例（将中文翻译成英文），每一个 $\boldsymbol{c}_i$ 的具体计算方法如图 16-5 所示。

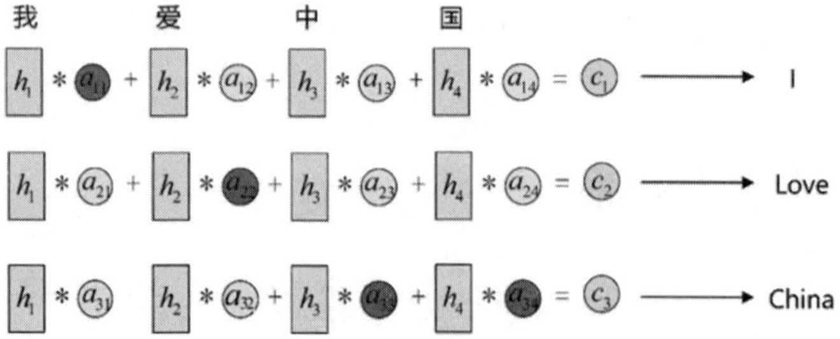

图 16-5　使用注意力机制时各个 $\boldsymbol{c}$ 的计算方式

1 论文 *Neural Machine Translation by Jointly Learning to Align and Translate*。

2 论文 *Effective Approaches to Attention-based Neural Machine Translation*。

输入的序列是“我爱中国”，因此，Encoder 中的 $\boldsymbol{h}_1$ 、 $\boldsymbol{h}_2$ 、 $\boldsymbol{h}_3$ 、 $\boldsymbol{h}_4$ 可以分别看作是“我”“爱”“中”“国”代表的信息。在翻译成英语时，第一个上下文 $\boldsymbol{c}_1$ 应该和“我”字最相关，因此对应的 a_{11} 值比较大，而相应的 a_{12} 、 a_{13} 、 a_{14} 比较小。$\boldsymbol{c}_2$ 应该和“爱”最相关，因此对应的 a_{22} 值比较大。最后的 $\boldsymbol{c}_3$ 和 $\boldsymbol{h}_3$ 、 $\boldsymbol{h}_4$ 最相关，因此 a_{33} 、 a_{34} 的值比较大。

至此，关于注意力模型，只剩最后一个问题了：这些权重 a_{ij} 是怎么来的？

事实上， a_{ij} 同样是模型自动“学”出来的，它实际和 Decoder 的第 i-1 阶段的隐状态、Encoder 第 j 个阶段的隐状态有关。

同样还是拿上面的机器翻译举例， a_{1j} 的计算如图 16-6 所示（此时箭头表示对 $\boldsymbol{h}_0'$ 和 $\boldsymbol{h}_j$ 同时做变换）。

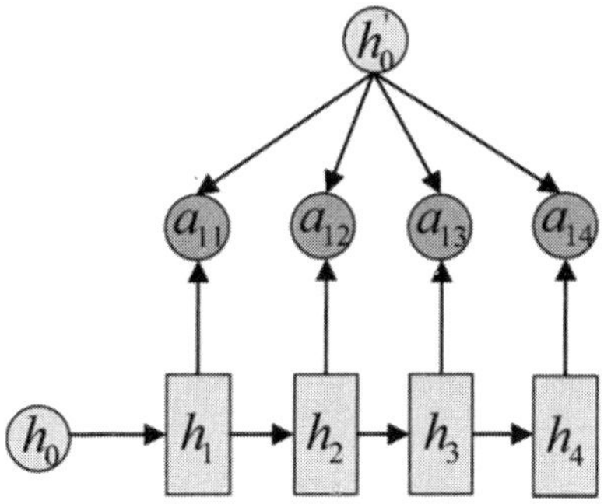

图 16-6　a_{1j} 的计算

a_{2j} 的计算如图 16-7 所示。

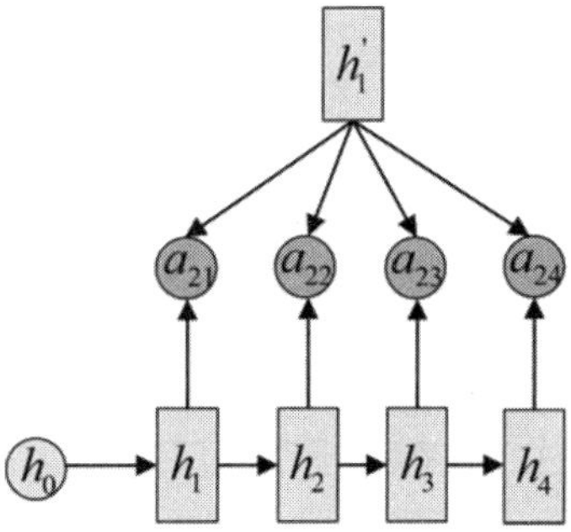

图 16-7　a_{2j} 的计算

a_{3j} 的计算如图 16-8 所示。

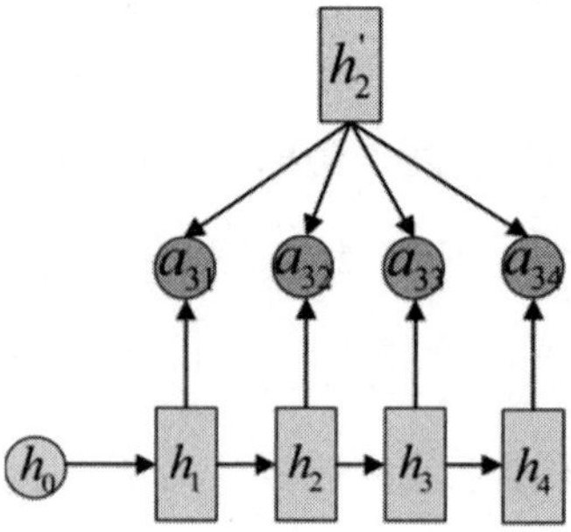

图 16-8　a_{3j} 的计算

最后，用严格的数学表达式重新整理注意力机制的工作原理。上下文向量 $\boldsymbol{c}_i$ 的计算为

$$\boldsymbol{c}_i = \sum_j \boldsymbol{h}_j a_{ij}$$

a_{ij} 根据 $\boldsymbol{h}'_{i-1}$ 与 $\boldsymbol{h}_j$ 计算

$$a_{ij} = \frac{\exp(e_{ij})}{\sum_k \exp(e_{ik})}$$

$$e_{ij} = f(\boldsymbol{h}'_{i-1}, \boldsymbol{h}_j)$$

e_{ij} 只是一个中间变量，最后得到的 a_{ij} 显然满足

$$\sum_j a_{ij} = 1$$

16.3　使用 TensorFlow NMT 搭建神经网络翻译引擎

2017 年 7 月，Google 公司公布了基于 TensorFlow 构建的 NMT 项目[1]，

1 https://github.com/tensorflow/nmt。

该项目采用了最新的深度学习技术，可以让每个人轻松地训练自己的神经网络翻译引擎。NMT 项目支持基本的 Encoder-Decoder 结构，也支持注意力机制。在本节中，会首先介绍 NMT 项目的官方示例，接着动手搭建一个可以将英文翻译成中文的神经网络翻译引擎。

16.3.1 示例：将越南语翻译为英语

本小节中的内容来自 NMT 项目的官方教程，将动手训练一个小型的神经网络翻译模型，它可以将越南语翻译为英语。通过这个项目，读者可以初步感受 TensorFlow NMT 的使用。

首先下载 TensorFlow NMT 的代码：

```
git clone https://github.com/tensorflow/nmt.git
```

本书附带的 chapter16/文件夹中也有这份项目代码。NMT 项目根目录的结构为：

```
nmt/
CONTRIBUTING.md
LICENSE
README.md
```

接下来所讲的命令基本上都是在 NMT 项目的根目录下运行的。

运行下面的命令可以下载一个越南语与英语的平行语料库：

```
nmt/scripts/download_iwslt15.sh /tmp/nmt_data
```

下载的文件将会保存在/tmp/nmt_data/目录下，一共有 6 个文件，见表 16-1。

表 16-1　下载的文件及其用途

文件名	格式与用途
train.en	每一行是一个英文句子，用于训练。一共有 133317 句话
train.vi	每一行是一个越南语句子，用于训练。一共有 133317 句话。train.vi 和 train.en

续表

文件名	格式与用途
	中的句子是一一对应的
tst2012.en	tst2012 英语数据集。在本项目中被当作验证集使用
tst2012.vi	tst2012 越南语数据集。在本项目中被当作验证集使用
tst2013.en	tst2013 英语数据集。在本项目中被当作测试集使用
tst2013.vi	tst2013 越南语数据集。在本项目中被当作测试集使用

train.en 和 train.vi，tst2012.en 和 tst2012.vi，tst2013.en 和 tst2013.vi，它们的句子都是每一行一一对应的，这是所谓的"平行语料库"。利用平行语料库，就可以开始训练神经网络翻译模型了！对应的命令为：

```
mkdir /tmp/nmt_model
python -m nmt.nmt \
    --src=vi --tgt=en \
    --vocab_prefix=/tmp/nmt_data/vocab \
    --train_prefix=/tmp/nmt_data/train \
    --dev_prefix=/tmp/nmt_data/tst2012 \
    --test_prefix=/tmp/nmt_data/tst2013 \
    --out_dir=/tmp/nmt_model \
    --num_train_steps=12000 \
    --steps_per_stats=100 \
    --num_layers=2 \
    --num_units=128 \
    --dropout=0.2 \
    --metrics=bleu
```

首先新建了一个/tmp/nmt_model 文件夹，训练时使用的参数、模型和日志会被保存到这个文件夹中。

训练时，需要用到 3 个数据集：训练集、验证集、测试集。训练集自然是用于训练，验证集用于在训练时对参数进行调整，测试集用于测试最终模型的性能。先用--src vi 和--tgt en 标识源语言越南语（vi）和目标语言英语（en），再用三个 prefix 来表示训练集、验证集和测试集的位置。例如--train_prefix 为 /tmp/nmt_data/train，那么训练集中越南语句子的位置是/tmp/nmt_data/train.vi，英语句子的位置是/tmp/nmt_data/train.en。--dev_prefix

表示验证集，而--test_prefix 表示测试集。

--vocab_prefix=/tmp/nmt_data/vocab 指的是“词汇表”。在训练集 train.en 和 train.vi 中，每一行都可以看作用空格隔开的“单词”的集合。这里的单词是广义上的，如标点符号也被看作一个单词。例如，在句子“Rachel Pike : The science behind a climate headline”中，一共有包含冒号在内的 9 个单词。在使用 RNN 时，输入序列中的每一步是一个单词。

所有的单词都被存储在对应语言的词汇表中，如/tmp/nmt_data/vocab.en 中存储了英语文本中的单词，/tmp/nmt_data/vocab.vi 中存储了越南语文本中的单词。每个词汇表中都有三个特殊的单词：<unk>、<s>、</s>。<unk>表示所有不常见的单词，通常会对文本中使用的单词进行计数，取最常用的单词进行训练，所有剩下的单词都被替换为<unk>。<s>表示句子的开头，</s>表示句子的结尾。程序中会自动把它们添加到句子的开头和结尾。

除了以上参数外，剩下的参数含义为：

- --out_dir=/tmp/nmt_model：模型和训练的日志文件会被保存到/tmp/nmt_model 文件夹中。之后可以使用 tensorboard --logdir /tmp/nmt_model 打开 TensorBoard 监控训练过程。
- --num_train_steps=12000：一共训练 12000 步。
- --steps_per_stats=100：每隔 100 步打印出当前的训练信息。
- --num_layers=2：使用两层的 RNN（LSTM）。
- --num_units=128 ：RNN（LSTM）的隐层单元个数为 128 维。
- --dropout=0.2 ：使用的 Dropout 的概率为 0.2。换句话说，每个连接被保留的概率是 0.8。
- --metrics=bleu：使用 BLEU 作为测试指标。

训练完成后，模型会被保存在 nmt_model 文件夹中。

如何使用训练好的模型对新的句子进行翻译？首先需要准备一个文件，存储需要翻译的句子，例如创建一个/tmp/my_infer_file.vi 文件，并将/tmp/nmt_data/tst2013.vi 中的越南语句子复制一些到/tmp/my_infer_file.vi 里。

接着使用下面的命令生成其英语翻译:

```
python -m nmt.nmt \
    --out_dir=/tmp/nmt_model \
    --inference_input_file=/tmp/my_infer_file.vi \
    --inference_output_file=/tmp/nmt_model/output_infer
```

此时打开/tmp/nmt_model/output_infer 可以看到英语的翻译了。

使用上述命令只是在训练基础的 Encoder-Decoder 模型，并没有加入注意力机制。在 TensorFlow NMT 中对模型加入注意力机制很简单，只需要使用--attention 具体指定一种注意力机制即可。此处一共提供了 4 种选项：bahdanau、normed_bahdanau、luong、scaled_luong。其中 bahdanau 是在第 16.2 节中所讲的 Dzmitry Bahdanau 提出的原始的注意力机制。这里使用性能更好的 scaled_luong 来训练模型:

```
mkdir /tmp/nmt_attention_model

python -m nmt.nmt \
   --attention=scaled_luong \
   --src=vi --tgt=en \
   --vocab_prefix=/tmp/nmt_data/vocab  \
   --train_prefix=/tmp/nmt_data/train \
   --dev_prefix=/tmp/nmt_data/tst2012  \
   --test_prefix=/tmp/nmt_data/tst2013 \
   --out_dir=/tmp/nmt_attention_model \
   --num_train_steps=12000 \
   --steps_per_stats=100 \
   --num_layers=2 \
   --num_units=128 \
   --dropout=0.2 \
   --metrics=bleu
```

训练好的模型会被保存到/tmp/nmt_attention_model 目录下。对应的测试方法为:

```
python -m nmt.nmt \
   --out_dir=/tmp/nmt_attention_model \
   --inference_input_file=/tmp/my_infer_file.vi \
   --inference_output_file=/tmp/nmt_attention_model/output_infer
```

生成的翻译会被保存在/tmp/nmt_attention_model/output_infer 文件中。

16.3.2 构建中英翻译引擎

上一节是 TensorFlow NMT 的官方示例，对于读者来说，更感兴趣的也许是中文、英文之间的相互翻译。在本节中，会利用 TensorFlow NMT 训练一个可以将英文翻译为中文的神经网络翻译模型。

使用的数据库来自于 NiuTrans 提供的开源的中英平行语料库[1]，包含中文、英文各 10 万条。在 chapter_16_data 中提供了一份整理好的中英平行语料数据，共分为 train.en、train.zh、dev.en、dev.zh、test.en、test.zh。其中，test.en、test.zh 完全复制自 dev.en、dev.zh（因为原始数据中没有提供双语平行的测试集）。训练集 train.en、train.zh 中共含有 10 万条平行数据，验证集中共含有 1000 条数据。

英语的数据样例为：

```
when i first came here , i thought that it would be difficult for us to gather
the villagers together and even if we could gather them together , some of
them would leave the site before a propaganda lecture ended .
```

只要是空格隔开的是一个单词，标点符号也算作一个单词。除此之外，所有的首句字母大写都被还原为小写，这样可以保证在句中和句首出现的单词是一致的。

中文的数据样例为：

```
在 宣讲 过程 中 , 宣传 团员 表现出 吃苦耐劳 的 精神 .
```

中文不像英文有天然的空格作为单词的分隔，所以需要先将中文分词，才能将其输入到 RNN 网络中。好在 NiuTrans 已经事先做好了分词工作，提供的所有中文句子都是分好词的。训练数据中所有的中文单词被整理到了 vocab.zh 文件中。

---

1 来自 http://218.75.34.138:5010/ntopen_server/niutrans-download-page.jsp。

将 train.en、train.zh、dev.en、dev.zh、test.en、test.zh 复制到/tmp/nmt_zh/目录下，接下来运行下面的命令训练模型：

```
mkdir -p /tmp/nmt_model_zh
python -m nmt.nmt \
--src=en --tgt=zh \
--attention=scaled_luong \
--vocab_prefix=/tmp/nmt_zh/vocab \
--train_prefix=/tmp/nmt_zh/train \
--dev_prefix=/tmp/nmt_zh/dev \
--test_prefix=/tmp/nmt_zh/test \
--out_dir=/tmp/nmt_model_zh \
--step_per_stats 100 \
--num_train_steps 200000 \
--num_layers 3 \
--num_units 256 \
--dropout 0.2 \
--metrics bleu;
```

这些参数的含义基本上都在第 16.3.1 节中介绍过了，此处不再进行介绍。这里会训练一个更大的神经网络。它由三层 LSTM 组成（--num_layers 3），LSTM 的隐层具有 256 个单元(--num_units 256)。训练好的模型会被保存在/tmp/nmt_model_zh 目录下。

在模型训练的过程中，或训练完成后，都可以利用已经保存的模型将英文翻译成中文。将如下英文内容保存到文件/tmp/my_infer_file.en 中（格式为：每一行一个英文句子，句子中每个英文单词，包括标点符号之间都要有空格分隔，和训练样本保持一致。这里的句子是从测试文件 test.en 中复制的）：

```
it is learned that china has on many occasions previously made known its stand
on its relations with the g - 8 .
this will be a century full of opportunities and challenges .
ecology and environment will become more and more a regional and global issue
to be resolved .
```

运行下面的命令可以将其翻译到中文：

```
python -m nmt.nmt \
   --out_dir=/tmp/nmt_model_zh \
   --inference_input_file=/tmp/my_infer_file.en \
   --inference_output_file=/tmp/output_infer
```

翻译后的结果被保存在/tmp/output_infer 文件中（结果在中文单词之间同样有空格分隔，在实际使用时可以在后续处理中将之去除）:

```
据悉 , 中国 曾多次 表明 同 八 国 集团 之间 的 关系。
这 将 是 充满 机遇 , 挑战 的 世纪 .
生态 环境 将 越来越 多 地 成为 地区性 问题 .
```

可以对比原句、参考翻译、机器翻译后的句子，见表 16-2。

表 16-2　训练模型英译中的效果对比

英语原句	参考中文译文	本节构建的机器翻译模型
it is learned that china has on many occasions previously made known its stand on its relations with the g-8.	据悉，此前中国曾多次表明有关同八国集团关系问题的立场	据悉，中国曾多次表明同八国集团之间的关系
this will be a century full of opportunities and challenges.	这将是一个充满机遇与挑战的世纪	这将是充满机遇，挑战的世纪
ecology and environment will become more and more a regional and global issue to be resolved.	生态和环境问题的解决将越来越 变得区域化和全球化	生态环境将越来越多地成为地区性问题

由此可见，模型确实可以将英文翻译为中文。此外，在训练时还可以用下面的命令打开 TensorBoard:

```
tensorboard --logdir nmt_model_zh/
```

在此可以看到损失、学习率以及困惑度（Perplexity）、BLEU 等测试指标。如 test_bleu 反映了模型在测试数据上的 BLEU，如图 16-9 所示。

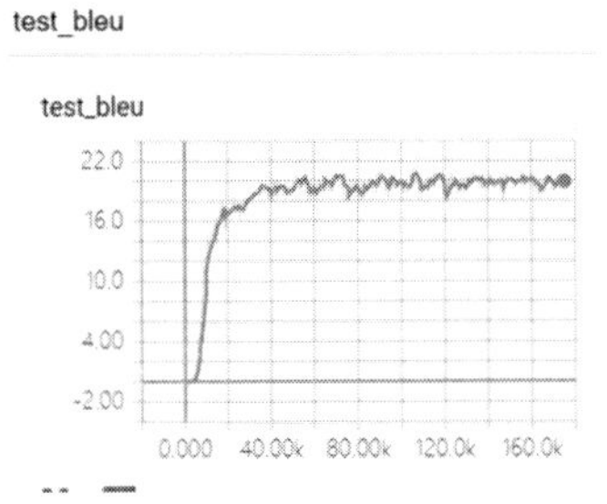

图 16-9　训练时在测试集上的 BLEU 指标

BLEU 的值越大说明模型越好。读者可以调节--num_layers、--num_units 等参数，来获得性能上的提升。

16.4 TensorFlow NMT 源码简介

在第 16.3 节中，通过两个例子了解了 TensorFlow NMT 的基本使用方法。在本节中，将会对 TensorFlow NMT 的源码做简要介绍，主要涉及的内容为词嵌入、Encoder-Decoder 模型、注意力机制相关的源码。

在 model.py 文件中[1]，构建了基本的词嵌入及 Encoder-Decoder 模型。这个模型的输入是 encoder_inputs，它的形状为(max_time, batch_size)，encoder_inputs 的值为编码后的单词 id。

在第 14 章中提到过，比起将单词的 id 独热编码后输入模型，使用词嵌入（word embedding）将单词先映射到一个低维空间上，再输入模型效果会更好。在 TensorFlow NMT 中，采用了词嵌入的方法，对应的语句为：

```
# Embedding
embedding_encoder = variable_scope.get_variable(
   "embedding_encoder", [src_vocab_size, embedding_size], ...)
# Look up embedding:
#   encoder_inputs: [max_time, batch_size]
#   encoder_emb_inp: [max_time, batch_size, embedding_size]
encoder_emb_inp = embedding_ops.embedding_lookup(
   embedding_encoder, encoder_inputs)
```

这里使用 embeddding_lookup 查找某个单词 id 对应的词嵌入向量。在第 12.5.1 节和第 14.3.4 节中都使用过类似的代码。

词嵌入之后得到新的输入 encoder_emb_inp，它的形状为(max_time, batch_size, embedding_size)，它将被传入 Encoder 中。

Encoder 部分对应的代码：

1 https://github.com/tensorflow/nmt/blob/master/nmt/model.py。

```
# Build RNN cell
encoder_cell = tf.nn.rnn_cell.BasicLSTMCell(num_units)

# Run Dynamic RNN
#  encoder_outpus: [max_time, batch_size, num_units]
#  encoder_state: [batch_size, num_units]
encoder_outputs, encoder_state = tf.nn.dynamic_rnn(
   encoder_cell, encoder_emb_inp,
   sequence_length=source_sequence_length, time_major=True)
```

这里定义了一个 BasicLSTMCell，然后使用 tf.nn.dynamic_rnn 展开时间维度。需要注意的是，由于 encoder_emb_inp 的形状为(max_time, batch_size, embedding_size)，即时间在第一个维度上，所以需要指定 time_major=True。

Encoder 得到的 encoder_state 相当于在第 16.1 节中所说的上下文表示向量 c，它包含了神经网络对输入句子的“理解”。接下来，要使用 Decoder 对其解码，将之转换为输出序列：

Decoder 部分的代码为：

```
# Build RNN cell
decoder_cell = tf.nn.rnn_cell.BasicLSTMCell(num_units)
# Helper
helper = tf.contrib.seq2seq.TrainingHelper(
   decoder_emb_inp, decoder_lengths, time_major=True)
# Decoder
decoder = tf.contrib.seq2seq.BasicDecoder(
   decoder_cell, helper, encoder_state,
   output_layer=projection_layer)
# Dynamic decoding
outputs, _ = tf.contrib.seq2seq.dynamic_decode(decoder, ...)
logits = outputs.rnn_output
```

这里的核心是 tf.contrib.seq2seq.BasicDecoder，它是 TensorFlow seq2seq API 中的一个类。它接收一个 decoder_cell（和 encoder_cell 类似，同样是一个 BasicLSTMCell），一个 helper，还有上下文向量 encoder_state，投影层变量 projection_layer。最终可以利用它得到结果 outputs。

投影层变量的定义如下所示，它把 LSTM 每一步的输出转换成一个 vocab_size 维的向量，vocab_size 是目标语言词汇表中所有词的个数。换句话说，每一步都输出所有可能单词的概率，相当于一个 vocab_size 类分类问题。

```
projection_layer = layers_core.Dense( tgt_vocab_size, use_bias=False)
```

除了基本的 Encoder-Decoder 模型外，TensorFlow 还在文件 attention_model.py[1]中定义了含有注意力机制的 Encoder-Decoder 模型。其中关键的代码为：

```
# attention_states: [batch_size, max_time, num_units]
attention_states = tf.transpose(encoder_outputs, [1, 0, 2])

# Create an attention mechanism
attention_mechanism = tf.contrib.seq2seq.LuongAttention(
   num_units, attention_states,
   memory_sequence_length=source_sequence_length)
decoder_cell = tf.contrib.seq2seq.AttentionWrapper(
   decoder_cell, attention_mechanism,
   attention_layer_size=num_units)
```

对原先的 decoder_cell 运用 tf.contrib.seq2seq.AttentionWrapper 包装后，得到新的 decoder_cell 会自动具有注意力机制。使用 decoder_cell 对上下文进行解码的方法与之前基本一致。

16.5 总结

在本章中，首先介绍了实现神经网络机器翻译的基本 RNN 网络结构：Encoder-Decoder，并且介绍了它的重要改进——注意力机制。接着，以 TensorFlow NMT 为例，构建了两个神经网络翻译模型。最后，简要介绍了 TensorFlow NMT 中关于 Encoder-Decoder 结构和注意力机制的源码。

1 https://github.com/tensorflow/nmt/blob/master/nmt/attention_model.py。

拓展阅读

- 关于用 Encoder-Decoder 结构做机器翻译任务的更多细节，可以参考原始论文 *Learning Phrase Representations using RNN Encoder–Decoder for Statistical Machine Translation*。
- 关于注意力机制的更多细节，可以参考原始论文 *Neural Machine Translation by Jointly Learning to Align and Translate*。此外还有改进版的注意力机制：*Effective Approaches to Attention-based Neural Machine Translation*。

第 17 章 看图说话：将图像转换为文字

所谓 Image Caption，是指从图片中自动生成一段描述性文字，有点类似于小时候做过的“看图说话”。对于人来说，完成 Image Caption 是简单而自然的一件事，但对于机器来说，这项任务却充满了挑战性。原因在于，要完成 Image Caption，机器不仅要能检测出图像中的物体，而且要理解物体之间的相互关系，最后还要用合理的语言表达出来，这里面每一个步骤都颇具难度。

本章将首先介绍 Image Caption 的几篇经典的论文，接着会介绍 Google 公司官方的 TensorFlow 实现。

17.1 Image Caption 技术综述

17.1.1 从 Encoder-Decoder 结构谈起

在介绍 Image Caption 相关的技术前，有必要先来复习 RNN 的 Encoder-Decoder 结构。在最原始的 RNN 结构中，输入序列和输出序列必须是严格等长的。但在机器翻译等任务中，源语言句子的长度和目标语言句子的长度往往不同，因此需要将原始序列映射为一个不同长度的序列。Encoder-Decoder 模型解决了这样一个长度不一致的映射问题，它的结构如图 17-1 所示。

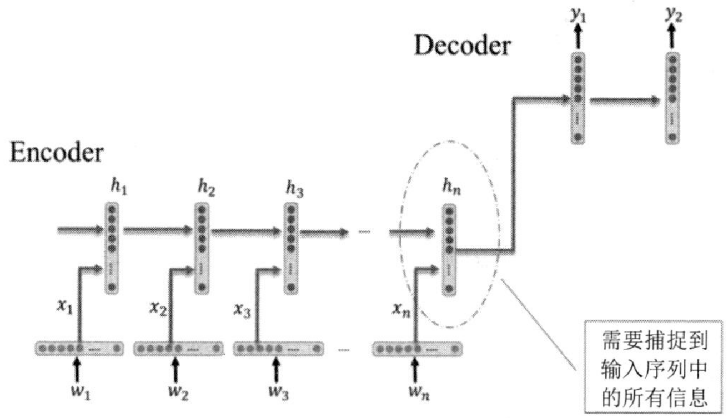

图 17-1　Encoder-Decoder 结构

$\boldsymbol{w}_1,\boldsymbol{w}_2,\boldsymbol{w}_3,\cdots$，$\boldsymbol{w}_n$是输入的单词序列，而$\boldsymbol{y}_1,\boldsymbol{y}_2,\cdots,\boldsymbol{y}_m$为输出的单词序列，每个$\boldsymbol{w}_i$和$\boldsymbol{y}_i$都是已经经过独热编码的单词，因此它们都是$1\times D$的向量，其中$D$为程序中使用的单词表的长度。RNN 的隐层状态（hidden state），用$\boldsymbol{h}_1,\boldsymbol{h}_2,\boldsymbol{h}_3,\cdots,\boldsymbol{h}_n$表示。在实际应用中，往往不是把独热编码的$\boldsymbol{w}_1,\boldsymbol{w}_2,\boldsymbol{w}_3,\cdots,\boldsymbol{w}_n$输入 RNN，而是将其转换为对应的 word embedding 的形式，即图 17-1 中的$\boldsymbol{x}_1,\boldsymbol{x}_2,\boldsymbol{x}_3,\cdots,\boldsymbol{x}_n$，再输入 RNN 网络。

在 Encoder 部分，RNN 将所有的输入“编码”成一个固定的向量表示，即最后一个隐层状态$\boldsymbol{h}_n$，认为这个$\boldsymbol{h}_n$包含了原始输入中所有有效的信息。$\boldsymbol{h}_n$会被传递给 Decoder，Decoder 在每一步都会利用$\boldsymbol{h}_n$信息进行“解码”，并输出合适的单词序列$\boldsymbol{y}_1,\boldsymbol{y}_2,\cdots,\boldsymbol{y}_m$。这样，就完成了不同长度序列之间的转换工作。

Encoder-Decoder 结构最初是在论文 *Learning Phrase Representations using RNN Encoder–Decoder for Statistical Machine Translation* 中提出并应用到机器翻译系统中的。这里还是回到 Image Caption 任务中来，看看如何把 Encoder-Decoder 结构用到 Image Caption 上。

17.1.2 将 Encoder-Decoder 应用到 Image Caption 任务中

在机器翻译任务中，输入和输出都是单词序列，现在换一下，在 Image Caption 任务中，输入是图像，输出是单词序列，应该怎么建模呢？其实很简单，只需要将原来的 Encoder RNN 换成 CNN，为图像提取一个“视觉特征”*I*，然后还是使用 Decoder 将*I*解码为输出序列即可，这是论文 *Show and Tell: A Neural Image Caption Generator* 中的想法。

Show and Tell: A Neural Image Caption Generator 论文算是实现 Image Caption 任务早期的开山之作，它只把 Encoder-Decoder 结构做了简单修改，在 Image Caption 任务上取得了较好的结果，这篇论文中网络的具体结构如图 17-2 所示。先看提取图像特征的 CNN 部分，由于这篇论文是 Google 公司出品的，因此这部分使用了 Inception 模型。再看 Decoder 部分，将 RNN 换成了性能更好的 LSTM，输入还是 word embedding，每步的输出是单词表中所有单词的概率，这些都是标准做法，不再赘述。

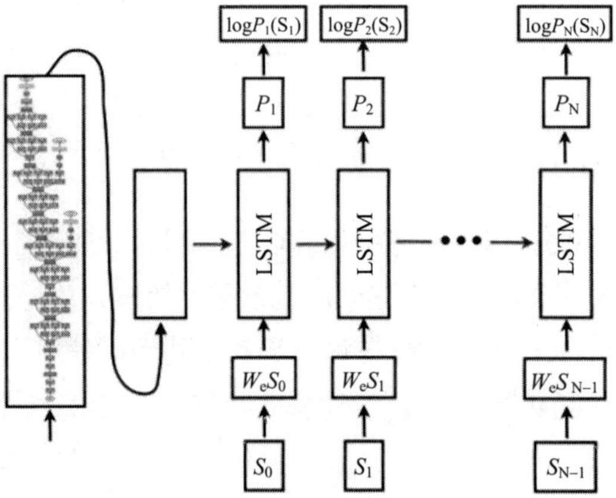

图 17-2　论文 *Show and Tell: A Neural Image Caption Generator* 中的网络结构

这篇论文为 Image Caption 任务提供了一种统一的思路，下面会连着介绍三篇论文，都是在这篇论文基础上进行的改进。

此外，会在下一节中介绍这篇论文的 TensorFlow 实现，如果读者对具体实现更感兴趣而不想了解更多原理的话，可以直接跳到第 17.2 节进行阅读。

17.1.3 对 Encoder-Decoder 的改进 1：加入注意力机制

针对翻译精度的下降问题，论文 *Neural machine translation by jointly learning to align and translate* 提出了一种注意力机制，不再使用统一的语义特征，而让 Decoder 在输入序列中自由选取需要的特征，从而大大提高了 Encoder-Decoder 的模型性能。

在 Image Caption 任务中，同样可以利用注意力机制对原来的 Encoder-Decoder 机制进行改进，对应的论文是 *Show, Attend and Tell: Neural Image Caption Generation with Visual Attention* 了。显然这篇文章的标题参考了之前提到的"Show and Tell"，将之改为"Show, Attend and Tell"，意即加入了注意力机制。

具体怎么来做呢？之前只是用 CNN 提取了固定长度的向量特征I，实际上可以利用 CNN 的空间特性给图片的不同位置都提取一个特征。举例来说，用$\boldsymbol{a}=\{a_1,a_2,\cdots,a_L\}, a_i\in R^D$ 表示提取的图片特征，一共有L个位置，每个位置的特征为一个D维的向量。对于一个高、宽为 14，通道数为 256 的 feature map，对应的$L=14\times14=196$，$D=256$。

有了这些位置的特征，再让 Decoder 在解码时拥有在这 196 个位置特征中选择的能力，这是注意力机制。设在第 t 阶段（通俗地讲，是生成第 t 个单词时）传入 Decoder RNN 的上下文向量为$\boldsymbol{z}_t$，RNN 前一阶段的隐层状态为h_{t-1}。这个上下文向量$\boldsymbol{z}_t$是$\boldsymbol{a}=\{a_1,a_2\cdots,a_L\}$ 的一个加权平均，具体地，$\boldsymbol{z}_t$和$\boldsymbol{a}=\{a_1,a_2,\cdots,a_L\}$ 的关系用下面的式子表达

$$\boldsymbol{z}_t=\sum_{i=1}^{L}\alpha_{t,i}\boldsymbol{a}_i$$

$\alpha_{t,i}$ 是衡量生成第 t 个单词时，第 i 个位置的图像特征所占的权重。这个权重实际是前一个隐层状态$\boldsymbol{h}_{t-1}$ 和第 i 个位置图像特征$\boldsymbol{a}_i$的函数。具体的表达式为

$$e_{ti} = f_{att}(\boldsymbol{a}_i, \boldsymbol{h}_{t-1})$$

$$\alpha_{t,i} = \frac{\exp(e_{ti})}{\sum_{k=1}^{L} \exp(\boldsymbol{e}_{\text{tk}})}$$

由于$\alpha_{t,i}$只和已有的信息$\boldsymbol{h}_{t-1}$、$\boldsymbol{a}_i$有关，因此这些参数也可以从数据中进行端到端的自动学习。

值得一提的是，该论文实际介绍了两种注意力机制：一种叫 Hard Attention，一种叫 Soft Attention。这里只介绍了标准的 Soft Attention，Hard Attention 比 Soft Attention 更有难度，限于篇幅原因不再对其展开介绍。实验证明，无论使用的是 Hard Attention 还是 Soft Attention，都是为了提高原始模型的性能。

可以根据权重系数$\alpha_{t,i}$的大小，得知在生成每个词时模型关注到了图片的哪个区域。如图 17-3 所示，图中的每个句子都是模型自动生成的，并用白色高亮标注了生成下画线单词时模型关注的区域。

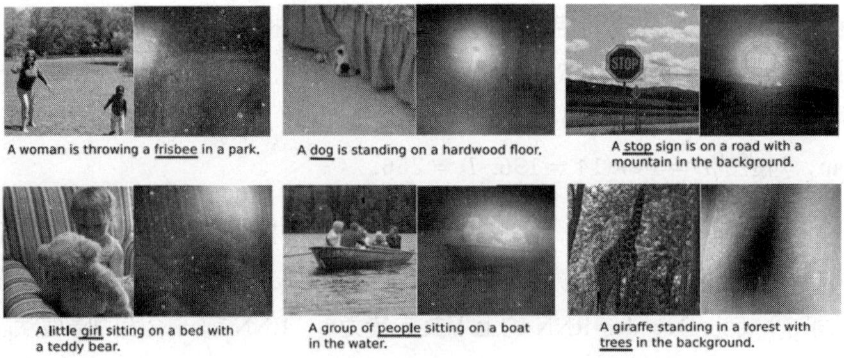

图 17-3　带有注意力机制的 Image Caption 模型

17.1.4 对 Encoder-Decoder 的改进 2：加入高层语义

除了使用注意力机制改善 Encoder-Decoder 结构外，*What Value Do Explicit High Level Concepts Have in Vision to Language Problems*?文章又提供了另外一种改进原始模型的方式，即使用高层语义特征。

在前两篇论文中，均使用 CNN 在做最终分类之前的卷积特征作为“图像语义”，但这篇文章认为，CNN 在最终的分类层包含了大量诸如“图中有无人”“图中有无桌子”这样的高层信息。这种高层语义与最终生成的语句非常相关，不能轻易舍弃。

实际上，作者把这个高层语义理解为一个多标签分类问题。在 Image Caption 任务中，需要知道图片里面有哪些物体，由于一张图片中的物体数目会有很多，因此图片和物体标签是一对多的关系，而不是通常的一对一的关系。为此，需要对原先的 CNN 结构做出适当的调整。在通常的一对一关系中，在卷积特征后使用一个 Softmax 即可，而在一对多关系中，假设要找出 c 类物体，那么分别使用 c 个 Softmax 层。设第 i 张图片的标签 $y_i = \{y_{i1}, y_{i2}, \cdots, y_{ic}\}$。其中每个 y_{ij} 要么是 0，要么是 1，1 表示该图片具有标签 j（如图中有人），0 表示该图片不具有标签 j。又设 c 个 Softmax 层的输出各个标签的概率$p_i = \{p_{i1}, p_{i2}, \cdots, p_{ic}\}$，那么最终的损失是

$$J = \frac{1}{N}\sum_{i=1}^{N}\sum_{j=1}^{c}\ln\left[1 + \exp\left(-y_{ij}p_{ij}\right)\right]$$

在训练时，首先在所有描述中提取出现最频繁的c个单词作为总标签数，每个图像的训练数据直接从其描述单词中取得。训练完成后，可以针对每张图片提取高层的语义表达向量$V_{att}(I)$，如图 17-4 所示。简单来说，这个高层语义向量 $V_{att}(I)$ 实际表示图像中出现了哪些物体。

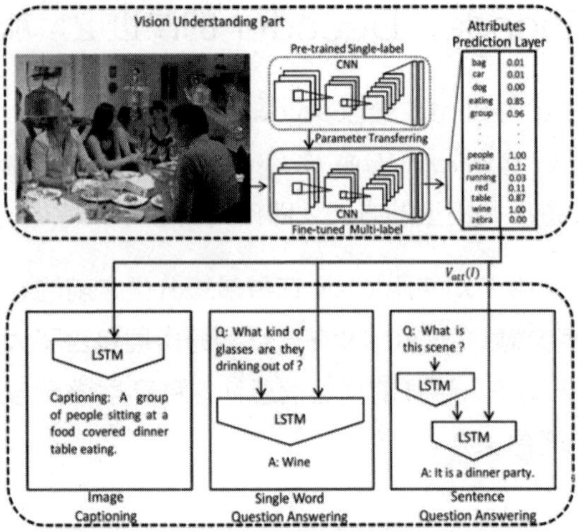

图 17-4　在图片中提取高层语义信息

得到$V_{att}(I)$后，直接将其送入 Decoder 进行解码。Decoder 的结构和最初的一篇论文中的结构完全一致。如在图 17-5 中，左上方的虚线是之前直接使用的卷积特征CNN(I)，而左下方的实线是这篇文章提出的$V_{att}(I)$。实验证明，使用$V_{att}(I)$代替CNN(I)，可以大幅提高模型效果。

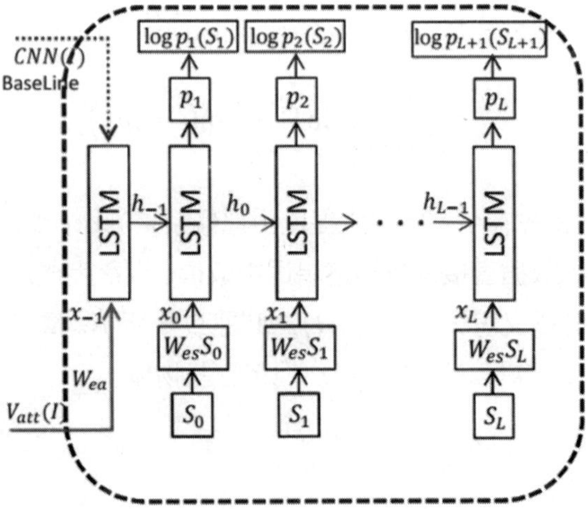

图 17-5　用$V_{att}(I)$ 代替 CNN(I)送入 Decoder

17.2 在 TensorFlow 中实现 Image Caption

Google 公司已将其论文 *Show and Tell: A Neural Image Caption Generator* 在 TensorFlow 下做了实现，下面讲解如何使用这个代码。

17.2.1 下载代码

首先使用 git 命令命令下载 tensorflow/models 项目：

```
git clone https://github.com/tensorflow/models.git
```

除了使用 git 方式下载外，还可以在其官方页面 https://github.com/tensorflow/ models 下载 zip 压缩文件并解压。下载好后，将其中的 research 文件夹下的 im2txt 目录复制出来，这是 Google 公司实现的一个 Image Caption 模型。下面用到的命令基本是在 im2txt 目录下进行的。

17.2.2 环境准备

im2txt 项目用到了 Google 公司的一个编译器 Bazel 对 Python 代码进行编译和运行，因此必须先安装 Bazel。这里以 Ubuntu 为例介绍其安装方法，其他系统的安装方法可以在 Bazel 的官方主页 https://docs.bazel.build/versions/master/install.html 上找到。

在 Ubuntu 系统上安装 Bazel，首先要添加 Bazel 对应的源：

```
echo "deb [arch=amd64] http://storage.googleapis.com/bazel-apt stable
jdk1.8" | sudo tee /etc/apt/sources.list.d/bazel.list
curl https://bazel.build/bazel-release.pub.gpg | sudo apt-key add -
```

添加完成后，可以使用 apt-get 命令直接安装了：

```
sudo apt-get update && sudo apt-get install bazel
```

除了 Bazel 外，im2txt 项目还依赖一个 Python 包 nltk，这个包是一个比较著名的自然语言处理项目。使用 pip 命令可以直接安装：

```
pip install nltk
```

17.2.3 编译和数据准备

使用下面的命令对源代码进行编译：

```
bazel build //im2txt:download_and_preprocess_mscoco
bazel build -c opt //im2txt/...
bazel build -c opt //im2txt:run_inference
```

编译完成后，应该会在 bazel-bin 文件夹下找到一系列可执行文件，分别用于训练、验证和测试单张图片。不过，在运行这些程序前，还要做一些数据准备工作。在 im2txt 文件夹下新建一个 data 目录。所有的数据放在这个目录中。

首先，需要在 data 文件夹下准备所有的训练数据。可以使用下面的命令下载并处理微软的 COCO 数据，该程序会自动下载数据库，并将其转换为 TFRecord 格式。

```
bazel-bin/im2txt/download_and_preprocess_mscoco "data/mscoco"
```

在下载数据前，请保证网络畅通，并确保至少有 150GB 的硬盘空间可以使用。所有的下载数据和转换数据会被保存在 data/mscoco 目录下。

接着，在 data 目录下新建一个 pretrained 文件夹，保存需要的预训练的 Inception 模型。正如第 17.1.2 节中所说，需要一个 CNN 网络来提取图片的特征，这里使用的是 Inception V3 模型。在 TensorFlow Slim 的官方页面 https://github.com/tensorflow/models/tree/master/slim 找到 Inception V3 的下载地址并下载（也可以直接在地址 http://download.tensorflow.org/ models/inception_v3_2016_08_28.tar.gz 中下载）。将下载后的压缩包解压后得到一个 inception_v3.ckpt 文件，将其复制到 pretrained 文件夹中。

最后，在 data 目录下新建 model 文件夹。并在该目录下新建 train 和 eval 两个文件夹，这两个文件夹分别用来保存训练时的模型、日志和验证时的日志。最终，文件夹结构应该是：

```
im2txt/
    data/
        mscoco/
        pretrained/
            inception_v3.ckpt
        model/
            train/
            eval/
```

17.2.4 训练和验证

做好上述准备工作后，即可训练模型了！对应的命令是：

```
bazel-bin/im2txt/train \
  --input_file_pattern="data/mscoco/train-?????-of-00256" \
  --inception_checkpoint_file="data/pretrained/inception_v3.ckpt" \
  --train_dir="data/model/train" \
  --train_inception=false \
  --number_of_steps=1000000
```

这里的参数含义应该都不难理解，除了几个目录外，参数--train_inception=false 表示并不训练 Inception 模型，只训练 Decoder 网络，原因在于这样做效率比较高。同时训练 Inception 和 Decoder 也可以，但训练的速度会很慢。

参数--number_of_steps=1000000 表示总共训练 100 万步（每步即相当于一个 batch）。在单块 GPU 上，需要持续训练一周左右，在 CPU 上训练可能还要慢 1/10。不过读者不必担心，程序中训练那么多步是为了取得性能上最大的提高，其实只要训练有限的步数（如几万步）可以得到较高性能的模型。程序会把最新得到的几个模型保存在 data/model/train 文件夹下。

和前面的章节一样，可以使用 TensorBoard 监控训练情况，对应的命令为：

```
tensorboard -logdir data/model/train
```

在训练过程中，还提供了一个验证程序对训练得到的模型进行验证，具体的做法是在验证数据集上计算得到模型的困惑度（Preplexity）指标。对应的命令为：

```
bazel-bin/im2txt/evaluate \
  --input_file_pattern="data/mscoco/val-?????-of-00004" \
  --checkpoint_dir="data/model/train" \
  --eval_dir="data/model/eval"
```

如果只有一个 GPU 并且在执行训练任务，那么只能在 CPU 上运行这个命令。如果有多个 GPU，则要在没有训练任务的 GPU 上运行该命令。

和训练一样，可以打开 TensorBoard 观察验证数据集上困惑度的变化：

```
tensorboard --logdir data/model/eval
```

17.2.5 测试单张图片

最后，介绍如何使用训练好的图片对单张图片生成描述。假设 data 文件夹中有一张 test.jpg 图片，可以用下面的命令对其进行测试：

```
bazel-bin/im2txt/run_inference \
  --checkpoint_path=data/model/train \
  --vocab_file=data/mscoco/word_counts.txt \
  --input_files=data/test.jpg
```

图 17-6　测试图片

如使用图 17-6 生成的句子和对应的概率为：

```
0) a man riding a wave on top of a surfboard . (p=0.040413)
1) a person riding a surf board on a wave (p=0.017452)
2) a man riding a wave on a surfboard in the ocean . (p=0.005743)
```

17.3 总结

本章首先回顾了 Encoder-Decoder 结构，接着讲解了几篇用于 Image Caption 任务的论文。第一篇 *Show and Tell: A Neural Image Caption Generator* 只是简单地将 Encoder-Decoder 的结构中的 Encoder 修改为 CNN 以用于 Image Caption。第二篇 *Show, Attend and Tell: Neural Image Caption Generation with Visual Attention* 又进一步引入了注意力机制。第三篇 *What Value Do Explicit High Level Concepts Have in Vision to Language Problems*?使用高层语义提高了模型效果。最后，介绍了第一篇论文相应的 TensorFlow 实现。

拓展阅读

- Image Caption 是一项仍在不断发展的新技术，除了本章提到的论文 *Show and Tell: A Neural Image Caption Generator*、*Neural machine translation by jointly learning to align and translate*、*What Value Do Explicit High Level Concepts Have in Vision to Language Problems?* 外，还可阅读 *Mind's Eye: A Recurrent Visual Representation for Image Caption Generation*、*From Captions to Visual Concepts and Back* 等论文，了解其更多发展细节。

第 18 章 强化学习入门之 Q Learning

从本章开始，将开始学习强化学习（Reinforcement Learning）以及相关的实践案例。强化学习是机器学习的一个重要分支，它主要研究如何在环境中做出合适的动作以最大化某些奖励。这一章将会用一个简单的例子介绍强化学习的基本概念，以及一个基础算法——Q Learning。

18.1 强化学习中的几个核心概念

强化学习中最核心的几个概念为：

- 智能体（Agent）。
- 环境（Environment）。
- 动作（Action）。
- 奖励（Reward）。

智能体存在于环境中，并会在环境中做出一些动作。这些动作会使得智能体获得一些奖励。奖励可能有正，也可能有负。强化学习的目标是学习一个策略，使得智能体可以在合适的时候做出合适的动作，以获得最大的奖励。

此外，还有一个重要的概念：状态。顾名思义，“状态”描述了智能体和环境的状况，它和环境以及智能体都有关。智能体一般以当前的状态作为决策依据，做出决策后，智能体的行为又会引起状态的改变。

智能体与环境交互的过程可以用图 18-1 来表示。

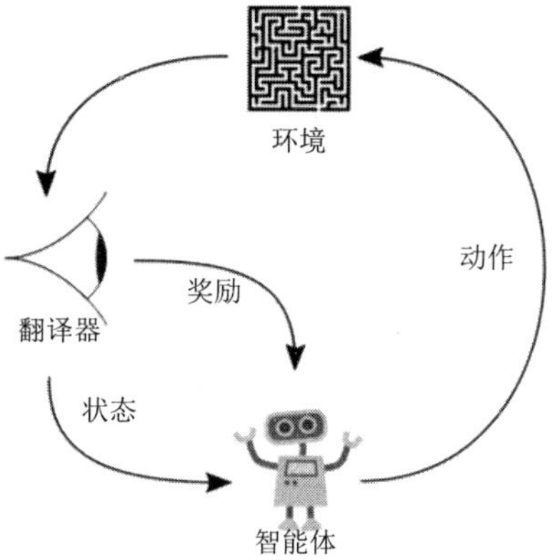

图 18-1　智能体与环境的交互过程

作为示例，可以考虑这样一个简单的“走迷宫”的例子：

```
.........
.A      .
.    o  .
.       .
.........
```

这是一个非常简单的“迷宫”。“A”表示智能体。它一共有 4 个动作：向上走、向下走、向左走、向右走。实心点号“.”表示迷宫的边缘，智能体在行走时不能逾越这个边缘。而“O”表示一个“宝藏”，当智能体走到宝藏的位置时，将会自动获得值为 100 的奖励。

在这个例子中：

- 智能体是图中的“A”，它可以在不超过迷宫边缘的范围内自由行走。
- 环境是指整个迷宫。
- 动作是指上、下、左、右四个可以采取的行为。

- 奖励的含义为：在智能体走到空白位置时，奖励为 0，而在走到宝藏位置时，奖励为 100。
- 状态的含义：可以用智能体在迷宫中的位置（第几行第几列）来表示状态。智能体必须根据状态（即它目前所在的位置）做出决策，以获得最大的奖励。

18.2 Q Learning 的原理与实验

Q Learning 是强化学习的一种基础算法。在本节中，将会从零开始编写一个 Q Learning 算法，它可以解决之前提到的“走迷宫”的问题。

18.2.1 环境定义

在学习 Q Learning 算法之前，先简单定义在程序中会用到的迷宫环境，相应的代码在 env.py 中：

```
from __future__ import print_function
import copy

MAP = \
   '''
.........
.       .
.     o .
.       .
.........
'''

MAP = MAP.strip().split('\n')
MAP = [[c for c in line] for line in MAP]
DX = [-1, 1, 0, 0]
DY = [0, 0, -1, 1]

class Env(object):

   def __init__(self):
```

```
        self.map = copy.deepcopy(MAP)
        self.x = 1
        self.y = 1
        self.step = 0
        self.total_reward = 0
        self.is_end = False

    def interact(self, action):
        assert self.is_end is False
        new_x = self.x + DX[action]
        new_y = self.y + DY[action]
        new_pos_char = self.map[new_x][new_y]
        self.step += 1
        if new_pos_char == '.':
            reward = 0  # do not change position
        elif new_pos_char == ' ':
            self.x = new_x
            self.y = new_y
            reward = 0
        elif new_pos_char == 'o':
            self.x = new_x
            self.y = new_y
            self.map[new_x][new_y] = ' '  # update map
            self.is_end = True  # end
            reward = 100
        elif new_pos_char == 'x':
            self.x = new_x
            self.y = new_y
            self.map[new_x][new_y] = ' '  # update map
            reward = -5
        self.total_reward += reward
        return reward

    @property
    def state_num(self):
        rows = len(self.map)
        cols = len(self.map[0])
        return rows * cols

    @property
    def present_state(self):
        cols = len(self.map[0])
        return self.x * cols + self.y
```

```
    def print_map(self):
        printed_map = copy.deepcopy(self.map)
        printed_map[self.x][self.y] = 'A'
        print('\n'.join([''.join([c for c in line]) for line in printed_map]))
```

Env类是定义的环境。它的类属性Env.map存储了迷宫的地图：

```
.........
.       .
.     o .
.       .
.........
```

Env.x和Env.y存储了当前智能体的位置。初始时Env.x=1, Env.y=1，因此智能体的初始位置为（用A表示智能体）：

```
.........
.A      .
.     o .
.       .
.........
```

将智能体的位置当作状态。在程序实现中，可以通过Env.present_state()得到当前的状态的编码，通过Env.state_num()得到总的状态数。由于迷宫由5行、9列组成，因此一共有45个状态。

Env.interact(action)函数用于智能体在环境中做出行为。action一共有4个取值：0，1，2，3。分别表示向上走、向下走、向左走和向右走。智能体在做出行为后，如果没有碰到迷宫边缘，会走到新的位置。新的位置如果有宝藏，那么得到100的奖励，如果什么也没有，那只能得到0的奖励。（在上面的示例程序中，智能体还可能得到-5的负数奖励，会在第18.2.6节中涉及这种情况，此处可以先略过。）Env.interact(action)函数的返回值是当前步骤得到奖励的数值。此外，一旦智能体得到宝藏，整个游戏会终止，即设置Env.is_end为True。

Env.print_map()用于在屏幕上打印当前智能体在迷宫上的位置。

18.2.2 Q 函数

在看完环境定义后，让把目光转换到 q_learning.py 文件中。在这个文件中，定义了一个完整的 Q learning 算法。

Q learning 算法的核心是 $Q(s, a)$函数，其中 s 表示状态，a 表示行为。Q 函数可以被看作一个“表格”，每一行代表一个状态，每一列代表一个行为，见表 18-1。

表 18-1　$Q(s, a)$函数

	行为 $a1$	行为 $a2$	行为 $a3$	……
状态 $s1$	$Q(s1, a1)$	$Q(s1, a2)$	$Q(s1, a3)$	……
状态 $s2$	$Q(s2, a1)$	$Q(s2, a2)$	$Q(s2, a3)$	……
状态 $s3$	$Q(s3, a1)$	$Q(s3, a2)$	$Q(s3, a3)$	……
……	……	……	……	……

$Q(s, a)$的值是“在 s 状态执行了 a 行为后的期望奖励数值”。只要得到了正确的 Q 函数，可以在每个状态做出合适的决策了。例如，在问题中，设 s 为某个位置 $s1$，如何决定智能体下一步应该往哪里走呢？由于 a 的取值为 0，1，2，3，只需要考虑 $Q(s1, 0)$，$Q(s1, 1)$，$Q(s1, 2)$，$Q(s1, 3)$四个值，并挑选其中最大的并执行相应的动作即可。

在 q_learning.py 中，定义 Q 函数的部分为：

```
e = Env()
Q = np.zeros((e.state_num, 4))
```

其中，e.state_num 为状态的总数 45，4 表示一共可以执行 4 个动作。接下来介绍如何学习计算定义好的 Q 函数的值。

18.2.3 Q 函数的学习策略

直接来看对应的代码：

```
for i in range(200):
```

```
    e = Env()
    while (e.is_end is False) and (e.step < MAX_STEP):
        action = epsilon_greedy(Q, e.present_state)
        state = e.present_state
        reward = e.interact(action)
        new_state = e.present_state
        Q[state, action] = (1 - ALPHA) * Q[state, action] + \
            ALPHA * (reward + GAMMA * Q[new_state, :].max())
        e.print_map()
        time.sleep(0.1)
    print('Episode:', i, 'Total Step:', e.step, 'Total Reward:',
e.total_reward)
    time.sleep(2)
```

最外层的循环表示一共进行 200 次游戏，Q 函数在这个过程中不断地进行更新。每一次游戏都初始化一个环境 e=Env()，接下来，首先使用ϵ-greedy 方法（这个方法会在后面进行介绍），依据当前的状态 e.present_state 和 Q 函数的值挑选一个行动 action。action 的值可能为 0，1，2 或 3，依次表示向上、向下、向左、向右行走。接下来，智能体会执行 action 代表的动作，由此会得到一个奖励 reward，以及到达一个新的状态 new_state。

最后，更新 Q 值，对应的公式为

$$Q(s,a) \leftarrow (1-\alpha)Q(s,a)+\alpha[R+\gamma \max_a Q(s',a)]$$

对应的程序段为：

```
Q[state, action] = (1 - ALPHA) * Q[state, action] + \
    ALPHA * (reward + GAMMA * Q[new_state, :].max())
```

回忆一下，Q(state, action)表示在状态 state 下执行 action 后期望得到的奖励。实际上，执行 action 后状态由 state 变成了 new_state，并且得到了奖励 reward。Q learning 算法用 reward + GAMMA * Q[new_state, :].max()来近似期望得到的奖励。其中，reward 为执行 action 后本来可以得到的奖励，而 Q[new_state, :].max()是在新状态 new_state 下可以得到的最大期望奖励。由于 Q[new_state, :].max()是下一个时间点的值，因此还要乘以一个衰减系数 GAMMA。最后，一般不直接用 reward + GAMMA * Q[new_state, :].max()更新 Q(state, action)，而是设置一个学习率 ALPHA，用(1 – ALPHA) * Q(state, action) + ALPHA * (reward + GAMMA * Q[new_state, :].max())来更新 Q(state, action)，这样的话更新比较平缓，防止模型过早收敛到局部极小值。这是 Q Learning 更新 Q 函数的方法。

18.2.4 ϵ-greedy 策略

在 Q Learning 的更新过程中，每一步都要根据当前的 state 以及 Q 函数确定一个合适的行动 action。这里有一个如何平衡“经验”和“探索”的问题。如果完全按照经验行动，即每次都在 Q(state, :)中选择对应值最大的 action，那么很有可能一直局限在已有经验中，难以发现更具价值的新的行为。但如果智能体只专注于探索新的行为，即完全随机地行动，又可能因为大多数行动都没有价值，导致学习 Q 函数的速度很慢。

一种比较简单的平衡“经验”和“探索”的方法是采用ϵ-greedy 策略选择合适的行动。事先设置一个较小的ϵ值（如$\epsilon = 0.1$），智能体有 $1 - \epsilon$的概率根据学习到的 Q 函数（已有经验）行动，剩下ϵ 的概率智能体会随机行动，用于探索新的经验。例如，$\epsilon = 0.1$ 时，在 90%的情况下，智能体直接选择使得 Q(state, action)最大的 action，剩下 10%的情况，随机选择一个 action。

18.2.5 简单的 Q Learning 示例

在 q_learning.py 中，实现了基本的 Q Learning 算法，用于解决在第 18.1 节中提到的“走迷宫”问题。

初始的地图为：

```
.........
.A      .
.    o  .
.       .
.........
```

其中，A 表示智能体初始的位置，O 表示宝藏的位置。使用下面的命令运行：

```
python q_learning.py
```

屏幕上会不断打出智能体在图上探索的过程。在程序中，智能体一共会玩 200 次这个游戏（对应的语句是 `for i in range(200):`），每一次最多走 30 步（对应的语句是 `MAX_STEP = 30`）。每次游戏结束，屏幕上都会打印出这轮游戏中智能体走的步数以及获得的奖励。

由于 q_learning.py 会不断刷新输出，不太适合观察，因此又提供了一个 q_learning_reprint.py。q_learning_reprint.py 和 q_learning.py 在算法部分是完全一样的，只是使用 reprint 库代替了 print 函数，更便于观察结果。

要运行 q_learning_reprint.py，首先要安装 reprint 库：

```
pip install reprint
```

然后运行：

```
python q_learning_reprint.py
```

可以看到，由于一开始 Q 函数没有学习到任何内容，智能体只会随机性地行动。随着游戏轮数的增加，智能体不停地获得宝藏的奖励，因此 Q 函数会得到更新。最后，当游戏进行到 30 轮后，智能体基本都会“直奔宝藏而去”，在比较短的步数内得到奖励。

18.2.6 更复杂的情况

在第 18.2.5 节的程序中，只考虑了最简单的“迷宫”：

```
.........
.A      .
.    o  .
.       .
.........
```

这个地图中元素很少，只有空格和宝藏，因此非常简单，现在考虑更复杂的一种地图：

```
.........
.A x    .
.  x o  .
.       .
.........
```

在这个地图中，用符号“x”来表示陷阱，智能体碰到陷阱后会得到惩罚，即获得负数的奖励。在程序中设定这个数值为-5。如果需要获得宝藏，智能体有两种选择:一种是直接穿过陷阱，一种是选择绕路。

在 env.py 中，修改地图对应的代码为：

```
MAP = \
    '''
.........
.  x    .
.   x o .
.       .
.........
'''
```

再次运行 q_learning_reprint.py：

```
python q_learning_reprint.py
```

随着程序的进行，一开始智能体会随机地行走，当它成功地通过“绕路”获得宝藏后，Q 函数会得到更新。当游戏轮数到 50 次之后，智能体成功通过 Q Learning 学会了“绕路”获得宝藏。

18.3 总结

在本章中，首先介绍了强化学习中的一些基本概念，接着通过一个简单的小例子，学习了 Q Learning 算法的原理和实现。Q Learning 是强化学习中一个比较基础的方法，在下一章中，会通过同样的例子，再介绍一个和 Q Learning 极为相似的强化学习算法：SARSA 算法。

第 19 章 强化学习入门之 SARSA 算法

SARSA（State-Action-Reward-State-Action）算法同样是一种基本的强化学习的算法。它同 Q Learning 一样，都是在智能体行动过程中迭代式地学习 Q 函数，但是 SARSA 算法采取了和 Q Learning 不同的迭代更新策略。本章将通过修改上一章的程序来实现 SARSA 算法。

19.1 SARSA 算法的原理

19.1.1 通过与 Q Learning 对比学习 SARSA 算法

在学习 SARSA 算法之前，先来复习 Q Learning 算法。Q Learning 算法首先会定义一个 Q(state,action)函数，然后使用下面的程序来更新 Q 函数：

```
for i in range(200):
    e = Env()
    while (e.is_end is False) and (e.step < MAX_STEP):
        action = epsilon_greedy(Q, e.present_state)
        state = e.present_state
        reward = e.interact(action)
```

```
    new_state = e.present_state
    Q[state, action] = (1 - ALPHA) * Q[state, action] + \
      ALPHA * (reward + GAMMA * Q[new_state, :].max())
```

Q Learning 算法每次更新 Q 函数的步骤为：（1）使用ϵ-greedy 或其他方法选出一个 action；（2）智能体采取动作 action，得到奖励 reward 和新的状态 new_state；（3）用 reward + GAMMA * Q[new_state, :].max()来更新 Q[state, action]。更新时会设定一个学习率 ALPHA，即使用(1 - ALPHA) * Q[state, action] + ALPHA * (reward + GAMMA * Q[new_state, :].max())来进行迭代。

只需要对 Q Learning 算法做简单修改，可以得到 SARSA 算法的实现：

```
for i in range(200):
  e = Env()
  action = epsilon_greedy(Q, e.present_state)
  while (e.is_end is False) and (e.step < MAX_STEP):
    state = e.present_state
    reward = e.interact(action)
    new_state = e.present_state
    new_action = epsilon_greedy(Q, e.present_state)
    Q[state, action] = (1 - ALPHA) * Q[state, action] + \
      ALPHA * (reward + GAMMA * Q[new_state, new_action])
    action = new_action
```

SARSA 算法的更新步骤为：（1）记录当前的 state；（2）执行上一步选定好的 action，得到奖励 reward 和新的状态 new_state；（3）在 new_state 下，根据当前的 Q 函数，选定要执行的步骤 new_action；（4）用值 reward + GAMMA * Q[new_state, new_action]来更新 Q[state, action]。和 Q Learning 算法一样，在这里同样也存在一个学习率 ALPHA。真正替换掉 Q[state, action] 的值为(1−ALPHA) * Q[state, action] + ALPHA * (reward + GAMMA * Q[new_state, new_action])；（5）action=new_action。这个动作将会在下一个循环中被执行。

回顾一下 SARSA 算法的过程，智能体从一个状态（state，用 S 表示）出发，执行一个动作（action，用 A 表示），得到奖励（reward，用 R 表示）和新的状态（S），在新的状态下又会选择一个新的动作（A），通过新的状态和新的动作来更新 Q 函数。S-A- R-S -A，这是 SARSA 算法名字的由来。

19.1.2 off-policy 与 on-policy

强化学习中的方法可以分为 off-policy 和 on-policy 两类。Q Learning 算法是一个经典的 off-policy 方法，而本章介绍的 SARSA 算法则是 on-policy 方法。那么，如何理解这里的 off-policy 和 on-policy 呢？

在 Q Learning 中，*Q* 函数的更新和 Q[new_state, :].max()有关。在 Q[new_state, :]中选出使得 *Q* 函数最大的动作，以此来更新 *Q* 函数。设这个动作为 max_action。注意，**智能体实际有可能并不会执行 max_action。**因为在下一个过程中是根据 epsilon-greedy 方法来选择策略的，有可能选择 max_action，也有可能并不会选到 max_action。

而 SARSA 算法则不同，它用 Q[new_state, new_action]结合奖励等信息更新 *Q* 函数。之后，在下一次循环时，**智能体必然会执行 new_action。**

说 Q Learning 是一种 off-policy 算法，是指它在更新 *Q* 函数时使用的动作（max_action）可能并不会被智能体用到。又称 SARSA 是一种 on-policy 方法，是指它在更新 *Q* 函数时使用的动作(new_action)一定会被智能体所采用。这也是 on-policy 方法和 off-policy 方法的主要区别。

19.2 SARSA 算法的实现

提供了一个 SARSA 算法的实现，该实现一共由三个文件组成：env.py、sarsa.py 和 sarsa_reprint.py。它们是从上一章的 Q Learning 的代码简单修改得到的。读者可以对比本章的代码和 Q Learning 的代码，体会 SARSA 算法和 Q Learning 的异同。在三个代码文件中，env.py 和之前完全一样，未做任何修改。sarsa.py 和 sarsa_reprint.py 是从 q_learning.py 和 q_learning_reprint.py 修改而来。sarsa.py 中只使用了 Python 中自带的 print 函数打印结果，而 sarsa_reprint.py 中使用 reprint 库来输出结果，更便于观察。建议利用 sarsa.py 学习 SARSA 算法的原理，运行 sarsa_reprint.py 来观察算法的输出结果。

要运行 sarsa_reprint.py，首先要确保已经装好了 reprint 库，如果没有安装可以通过下列命令安装：

```
pip install reprint
```

运行 sarsa_reprint.py：

```
python sarsa_reprint.py
```

当使用如下所示的最简单的“迷宫地图”时，和 Q Learning 算法一样，当经过 20~30 次游戏后，智能体可以学会如何取得“宝藏”。

```
........
.      .
.    o .
.      .
........
```

但是，当使用下面的带有“陷阱”的“迷宫地图”时（智能体走到陷阱会获得 -5 的奖励），SARSA 算法却无法找出正确的获得“宝藏”的方法。

```
........
. x    .
.   x o .
.      .
........
```

其实，相比 Q Learning 算法，SARSA 算法更加地“胆小”。Q Learning 算法会使用 Q[new_state, :].max()来更新 *Q* 值，换句话说，它考虑的是新状态下可以获得的最大奖励，而不去考虑新状态会带来的风险。因此，Q Learning 算法会更加的激进。相比之下，SARSA 算法只是使用 Q[new_state, new_action]来更新 *Q* 值。在此处的迷宫问题中，SARSA 算法会考虑到接近陷阱可能带来的负收益，因此更倾向于待在原地不动，从而更加难以找到“宝藏”。根据它们的特性，在实际应用中，Q Learning 和 SARSA 算法各有各的适用场景。

19.3 总结

在本章中，以 Q Learning 为切入点，介绍了强化学习的另一种基础算法：SARSA，同时还对比了它们的异同。SARSA 算法的实现同样可以类比 Q Learning 的实现。读者可以对比这两种基础算法的原理和实现，来巩固自己的理解。

第 20 章 深度强化学习：Deep Q Learning

在前面的章节中，学习了强化学习的两个基础算法：Q Learning 和 SARSA。本章将介绍 Q Learning 的升级版：Deep Q Network，简称 DQN。DQN 算法采用深度神经网络来表示 Q 函数，通常也被称为 Deep Q Learning，即“深度 Q Learning 算法”。在这一章中，会先介绍 DQN 算法的原理，再来介绍 DQN 算法的 TensorFlow 实现。

20.1 DQN 算法的原理

20.1.1 问题简介

DQN 算法是在论文 *Playing Atari with Deep Reinforcement Learning* 中提出的。这篇论文实际解决的问题是：用强化学习来玩雅达利（Atari）游戏机上的像素游戏。

雅达利是 20 世纪的一家电子游戏机公司，它制作、发行过很多款电子游戏机以及电子游戏。其中，在 1977 年 9 月发行的雅达利 2600 游戏机最为出名。图 20-1 展示了雅达利 2600 游戏机上的五款游戏，从左到右依次是 Pong、Breakout、Space Invaders、Seaquest、Beam Rider。

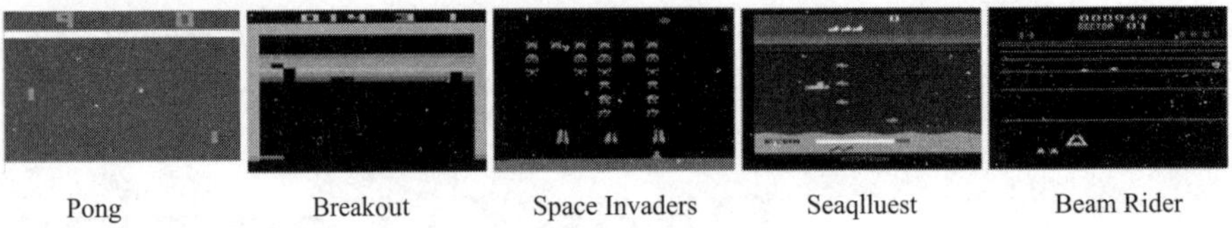

图 20-1　雅达利 2600 中上的五款游戏

以左数第二款游戏 Breakout 为例，它实际是熟悉的“打砖块”。如图 20-2 所示在游戏开始时，画面顶部会显示 8 排砖块。玩家必须控制底部的一个平台来反弹小球，小球接触到砖块后会“打掉砖块”并反弹回来，此时玩家会得到相应的分数。如果玩家没有接住小球，会输掉一个回合。在输掉三个回合后，游戏会结束。

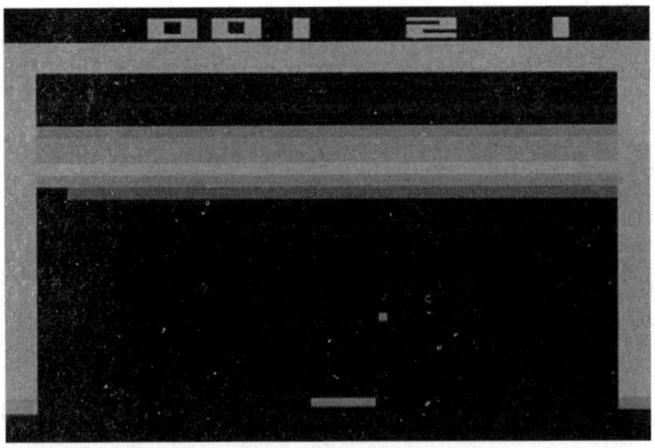

图 20-2　“打砖块”游戏

DQN 要解决的问题是：如何从原始的游戏画面出发，通过强化学习自动学出玩游戏的方法。在这个过程中，除了游戏画面之外，算法唯一能接收到的额外信息是游戏的奖励，即强化学习中的 Reward，对于其他的信息，如小球运动的方向、速度、平台的位置，算法是无法直接获取到的。

20.1.2 Deep Q Network

Q Learning 算法以 Q(state, action)来表示 Q 函数，训练时，用 reward + GAMMA * Q[new_state, :].max()来更新 Q 函数（这是没有加入学习率 ALPHA 的形式）。在这个过程中，实际是用"一张表格"来表示 Q 函数的。表格的每一行是一种状态，每一列是一种动作。由于 Q 函数只是一张表格，因此状态和状态之间相互独立，没有联系。

在 Atari 游戏中，再用"表格"来表示 Q 函数不是很合适了。原因在于 Atari 的游戏画面为 210 × 160 的 RGB 图像，假设用一帧图像表示一个状态，算在每个像素位置只用 0 和 1 来表示，产生的状态也会高达 2^(210×160)种，这意味着 Q 函数对应的表格有 2^(210×160)行，根本无法储存下来，也无法进行训练。

DQN 算法用一个深度卷积神经网络来表示 Q 函数。它的输入是状态 s，输出是每个动作对应的 Q 函数值。假设一共有 4 种动作，用 0，1，2，3 来表示，那么神经网络的输出是 $Q(s, 0), Q(s, 1), Q(s, 2), Q(s, 3)$。这个神经网络叫 Deep Q Network。

DQN 的输入状态 s 一般不是单帧游戏画面，而是多帧游戏画面。这也很好理解：如在打砖块游戏中，如果只输入单帧的画面，算法是无法得知小球的运动方向和速度的（因为只有一帧静止图片），也无法做出合理的决策，因此使用多帧画面作为输入。单帧的 Atari 游戏画面是一个 210×160 的 RGB 图像，在论文中，会首先将其灰度化，再缩小、裁剪到 84×84 的尺寸，输入网络的是 4 帧图像，即一个 84×84×4 的张量。图 20-3 展示了论文中使用的 DQN 的网络结构。

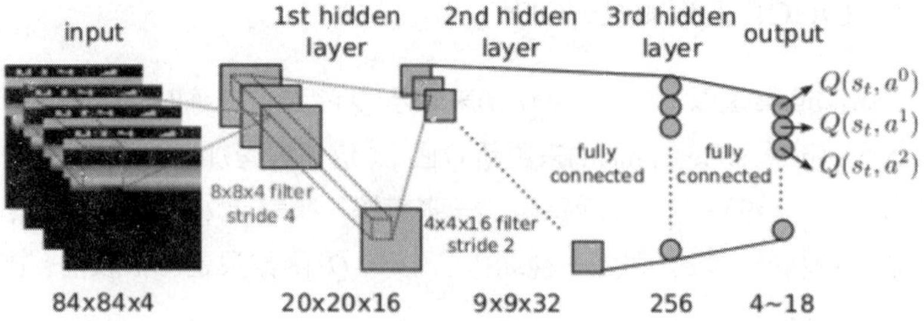

图 20-3　DQN 网络的结构

20.1.3　训练方法

有了 Deep Q Network 后，剩下的问题变成了：如何训练这个神经网络？在 DQN 算法中，原作者提出了一种经验回放机制（experience replay mechanism），用来产生神经网络的训练样本。

智能体首先会尝试玩游戏，在此过程中累积经验，形成一个“经验池”。用 $D=\{e_1,e_2,...,e_N\}$ 来表示经验池，其中 $e_t=(s_t,a_t,r_t,s_{t+1})$ 。$\boldsymbol{s}_t$ 是在 t 时刻的状态（即前文所述的连续 4 帧画面，一个 84×84×4 的张量），a_t 为在 t 时刻采取的行动，r_t 为获得的奖励（得分），s_{t+1} 是下一个时刻的状态，即新观察到的连续 4 帧画面。

每步训练，都在经验池中选取 batch size 个 e_t 作为训练样本。每个样本对应的训练目标（即 Deep Q Network 的输出）和 Q Learning 一样，都是 $r_t+\gamma\max_{a'}Q(s_{t+1},a')$ 。

训练若干步后，得到了一个新的 Q Network。利用它再来玩游戏，这又会得到一系列 e_t ，将得到的 e_t 加入经验池中用于训练，依此类推。

DQN 算法对应的伪代码为：

```
for episode=1, M do
    初始化状态 s1
    for t=1, T do
```

用ϵ-greedy 方法根据当前状态 s_t 选择动作 a_t
执行 a_t，获得奖励 r_t，并观察到新状态 s_{t+1}
将 $e_t=(s_t,a_t,r_t,s_{t+1})$ 加入经验池 D
在 D 中随机选取训练样本 $e_j=(s_j,a_j,r_j,s_{j+1})$
设定 y_j：
　　若 s_{j+1} 不是终止状态，设定 $y_j=r_j+\gamma\max_{a'}Q(s_{j+1},a')$；
　　若 s_{j+1} 是终止状态，设定 $y_j=r_j$（因为此时游戏终止，不需要根据 Q 函数获取期望）
损失为 $l_j=(y_j-Q(s_j,a_j))^2$，据此计算梯度并更新 Q 网络

20.2 在 TensorFlow 中运行 DQN 算法

提供了一个 TensorFlow 版本的 DQN 实现[1]。本节会介绍如何使用该代码训练智能体玩雅达利游戏（以打砖块为例）。

20.2.1 安装依赖库

该 TensorFlow 实现依赖三个外部包：gym、scipy 和 tqdm。使用下面的命令来安装这些依赖库：

```
pip install gym[all] scipy tqdm
```

其中，scipy 是常用的科学计算库，tqdm 则用于显示进度条。而 gym 是 OpenAI 公司提供的一套用于开发强化学习算法的工具库，则提供了强化学习中所需的环境。例如，如果要开发一个针对雅达利游戏的强化学习算法，必须要获取到游戏画面、游戏中的奖励。gym 为提供好了一套易用的接口，可以获得环境信息，以及方便智能体与环境进行交互。这样，开发者只需要把精力放在算法开发上，而不需要去实现一个游戏环境。截止目前，gym 支持包含雅达利游戏、棋盘游戏（如围棋）、控制类游戏、文字游戏、Minecraft、Doom 在内的多种形式的环境，提供统一的 Python 接口，与 TensorFlow 等

1 项目源码来自 https://github.com/carpedm20/deep-rl-tensorflow。

主流深度学习框架兼容。

读者可以在地址 https://gym.openai.com/envs 中查看 gym 支持的所有环境。本节主要关注如图 20-4 所示的雅达利游戏环境（https://gym.openai.com/envs#atari）。以其中的 Breakout-v0 环境为示例，使用 DQN 算法训练一个智能体。

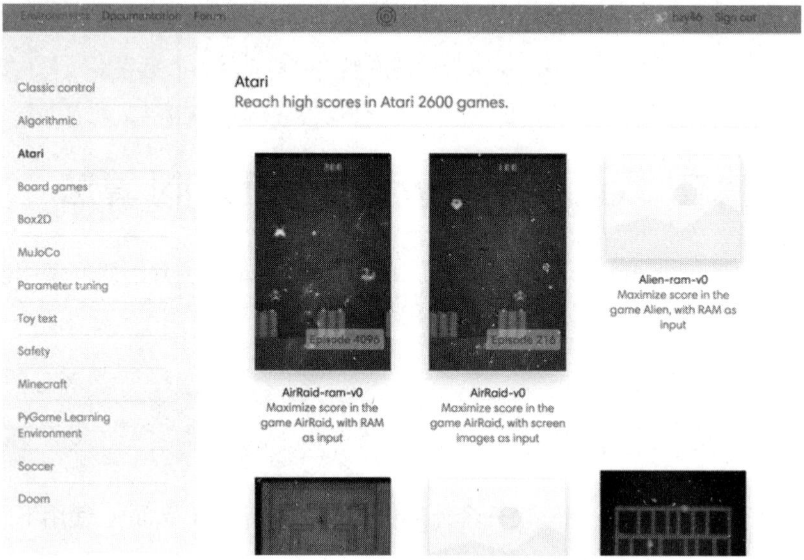

图 20-4　Gym 提供的雅达利环境

20.2.2　训练

使用 DQN 算法进行训练的对应命令为（使用 GPU）：

```
python main.py --network_header_type=nips --env_name=Breakout-v0
--use_gpu=True
```

也可以在 CPU 上训练：

```
python main.py --network_header_type=nips --env_name=Breakout-v0
--use_gpu=False
```

main.py 是入口程序。如果设定--use_gpu=True，会使用 GPU 进行训练，而--use_GPU=False，则会使用 CPU 进行训练。

--network_header_type=nips 表示使用在第 20.1.2 节描述的 DQN 网络。这是由于 *Playing Atari with Deep Reinforcement Learning* 是首先发表在 NIPS 会议上的，所以使用标签 nips 与其对应。除了 nips 之外，还可以设定--network_header_type=nature，此时会使用论文 *Human-Level Control through Deep Reinforcement Learning* 中描述的 DQN 结构，与--network_header_type=nips 对应的网络结构只有细微的不同。

--env_name=Breakout-v0 是训练的 gym 环境，所有雅达利游戏的 gym 环境可以在网址 https://gym.openai.com/envs#atari 上找到。

开始训练后，屏幕上会显示如图 20-5 所示的进度条，它指示了训练进度、训练时间和训练的速度。

77%|
| 38579993/50000000 [140:55:18<48:35:29, 65.28it/s]

图 20-5　训练进度条

中间模型会保存在 checkpoints 文件夹下。程序会自动根据当前的参数生成保存路径。如默认的保存路径为：

```
checkpoints/Breakout-v0/env_name=Breakout-v0/agent_type=DQN/batch_size=3
2/beta=0.01/data_format=NHWC/decay=0.99/discount_r=0.99/double_q=False/e
p_end=0.01/ep_start=1.0/gamma=0.99/history_length=4/learning_rate=0.0002
5/learning_rate_decay=0.96/learning_rate_decay_step=50000/learning_rate_
minimum=0.00025/max_delta=None/max_grad_norm=None/max_r=1/min_delta=None
/min_r=-1/momentum=0.0/n_action_repeat=1/network_header_type=nips/networ
k_output_type=normal/observation_dims=80,80/random_start=True/t_ep_end=1
000000/t_learn_start=50000/t_target_q_update_freq=10000/t_test=10000/t_t
rain_freq=4/t_train_max=50000000/use_cumulated_reward=False
```

events 文件会写到 logs 文件夹中，同 checkpoints 文件一样，程序同样会根据当前参数生成对应的保存路径。不过，如果要打开 TensorBoard，并不需要指定如此复杂的路径，只需指定 logs 文件夹即可：

```
tensorboard --logdir logs/
```

20.2.3 测试

既可以在模型全部训练完成后进行测试，也可以在训练过程中测试中途保存的模型。对应的指令如下：

```
python main.py --network_header_type=nips --env_name=Breakout-v0
--use_gpu=True --is_train=False
```

训练和测试时使用的参数必须完全相同。例如，如果在训练时指定的是--use_gpu=True，那么在测试时也必须使用--use_gpu=True；如果在训练时指定的是--use_gpu=False，则在测试时也必须使用--use_gpu=False。程序会根据参数自动在 checkpoints 文件夹中寻找对应的模型文件。

执行上述指令后，程序会利用当前最新的 checkpoints 来玩相应的游戏。屏幕上的信息如图 20-6 所示。Best reward 是当前有记录的最佳奖励。10000 是测试时的最大步数（该参数可调，请参考 main.py 源码）。

[3] Best reward : 82 (dup-percent: 0/100)
| 1705/10000 [00:05<00:25, 323.78it/s]

图 20-6　包含最佳奖励、最大步数、测试速度等的屏幕信息

更有趣的是，加入--display=True 后，还可以在屏幕上显示游戏进程：

```
python main.py --network_header_type=nips --env_name=Breakout-v0
--use_gpu=True --is_train=False --display=True
```

程序会根据已学习的 Q 函数来玩游戏，实时的游戏画面会在一个小窗口显示，如图 20-7 所示。

如果读者是通过 ssh 远程连接服务器运行的，直接使用--display=True 会报错，原因在于此时无法显示游戏窗口。在使用--display=True 选项前，请确保当前环境可以弹出 GUI 窗口。

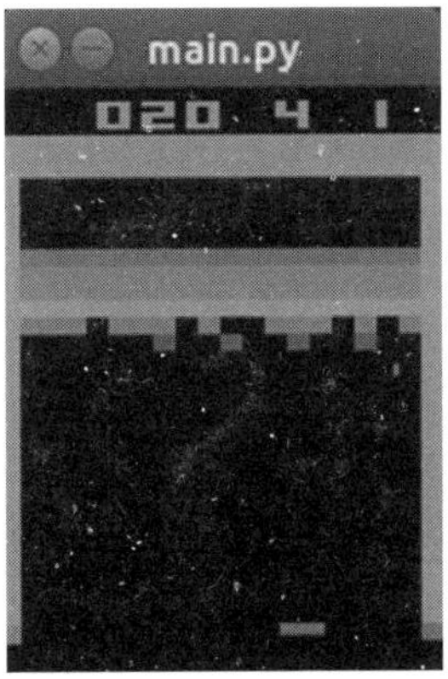

图 20-7　训练 DQN 模型玩“打砖块”游戏（详见彩插）

20.3　在 TensorFlow 中 DQN 算法的实现分析

上一节主要介绍了代码的使用，本节将简要分析代码的结构。

首先从一个比较简单的类 History 看起，对应的源文件是 agents/history.py。History 类的主要功能是记录历史上的游戏画面，代码如下：

```
class History:
 def __init__(self, data_format, batch_size, history_length, screen_dims):
  self.data_format = data_format
  self.history = np.zeros([history_length] + screen_dims, dtype=np.
float32)

 def add(self, screen):
  self.history[:-1] = self.history[1:]
  self.history[-1] = screen

 def reset(self):
  self.history *= 0

 def get(self):
  if self.data_format == 'NHWC' and len(self.history.shape) == 3:
   return np.transpose(self.history, (1, 2, 0))
  else:
```

```
    return self.history
```

self.history 一共可以存储 history_length 张图片，一张图片代表一个历史上的游戏画面。调用这里的 add 方法，可以向 self.history 添加一张图片，同时最老的一张图片将会被丢弃。调用 get 方法可以获得所有存储起来的历史图片。在程序中，通过 History 类来获取连续的几帧图片，作为当前的状态 s_t 。

游戏的画面如何获取？程序中定义了 Environment 类，用于使用 gym 库获取游戏画面并和游戏交互。相应的代码在 environments/environment.py 中。如 AtariEnvironment 代表了雅达利游戏的环境，它是 Environment 类的一个子类。Environment 类拥有一个 step 方法，step 方法的输入是要执行的动作，输出是执行动作后得到的奖励和相应的游戏画面。

Experience 类实现了在第 20.1.3 节中提到的“经验池”机制。对应的代码在 agents/experience.py 中。来看它的 add 方法，其功能是向经验池添加一个样本：

```
def add(self, observation, reward, action, terminal):
  self.actions[self.current] = action
  self.rewards[self.current] = reward
  self.observations[self.current, ...] = observation
  self.terminals[self.current] = terminal
  self.count = max(self.count, self.current + 1)
  self.current = (self.current + 1) % self.memory_size
```

从这段代码中可以看出，经验池中的一个样本包含四个部分：observation、reward、action、terminal。terminal 的含义是游戏是否终止。observation、reward、action 分别对应 s_t 、 r_t 、 a_t 。与第 20.1.3 节对比，一个样本貌似还缺乏一个 s_{t+1} 。其实，Experience 类会按照顺序保存游戏中的画面，所以下一个状态 s_{t+1} 可以通过当前样本的 index 加 1 得到，详细的代码请参考 Experience 类的 sample 方法。

最后，训练的过程在 agents/agent.py 中，由 Agent 类的 train 方法定义，相应的代码注释如下：

```
for self.t in tqdm(range(start_t, t_max), ncols=70, initial=start_t):
    # ep 是ϵ-greedy 算法中使用的ϵ
```

```
    # 开始的值为self.ep _start，结束的值为self.ep_end
    # 一般self.ep_start大于self.ep_end，随着训练的进行慢慢减小
    ep = (self.ep_end +
      max(0., (self.ep_start - self.ep_end)
        * (self.t_ep_end - max(0., self.t - self.t_learn_start)) /
self.t_ep_end))

    # 1. predict
    # self.history.get()是得到当前画面，通过ϵ-greedy算法来决定行为
    # predict方法实现了ϵ-greedy算法
    # predict方法返回一个action，是下面会采取的动作
    action = self.predict(self.history.get(), ep)

    # 2. act
    # 执行action，得到观察到新的画面observation和奖赏reward
    # terminal是一个布尔型变量，指示游戏是否结束
    # info为其他信息
    observation, reward, terminal, info = self.env.step(action, is_training=
True)

    # 3. observe
    # observe函数的主要功能为：1)根据损失函数进行训练；2)把观察到的图画加入到history
中，以及存储经验池
    q, loss, is_update = self.observe(observation, reward, action, terminal)


    # 显示debug信息
    logger.debug("a: %d, r: %d, t: %d, q: %.4f, l: %.2f" % \
      (action, reward, terminal, np.mean(q), loss))
    if self.stat:
      self.stat.on_step(self.t, action, reward, terminal,
              ep, q, loss, is_update, self.learning_rate_op)
    if terminal:
      observation, reward, terminal = self.new_game()
```

20.4 总结

在本章中，首先介绍了 DQN 算法的原理，DQN 算法可以直接从雅达利游戏图像出发，通过强化学习来学习出合理的游戏策略。接着，介绍了 DQN 算法在 TensorFlow 下的实现，并简要讲解了它的大致结构。希望读者可以

通过本章的内容初步掌握 DQN 算法的原理和实现。

拓展阅读

- 本章主要介绍了深度强化学习算法 DQN，关于该算法的更多细节，可以参考论文 *Playing Atari with Deep Reinforcement Learning*。
- 本章还介绍了 OpenAI 的 gym 库，它可以为我们提供常用的强化学习环境。读者可以参考它的文档 https://gym.openai.com/docs/ 了解 gym 库的使用细节，此外还可以在 https://gym.openai.com/envs/ 看到当前 Gym 库支持的所有环境。

第 21 章 策略梯度算法

不管是 Q Learning 算法、SARSA 算法，还是 Deep Q Learning，它们本质上都是学习一个价值函数 Q(state, action)。在环境中决策时，需要首先确定当前的状态，然后根据 Q(state, action)选择一个价值比较高的动作执行。本章要讲的策略梯度（Policy Gradient）方法和以上做法不同，它不再去学习价值函数 Q，而是直接通过模型（如神经网络）输出需要采取的动作。在本章中，会先介绍策略梯度算法的原理，然后介绍如何使用 TensorFlow 实现它。

21.1 策略梯度算法的原理

21.1.1 Cartpole 游戏

为了更方便地介绍策略梯度算法，先来介绍一个小游戏：Cartpole。如图 21-1 所示，游戏中主要有两个物体，在地面上运行的平台（Cart）和连接在平台上的杆（Pole）。在每个时刻，可以控制平台向左移动或是向右移动。

游戏的目的是通过合理移动平台让杆保持竖直状态。若是杆倾斜超过一定角度，那么游戏会自动结束。只要游戏没有结束（即杆未倾倒），玩家会在每个时刻得到奖励。

简单来说，是要控制平台让杆处于竖直位置尽可能长的时间，时间越长奖励越多。

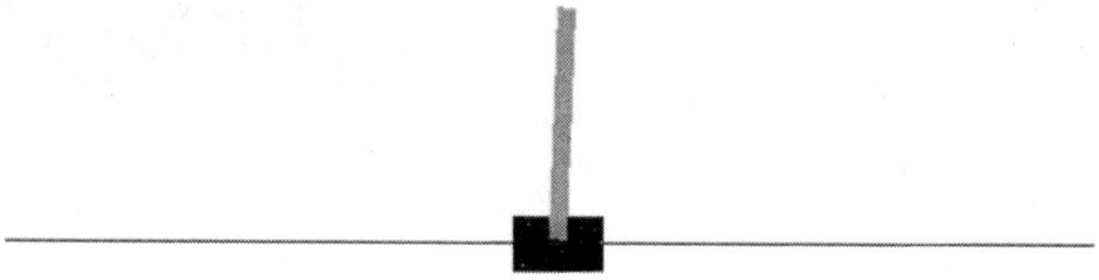

图 21-1　Cartpole 游戏

OpenAI 开源的 Gym[1]为提供了 Cartpole 环境，名为 Cartpole-v0[2]。在 Cartpole-v0 环境中，状态、动作、奖励、游戏终止条件为：

- 状态：用一个 4 维的向量表示当前的状态，这个 4 维向量代表平台的坐标和杆的坐标。
- 动作：在每个时刻，需要从两个动作中选择一个执行：向左移动或向右移动。
- 奖励：当游戏进行时，每个时刻获得 +1 的奖励。
- 游戏终止条件：如果杆倾斜超过 15º 或者平台移动超出边缘，游戏会自动结束。

21.1.2　策略网络

在 Deep Q Learning 中，主要是训练一个 Deep Q Network。Deep Q Network 的输入是当前的状态 state，输出该状态下各个动作的期望奖励，即 Q(state, action1), Q(state, action2), Q(state, action3)等。

---

1 请参考本书第 20.2.1 节。

2 请参考 https://gym.openai.com/envs/CartPole-v0。

与 DQN 不同，策略梯度算法主要是训练一个策略网络(Policy Network)。这个网络的输入还是当前的状态 state，而输出是当前应当采取的动作。输出有两种表达方法：

- 输出动作本身。
- 输出采取某个动作的概率。

如果用 s 表示当前的状态，π 表示策略网络，那么前者可以表示为 $a=\pi(s)$，后者可以表示为 $p(a\mid s)=\pi(s)$。

在 Cartpole 问题中，采取后一种表达方法，让 $\pi(s)$ 表示“向右移动的概率”。一旦策略网络训练完成后，可以根据每个时刻的 $\pi(s)$ 的值来选择适合采取的动作了。例如，在某个 s_0 状态下 $\pi(s_0)=0.9$，那么此时有 90%的概率选择向右移动，剩下 10%的概率选择向左移动。

21.1.3 训练策略网络

策略网络的定义应该是比较简单的，更重要的问题时：如何训练策略网络？

假如有合适的“训练样本”，那么训练策略网络将会变得非常简单。例如，若事先知道在 s_i 状态下正确的动作是 a_i，那么策略网络的输出 $\pi(s_i)=p(a_i\mid s_i)$ 理应很大。此时应当根据梯度下降法极大化 $p(a_i\mid s_i)$ 的值，当下一次再观察到状态 s_i 时，智能体做出正确动作 a_i 的概率会变大。在实践中，一般使用交叉熵损失，即 $L=-\sum_i \ln p(a_i\mid s_i)$，通过极小化这个损失 L 的值来训练网络。

但问题是，并不知道 s_i 状态对应的正确动作，只知道在 s_i 状态采取了 a_i 的动作（注意，a_i 只是采取的动作，而不一定是正确的动作），并获得了 r_i 的奖励。在训练策略网络时，需要为每个 a_i 指定一个值 A_i，这个 A_i 一般称为 Advantage。当 $A_i>0$ 时，表示动作 a_i 是一个“正确的动作”，相反，$A_i<0$ 表示动作 a_i 是一个“错误的动作”。A_i 越大表示对应的动作越正确，带来的价

值越高，相反，A_i越小说明动作带来的负面效果越多。在梯度下降法中，极大化 $A_i \ln p(a_i \mid s_i)$ 的值。这样，当 $A_i > 0$ 时，相当于在调整网络使 $p(a_i \mid s_i)$ 变大，下次在 s_i 状态采取动作 a_i 的概率会变大；当 $A_i < 0$ 时，相当于在调整网络使 $p(a_i \mid s_i)$ 变小，下次在 s_i 状态采取动作 a_i 的概率会变小。

为动作分配 A_i 的方法有多种。例如，当一局游戏有输赢时，可以将赢的游戏中所有的动作都标记为 $A_i = 1$，将输的游戏中所有的动作都标记为 $A_i = -1$。更常用的方法是采用期望奖励的方法来标记 A_i，即 $A_i = \sum_{t=i}^{\infty} \gamma^{t-i} r_t$，其中 γ 为“折扣因子”。在 Cartpole 游戏中，采用这种方法。由于 Cartpole 游戏中每个时刻奖励都是 1，所以实际上 $A_i = \sum_{t=i}^{T} \gamma^{t-i}$，其中 T 为游戏结束的时间。显然，如果一个动作会导致游戏过早结束，会得到很低的 A_i，如果一个动作可以让游戏进行比较长的时间，会得到较大的 A_i。

在实践中，往往希望损失是“越小越好”，所以对 $A_i \ln p(a_i \mid s_i)$ 取负号，最终的损失函数记为 $L = -\sum_i A_i \ln p(a_i \mid s_i)$。对比 $L = -\sum_i \ln p(a_i \mid s_i)$，只是在式子中添加了 A_i，达到了训练策略网络的目的。

21.2 在 TensorFlow 中实现策略梯度算法[1]

在本节中，将介绍如何在 TensorFlow 中实现策略梯度算法，解决 Cartpole 问题。对应的程序为 cartpole_pd.py。这个程序大体分为三个部分：初始化、定义策略网络、训练策略网络三部分，下面分别进行讲解。

1 本节的程序参考了 https://github.com/ashutoshkrjha/Cartpole-OpenAI-Tensorflow，并做了适当修改。

21.2.1 初始化

初始化的代码如下：

```
# coding:utf-8
from __future__ import division
from __future__ import print_function

import numpy as np
import tensorflow as tf
import gym

# gym 环境
env = gym.make('CartPole-v0')

# 参数
D = 4  # 输入层神经元个数
H = 10  # 隐藏层神经元个数
batch_size = 5  # 一个batch 中有 5 个 episode，即 5 次游戏
learning_rate = 1e-2  # 学习率
gamma = 0.99  # 奖励折扣率 gamma
```

在这段代码中，先导入了一些需要的包，然后初始化了环境，并定义了一些参数。env 是用 Gym 包定义的 Cartpole 游戏环境。参数 D=4，H=10 规定了使用的神经网络的结构。对于 Gym 中的 Cartpole 游戏，状态是由 4 个数组成的，因此 D=4 表示输入层的维数。H=10 表示隐层的维数。输出层只有一个数，表示向右移动的概率。batch_size、learning_rate、gamma 是其他几个超参数。此处的 batch_size=5 表示一个 batch 中包含 5 局游戏，换句话说，每玩 5 局游戏去更新一遍神经网络。learning_rate 是学习率，gamma 是计算期望奖励时对未来的折扣率。

21.2.2 定义策略网络

定义策略网络的代码如下。

```
# 定义policy 网络
# 输入观察值，输出右移的概率
observations = tf.placeholder(tf.float32, [None, D], name="input_x")
```

```
W1 = tf.get_variable("W1", shape=[D, H],
              initializer=tf.contrib.layers.xavier_initializer())
layer1 = tf.nn.relu(tf.matmul(observations, W1))
W2 = tf.get_variable("W2", shape=[H, 1],
               initializer=tf.contrib.layers.xavier_initializer())
score = tf.matmul(layer1, W2)
probability = tf.nn.sigmoid(score)
# 定义和训练和 loss 有关的变量
tvars = tf.trainable_variables()
input_y = tf.placeholder(tf.float32, [None, 1], name="input_y")
advantages = tf.placeholder(tf.float32, name="reward_signal")
# 定义 loss 函数
loglik = tf.log(input_y * (input_y - probability) + (1 - input_y) * (input_y
+ probability))
loss = -tf.reduce_mean(loglik * advantages)
newGrads = tf.gradients(loss, tvars)
# 优化器和梯度
adam = tf.train.AdamOptimizer(learning_rate=learning_rate)
W1Grad = tf.placeholder(tf.float32, name="batch_grad1")
W2Grad = tf.placeholder(tf.float32, name="batch_grad2")
batchGrad = [W1Grad, W2Grad]
updateGrads = adam.apply_gradients(zip(batchGrad, tvars))
```

obervations 是输入层，它的形状为(None, D)，其中 None 表示任意数目。layer1 是隐藏层的值，probablity 是最后输出的概率，它是对 score 计算 Sigmoid 函数后得到的，因此值一定在 0~1 之间。

再看损失 loss 的定义。input_y 是实际采取的动作，advantages 是在第 21.1.3 节中所说的 A_i。input_y 只可能有两个值：0 或 1。当 input_y 为 0 时，对应的动作是“向右移动”，最终的损失是- tf.reduce_mean(advantages * tf.log(probability))，这与第 21.1.3 节中的损失是相符的。因为网络的输出 probability 也同样表示“向右移动”。当 input_y 为 1 时，对应的动作是向左移动，因此，必须用向左移动的概率 1–probability 计算损失，最终的损失是 - tf.reduce_mean(advantages * tf.log(1- probability))。读者可以将 input_y 的值带入程序来验证此处的式子。

最后，针对损失 loss，定义了一个 Adam 优化器，用于计算梯度。会把梯度先保存起来，然后传给 batchGrad 这个 placeholder，最后统一使用一个

updataGrads 操作来执行应用梯度的操作。

21.2.3 训练

首先是训练的初始化工作：

```
xs, hs, dlogps, drs, ys, tfps = [], [], [], [], [], []
running_reward = None
reward_sum = 0
episode_number = 1
total_episodes = 10000
init = tf.global_variables_initializer()
# 开始训练
with tf.Session() as sess:
  rendering = False
  sess.run(init)
  # observation 是环境的初始观察量（输入神经网络的值）
  observation = env.reset()
  # gradBuffer 会存储梯度，此处进行初始化
  gradBuffer = sess.run(tvars)
  for ix, grad in enumerate(gradBuffer):
    gradBuffer[ix] = grad * 0
```

用 tf.Session() as sess 开启了一个 Session，下面所有的训练工作都是在这个 Session 中进行的。上面的代码只是执行了一些初始化的工作，如变量的初始化（sess.run(init)），获得第一个观察量(observation = env.reset())，以及清空 gradBuffer（gradBuffer[ix] = grad * 0）等，其中 gradBuffer 是保存梯度的缓冲变量。

请注意，下面的代码都是在语句 tf.Session() as sess:中进行的，为了讲述方便，在书中会分段给出代码，这可能会造成 Python 代码中缩进不好对齐的问题。读者可以参考 cartpole_pg.py 文件来查看完整的代码。

在训练时，首先会使用当前的决策网络去“玩游戏”，每一步的游戏交互如下：

```
  while episode_number <= total_episodes:
```

```
    # 当一个batch内的平均奖励达到180以上时，显示游戏窗口
    if reward_sum / batch_size > 180 or rendering is True:
        env.render()
        rendering = True
    # 输入神经网络的值
    x = np.reshape(observation, [1, D])
    # action=1表示向右移
    # action=0表示向左移
    # tfprob为网络输出向右走的概率
    tfprob = sess.run(probability, feed_dict={observations: x})
    # np.random.uniform()为0~1之间的随机数
    # 当随机数小于tfprob时，采取右移策略，反之左移
    action = 1 if np.random.uniform() < tfprob else 0
    # xs记录每一步的观察量，ys记录每一步采取的策略
    xs.append(x)
    y = 1 if action == 0 else 0
    ys.append(y)
    # 执行action
    observation, reward, done, info = env.step(action)
    reward_sum += reward
    # drs记录每一步的reward
    drs.append(reward)
```

x 是从当前环境中观察到的状态，将之输入神经网络后，会得到输出 tfprob，这个输出代表当前决策网络认为应当向右移动的概率。根据此概率会选出一个 action，action=1 时代表向右走，action=0 时代表向左移动。通过 env.step(action)与 Gym 环境交互，并获得新的状态和奖励。

在训练过程中，每一步的状态、动作和奖励都会被记录下来，对应的变量名为 xs、ys 和 drs。需要注意的是，ys 虽然记录了动作，但是值是和 action 相反的。如果 action=1，对应的 y 是 0；如果 action=0，对应的 y 是 1。这里的 y 实际上对应着在第 21.2.2 节中所说的 input_y。

每当一局游戏结束（一局游戏可能有很多步交互），根据这局游戏中的奖励来计算梯度并保存：

```
# 一局游戏结束
if done:
    episode_number += 1
    # 将xs、ys、drs从list变成numpy数组形式
```

```
    epx = np.vstack(xs)
    epy = np.vstack(ys)
    epr = np.vstack(drs)
    tfp = tfps
    xs, hs, dlogps, drs, ys, tfps = [], [], [], [], [], [] # reset array memory
    # 对 epr 计算期望奖励
    discounted_epr = discount_rewards(epr)
    # 对期望奖励做归一化
    discounted_epr -= np.mean(discounted_epr)
    discounted_epr //= np.std(discounted_epr)
    # 将梯度存到 gradBuffer 中
    tGrad = sess.run(newGrads, feed_dict={observations: epx, input_y: epy,
advantages: discounted_epr})
    for ix, grad in enumerate(tGrad):
        gradBuffer[ix] += grad
```

训练数据的 epx 和 epy 只是将记录的 xs 和 ys 从列表变成了 Numpy 数组的形式。对于 epr，先通过 discount_rewards 函数对它计算折扣，得到期望奖励 discounted_epr，再对它做归一化，是训练时使用的 advantages。计算得到的梯度会累加在 gradBuffer 中。

每玩 batch_size 局游戏（默认情况下为 5 局游戏），会将保存的梯度应用到网络中，并打印一些信息：

```
# 每玩 batch_size 局游戏，将 gradBuffer 中的梯度真正更新到 policy 网络中
if episode_number % batch_size == 0:
    sess.run(updateGrads,
        feed_dict={W1Grad: gradBuffer[0], W2Grad: gradBuffer[1]})
    for ix, grad in enumerate(gradBuffer):
        gradBuffer[ix] = grad * 0
    # 打印一些信息
    print('Episode: %d ~ %d Average reward: %f. ' % (episode_number -
batch_size + 1, episode_number, reward_sum // batch_size))
    # 当在 batch_size 游戏中平均能拿到 200 的奖励，停止训练
    if reward_sum // batch_size >= 200:
        print("Task solved in", episode_number, 'episodes!')
        break
    reward_sum = 0
observation = env.reset()
```

使用命令 python catpole_pg.py 可以运行该程序。如果没有安装 Gym，

可以事先用 pip install gym 安装。

程序的最终目标是拿到 200 分。在此之前，如果在一个 batch 中平均得分达到了 180 分，会在屏幕上显示一个窗口，表示当前的游戏过程，如图 21-2 所示。

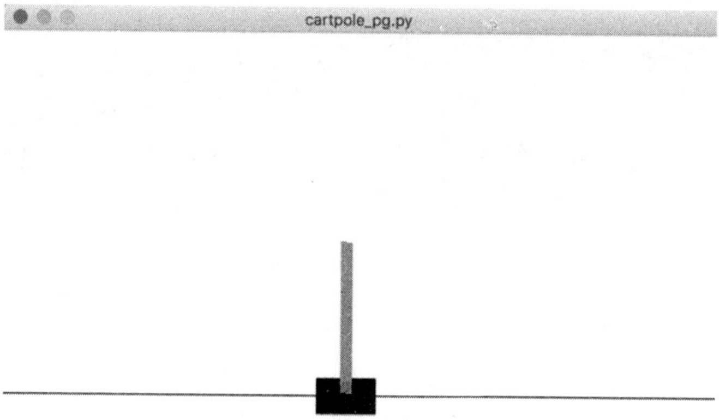

图 21-2 训练策略梯度模型解决 Cart Pole 问题（详见彩插）

当在一个 batch 内算法都达到 200 分后，训练会自动退出，此时屏幕的输出为：

```
Episode: 1196 ~ 1200 Average reward: 130.000000.
Episode: 1201 ~ 1205 Average reward: 179.000000.
Episode: 1206 ~ 1210 Average reward: 176.000000.
Episode: 1211 ~ 1215 Average reward: 172.000000.
Episode: 1216 ~ 1220 Average reward: 177.000000.
Episode: 1221 ~ 1225 Average reward: 165.000000.
Episode: 1226 ~ 1230 Average reward: 188.000000.
Episode: 1231 ~ 1235 Average reward: 200.000000.
Task solved in 1235 episodes!
1235 Episodes completed.
```

21.3 总结

在本章中，主要讲解了策略梯度算法。策略梯度算法与之前所讲的 Q Learning、SARSA、DQN 都不同，它并不学习 $Q(s, a)$函数，而是直接基于策略进行优化。本章首先对比 Q Learning，叙述了策略梯度的原理。接着，详细讲述了如何在 TensorFlow 中实现策略梯度算法，并解决了 Gym 环境中的 Cartpole 问题。

拓展阅读

- 本章主要介绍的是 Policy Gradient 算法，关于该算法的更多细节，可以参考论文 *Policy Gradient Methods for Reinforcement Learning with Function Approximation*。
- 除了几种最基础的强化学习方法：Q Learning、SARSA、DQN 和 Policy Gradient 之外，还有一些常用的强化学习方法，读者可以参阅以下论文了解其细节：*Continuous control with deep reinforcement learning*（DDPG 算法）、*Asynchronous Methods for Deep Reinforcement Learning*（A3C 算法）、*Proximal Policy Optimization Algorithms*（PPO 算法）等。

反侵权盗版声明

举报电话：（010）88254396；（010）88258888

传　　真：（010）88254397

E-mail：　dbqq@phei.com.cn

通信地址：北京市万寿路 173 信箱

电子工业出版社总编办公室

邮　　编：100036